内蒙古大井矿床成矿作用

王玉往　王京彬　龙灵利
廖　震　张会琼　王莉娟　等著

科学出版社
北京

内 容 简 介

内蒙古林西县大井锡-铜多金属矿床位于大兴安岭多金属成矿带南段，是中国北方著名的锡-铜多金属矿床，其查明的资源储量：锡8.4万t、铜33万t、铅锌198万t、银4000t，并伴生可供综合利用的钴、铟、金、镉、硫等。通常认为，锡与S型（壳源）花岗质岩浆有关，铜多金属与I型（混源）花岗质岩浆有关，而大井矿床则以锡与铜多金属共生为特征，并具有独特的矿化-蚀变分带结构，其成矿特征和成矿作用机制研究一直受到学者们的关注。

本书是在多年来大井锡-铜多金属矿床研究和勘查成果的基础上，对矿床地质特征和成矿作用进行系统总结研究的一部专著。主要运用成矿地质作用与成矿地质体、成矿构造与成矿结构面、成矿作用地球化学标志"三位一体"的研究方法，对大井矿床进行了深入研究，初步查明了矿区"岩浆作用-断裂活动-成矿阶段-矿化分带"之间的内在联系和规律性；建立了大井锡-铜多金属矿床双岩浆源复合成矿模式；揭示了多阶段断裂扩展-热液贯入成矿的矿化-蚀变分带机制；基于对成矿规律的新认识，开展了矿区深、边部找矿预测。为大井老矿山找矿提供了科学依据，对于开展同类型矿床的研究和找矿预测具有较大的参考价值。

本书可供矿床学研究、找矿勘查、矿山地质等方面的科研及技术人员、高等院校有关专业师生参考。

图书在版编目(CIP)数据

内蒙古大井矿床成矿作用 / 王玉往等著. —北京：科学出版社, 2014.11
ISBN 978-7-03-041845-6

Ⅰ. ①内… Ⅱ. ①王… Ⅲ. ①多金属矿床-成矿作用-研究-内蒙古 Ⅳ. ①P618.201

中国版本图书馆CIP数据核字（2014）第207888号

责任编辑：王 运 韩 鹏 / 责任校对：邹慧卿
责任印制：肖 兴 / 封面设计：耕者设计工作室

科学出版社 出版
北京东黄城根北街16号
邮政编码：100717
http://www.sciencep.com

中国科学院印刷厂 印刷
科学出版社发行 各地新华书店经销

*

2014年11月第 一 版　开本：787×1092　1/16
2014年11月第一次印刷　印张：14 1/2　插页：1
字数：340 000

定价：128.00元
（如有印装质量问题，我社负责调换）

前　言

大井锡-铜多金属矿床位于内蒙古东部,地处大兴安岭南段,行政区划属内蒙古赤峰市林西县大井镇。

大井矿床是我国北方地区著名的锡-铜多金属矿床,Sn、Ag、Zn均达大型,Cu、Pb为中型规模,另外还伴生有S、Co、In、Au、Cd等多种可综合利用组分。大井矿区面积达7.62km^2,根据历史上不同勘查阶段和勘查程度,整个大井矿区习惯上被分为六个区段(图1):"老区"系指原辽宁省地质局昭盟二队勘查范围(2.75km^2);"北区"指46至96勘探线之间的老区北部;"东区"指老区南边界东延以北、96线及其以东区域;"西区"位于老区和北区西部,即46线以西、老区南边界西延以北地区;"西南区"位于老区西南部,东自74线,北至西区南界;"东南区"位于老区东南部,西起74线,北至东区南界。

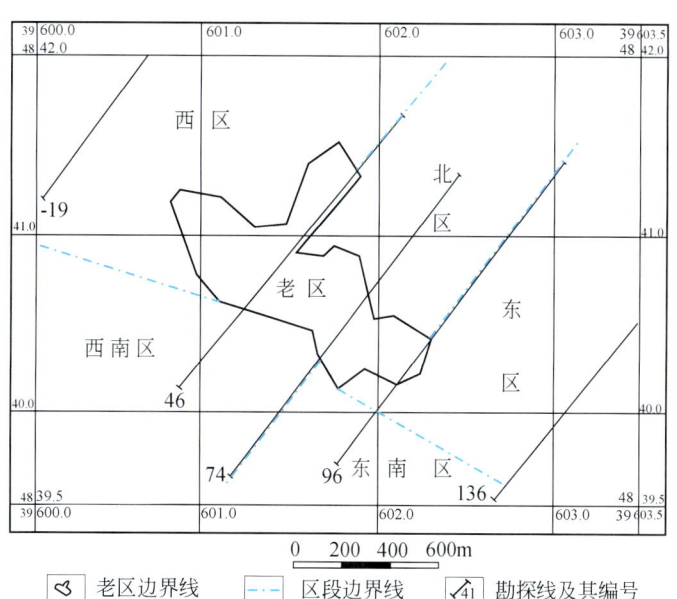

图1　大井矿床分区图

由于历史原因,目前在大井矿区范围内有赤峰大井子矿业有限公司、富源矿业公司、鼎康矿冶公司大井铅锌矿、通和矿业公司等四家矿山企业从事采矿活动,总计处理矿石能力(采选)为2600t/d。其中,赤峰大井子矿业有限公司建有矿区规模最大的矿山,其前身为国家中型一档企业大井银铜矿,始建于1976年,原属中国有色金属工业总公司,2006年完成国有控股形式的股份制重组,并更名为赤峰大井子矿业有限公司,建有两个坑口,日选矿能力为1000t,主采老区范围内铜锡矿体。富源矿业公司建有300t/d选厂一座,坑口及采矿范围在北区,主采北区南部与大井老区相邻的铜锡矿体。鼎康矿冶公司大井铅锌矿选矿能力为300t/d，坑口及采矿范围主要在东区和北区，主采东区和北区的铅锌矿体。通和矿业公司现有选矿能力为1000t/d，位于西南区，主采西南区②号铜锌矿体。

大井被誉为"中国古代北方铜都"。据辽宁博物馆考古队1975~1976年考察，大井铜矿已有2700~2900年的开采和冶炼历史。其古铜矿遗址位于大井镇中兴村北山南坡上，地表可见的露天采矿坑道47条，累计开采长度达1570多米，最大开采深度20m。考古还发现有用于冶炼的8个平台共12座炼炉遗址和部分用于铸造的古代器具。大井古矿冶遗址是我国最早发现发掘的矿冶遗址，也是目前世界上唯一的直接以共生矿冶炼青铜的古矿冶遗址（王刚，1994；李延祥等，2001，2004）。

系统的矿区地质及找矿勘查工作始于新中国成立以后，前后可明显分为四个时期：

（1）矿床发现及评价时期。1959~1970年为初步普查评价时期：内蒙古地质局201队和辽宁省第二区测队先后在本区开展地质工作，为古矿山焕发青春奠定了良好基础。

（2）建矿前的找矿勘探时期。1972~1976年为第一次地质找矿评价时期：辽宁省地质局昭盟二队在本区开展系统的地质工作，共投入钻探60426.04m（185孔），坑探1062.14m，槽探4986.1m³；1:1000地形地质测量2.75km²。提交《内蒙林西县大井铜矿地质勘探报告》1份，圈定矿体114条，其中编号并计算储量者33条，提交C+D级矿石量362.25万t，其中Cu 76860.8t、Sn 21094.0t、Ag 474.439t、Zn 37106t、Pb 153365.8t、Co 321.121t、In 166.816t。该阶段工作确定了矿床的工业意义，将大井矿床定义为铜锡为主的中型矿床。

（3）建矿后的找矿勘探时期。1976年大井建矿后，中国有色金属工业总公司地质局着手组织勘查队伍，对勘探区外围实施综合找矿评价工作。1982~1994年为第二次综合勘查时期：由华北有色地质勘查局（综合普查大队及物探大队）对本区开展深部及全区地物化综合找矿勘查及评价工作，期间主要累计新探明储量：Cu 18万t、Pb+Zn 180万t、Sn 5万t、Ag 3290t，伴生S 234721.8t、In 260.68t、Cd 61.18t、Au 447.31kg，将大井由原来的中型铜锡矿床发展成为锡锌银为大型、铜铅为中型的多元素组合矿床。该期勘查工作分为三个阶段：

1983~1987年为异常验证-深部找矿（普查）阶段：1982年华北有色地质勘查局综合普查大队王可南、徐景等在对大井矿区进行了现场踏查并分析了前人资料后，提出本矿床具有扩大找矿远景的地质条件，但因大面积第四系覆盖，建议由华北有色地质勘查局物探大队配合华北有色地质勘查局综合普查大队开展深部找矿工作。经1:1万大功率激电中梯扫面，发现了与老区已知矿吻合的IP_1激电异常和北区的IP_2异常，1983年对IP_2异常验证见矿，从而打开了该区的找矿新局面。

1988~1990年为北区和东区详查阶段：先后在北区和东区投入钻探70048.78m（194孔），浅钻1604.45m（26孔），坑探1415.85m，浅井1263.60m，槽探19789.71m³。1:2000地质简测、修测6.2km²，1:2000地形地质测量7.62km²。分别提交《内蒙古自治区林西县官地乡大井矿区铜锡多金属矿（北区）详查地质报告》和《内蒙古自治区林西县官地乡大井矿区铜锡多金属矿（东区）储量计算说明书》。提交表内C+D级矿石量1648万t，金属量Cu 74254.51t、Sn 25657.02t、Pb 66471.96t、Zn 367707.30t、Ag 907.06t。

1991~1994年为详查区以外的普查找矿阶段：其中华北有色地质勘查局1991~1993

年在详查区外围针对西区、北区北部、东区北部及东部和东南区开展了深部地质普查工作,于1994年年底提交了《内蒙古自治区林西县官地乡大井铜锡多金属矿(普查区)普查地质报告》。与此同时华北有色地质勘查局物探大队于1991~1992年对西南区开展了详查工作,1992年11月提交了南区详查小结。

以上各时期、各区段探明的矿脉数和储量见表1。

表1 大井矿床各区探明的矿脉数和金属量

矿段(矿区)		勘探区和详查区				普查区	合计
		老区	东区	南区	北区	(D+E级)	
区段面积/km²		2.75	0.5	2.3	0.7	3	7.62
矿脉总数/条		114	180	50	220	130	>694
编号并计算储量的矿脉数		33	62	50	55	130	330
金属量	Cu/万t	7.7	0.5	2.6	7.1	8.3	26.2
	Sn/万t	2.11	0.77	0.45	1.90	2.33	7.56
	Pb/万t	1.5	6.2		1.0	19.2	>27.9
	Zn/万t	3.7	36.2	10.0	2.7	106.4	159
	Ag/t	474	565	330	393	1851	3613

(4)危机矿山深、边部找矿时期。大井矿床随着30多年的开采,上述探明的资源量已基本消耗殆尽。针对这一严峻形势,全国危机矿山接替资源找矿专项项目管理办公室批准立项,设立"内蒙古自治区赤峰市大井银铜矿接替资源调查和勘查"项目,由北京矿产地质研究院承担。该项目与科研工作相结合,于2006年开始,对大井矿区深边部开始新一轮调查和找矿勘查工作,至2009年第一期工程结束,累计投入钻探约25000m(49孔),坑探约4250m,提交(122b+333)金属量Cu 6.6万t、Pb+Zn 11万t、Sn 0.85万t、Ag 385t,有效缓解了矿山资源危机压力。

与此同时,矿山自建矿之日起,为储量升级和资源增储也相应投入了部分探矿工程,对预采矿体进行控制,并发现少量新的可采矿体。

截至目前,大井矿区累计投入钻探176625.92m(471孔),其中老区60426.04m(185孔),北区32663.08m(95孔),东区37385.70m(99孔),普查区20652.28m(43孔),危机矿山找矿25498.82m(49孔)(含坑内钻探4125.6m,11孔)。其工程分布如图2所示。累计查明资源储量:Sn 8.4万t、Cu 33万t、Pb+Zn 198万t、Ag 4000t。

因该矿床复杂的地质特征和独特的经济意义,我国地质学家曾从不同角度对该矿床进行过研究。在各时期找矿勘探过程中,各生产单位对矿床基本地质特征及矿床类型做过相应的基础研究,并提交了相应的地质报告。

广泛的科研工作始于第二次综合勘查阶段。1985~1995年由国家科委组织,以有色总公司所属北京矿产地质研究所和华北地质勘查局、地质矿产部所属中国地质科学院矿床地质研究所和内蒙古地质局为主体,先后在大兴安岭南段包括大井矿床在内实施以地质研究和找矿预测为目标的"七五"和"八五"科技攻关计划。期间东北大学(东北工学院前身)、长春地质学院(现吉林大学地球科学系)、中国科学院长沙大地构造研究所、北京大学

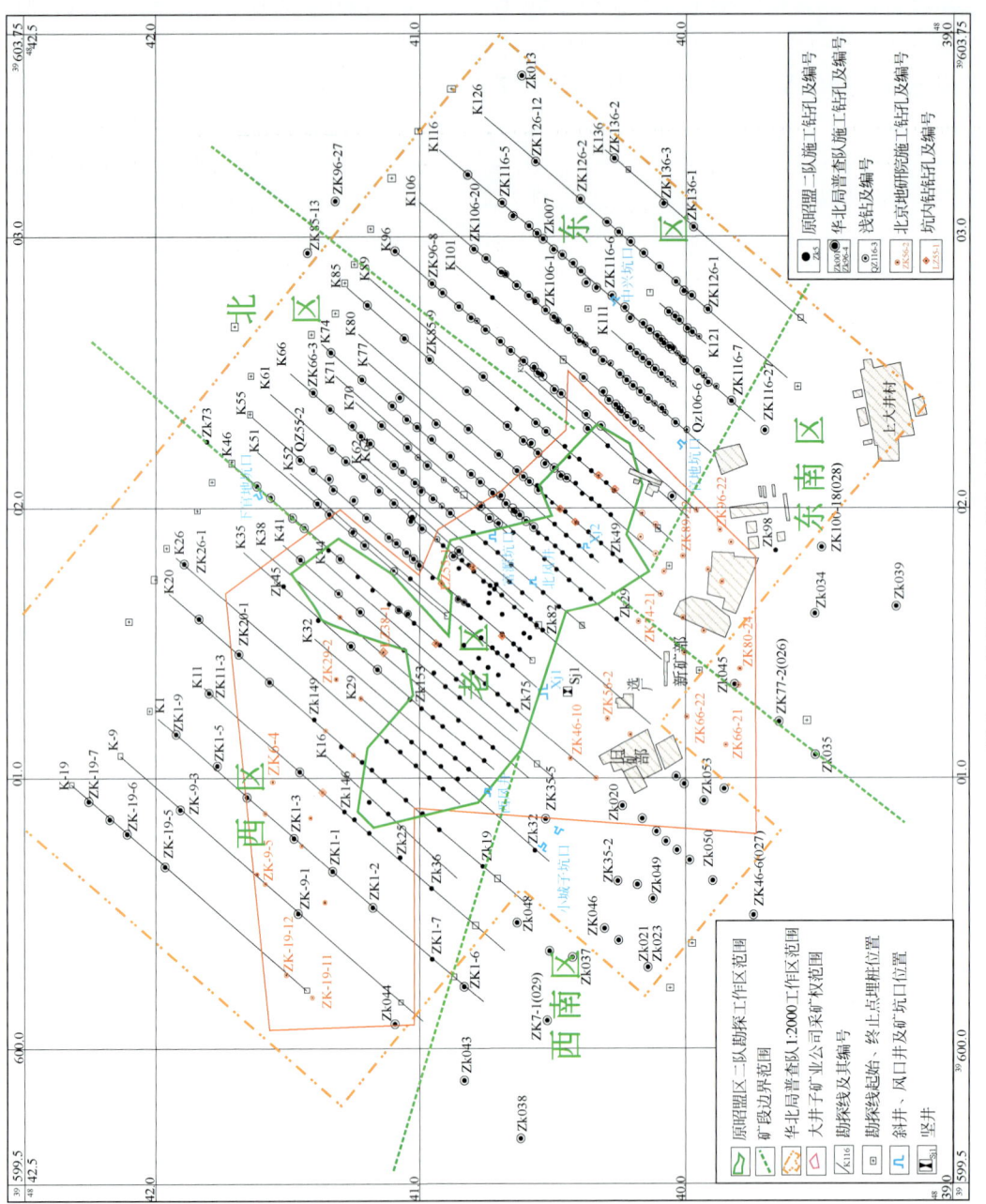

图 2 大井矿区钻探工程分布图

等高校亦参加攻关或参与矿山研究工作。发表论文30余篇，涉及的研究内容主要包括：矿床地质特征与成因探讨、控矿构造、脉岩研究、矿物学、矿床地球化学、成矿预测以及地球物理等。这一阶段的科研工作总的来看存在的突出问题是：各项研究尚不够深入，对该矿床独特金属组合的内在联系和规律性揭示不够，对矿床成因认识不一。

中国矿物资源探查研究中心项目是1993年由中日两国政府批准的中国科学院与日本国际协力事业团（JICA）专项型技术合作项目，1994年9月正式实施，于2001年8月31日结束。该项目以实施地球化学方法为主体，以矿物资源探查研究为目的，以华北北部地区为重点，选择了大井矿床作为典型矿床和实验基地。1995~2001年七年间，项目针对大井矿床共组织了20余次的野外考察和调研工作，尤其是1998~2001四个年度，项目集中中日技术力量针对大井矿床组织了区域成矿背景、矿床地质、流体同位素地球化学、地球物理（浅层人工地震方法）等多学科综合研究。四年间参加项目的中日地质科学家和科研人员超过20人。通过野外观察和系统的测试工作，对大井矿床的成矿地质背景、成矿作用、成矿模式和成矿预测等方面提出了一系列新的认识，并对区域岩浆岩演化、二叠纪地层沉积环境、区域构造和矿化分布规律等开展了研究，建立了区域矿床成矿模式。2001年7月，项目提交《中国矿物资源探查研究中心项目成果报告书》，发表论文60余篇（其中有关大井矿床的有10余篇），对研究成果作了比较全面的总结，为该区今后的科研及生产实践提供了新的思路。

在此之后，亦有部分地质学家先后开展过某些方面的补充研究。

通过上述勘查和科研工作，基本查明大井矿床属于与中生代岩浆作用有关的中高温热液脉状矿床，对矿床地质特征、成因类型、成矿规律、控矿因素、成矿模式等研究取得了新的进展，同时也存在着以下方面的不足：

（1）随着多年开采，大井已被列入全国危机矿山之列，找矿预测迫在眉睫。但由于对该矿床特殊成矿条件和成矿规律的认识分歧，对找矿潜力和找矿方向、靶区的认识不清，从而影响了找矿决策，导致找矿进程滞后。

（2）随着近年来深部采掘和探矿，揭示了新的矿床地质特征信息，需要重新研究矿床的形成规律，特别是深部变化规律，完善和修正已有认识，建立新的成矿模式。

（3）岩浆作用与成矿的关系有待进一步厘清。目前虽能确定成矿与岩浆作用有关，但成矿母岩是出露在浅表的次火山岩（脉），还是可能存在的隐伏岩体？是否存有斑岩型矿化的可能？在什么位置？深部找矿前景到底怎样等。

（4）成矿的关键问题尚未解决，特别是成矿物质来源研究相对薄弱，尤其是锡的来源问题一直存在争议。这主要是因为，虽然大井矿区脉岩发育，但一直没发现深成岩体，从而为解释成矿物质来源带来困难。

2007~2012年实施的"危机矿山勘查理论、方法与技术总结"项目，对大井矿床进行了典型矿床解剖研究，结合勘查工作的新发现，以叶天竺教授级高工提出的成矿地质作用与地质体-成矿构造与成矿结构面-成矿流体与成矿作用特征标志"三位一体"的思路与方法作为指导思想，从区域地质背景、矿床地质特征、成矿期次和矿化阶段、成矿地质作用及成矿地质体、成矿构造系统与成矿结构面、成矿流体及成矿地球化学标志等方面对其进行系统研究，初步查明了矿区"岩浆作用-断裂活动-成矿阶段-矿化分带"之间的内在联系和规律性，建立了大井锡-铜多金属矿床花岗质岩浆-中基性岩浆的双岩浆源复合成矿模式，揭示了多阶段断裂扩展-热液贯入成矿的矿化-蚀变分带机制。在此基础上，科学预测了找矿靶区，并对部分靶区进行了工程验证。

在上述20多年来一系列科研、勘查项目研究成果的基础上，本书对大井矿床地质资料进行系统梳理和综合研究，系多年研究成果的集成。本书共分八章：第一章为区域地质背景，主要对该区大地构造背景、区域矿产分布特征、控矿因素（锡林浩特微板块、二叠纪地层、岩浆岩、构造）特征进行介绍；第二章为矿床地质特征，对矿区地质、地球物理和地球化学异常进行描述，重点介绍矿体和矿石特征；第三章为成矿期次和矿化分带，该部分内容包括主要矿石类型及分布、矿化期与矿化阶段划分、各阶段主要矿物组合及成分特征、矿化分带特征等；第四章为成矿地质作用及成矿地质体，内容涉及矿区脉岩分布、岩石学和地球化学特征、大井邻区深成侵入岩特征、成矿地质体年代学、岩浆岩的成因及大地构造环境讨论以及成矿地质体的厘定等；第五章为成矿构造与成矿结构面，内容包括矿区断裂及褶皱构造特征、主矿脉与次矿脉的关系、构造应力分析、导-容矿构造体系等；第六章为成矿流体及成矿作用的特征标志，主要涉及流体包裹体的特征、成矿流体微量元素特征、蚀变矿物学标志，以及对成矿物理化学条件分析及络合物恢复等；第七章为矿床成因及成矿模式，在上述内容综合分析研究的基础上，对成矿物质来源进行探讨，分析成矿机理，建立了大井锡-铜多金属矿床花岗质岩浆-中基性岩浆的双岩浆源复合成矿模式；第八章为找矿预测及靶区验证，依据理论研究，探讨矿体分布规律、找矿新类型及找矿前景，对矿区外围找矿方向进行分析，并进行重点靶区验证。最后是对本书重点成果的总结。

本书前言、第八章和结束语由王玉往、王京彬执笔，第一章由龙灵利执笔，第二章由廖震、王玉往执笔，第三、五、七章由王玉往执笔，第四章由龙灵利、张会琼、廖震执笔，第六章由王玉往、王莉娟执笔。英文翻译石煜，审校龙灵利。书中插图、照片、表格由李德东、唐萍芝进行编辑和审核，王玉往、王京彬对全书进行了审核、修改和定稿。

本书完成过程中得到了全国危机矿山接替资源找矿专项项目管理办公室叶天竺总工程师的关怀和指导；有色金属矿产地质调查中心（北京矿产地质研究院）付水兴副主任及姜福芝、艾霞教授级高工，中色地科矿产勘查有限公司蒋炜、袁继明、林龙军高工，大井子矿业公司原总经理张德庆、周玉军、总经理姜建清、杨力勇部长、蔡志忠部长、张安立高工，中国科学院矿物资源探查研究中心涂光炽院士、翟明国院士以及黄鼎成主任、孙世华副主任，日本专家上本武、岛崎英彦、秋山伸一等，以及危机矿山接替资源找矿专项项目管理办公室吕志成、舒斌等领导，在工作中给予了各种支持和帮助。大井子矿业有限公司、富源矿业公司、鼎康矿冶公司大井铅锌矿、通和矿业公司等为野外工作开展提供了便利和帮助。有色金属矿产地质调查中心、华北有色地质勘查局、大井子矿业公司等单位提供了原始地质资料和图件。在此一并表示感谢。

由于作者水平有限，书中难免存在不足和缺点，敬请读者批评指正！

目 录

前言

第一章 区域地质背景 ··· 1
 第一节 区域地质概况 ··· 1
  一、大地构造位置 ··· 1
  二、区域地层 ··· 1
  三、区域构造 ··· 4
  四、岩浆岩 ··· 6
  五、大兴安岭南段构造演化特征 ··· 9
 第二节 区域控矿因素 ··· 11
  一、区域矿产时空分布及成矿系列 ··· 11
  二、控矿因素分析 ··· 12

第二章 矿床地质特征 ··· 17
 第一节 矿区地质概况 ··· 17
  一、地层 ··· 18
  二、侵入脉岩类 ··· 20
  三、构造 ··· 21
  四、地球物理与地球化学异常 ··· 22
 第二节 矿体及矿石特征 ··· 25
  一、矿体类型及特征 ··· 25
  二、矿石类型及矿石构造 ··· 31
  三、矿石结构 ··· 34
  四、矿石的矿物组成 ··· 39
  五、矿石化学成分及元素赋存状态 ··· 45

第三章 成矿期次和矿化分带 ··· 47
 第一节 成矿阶段划分 ··· 47
  一、主要矿石类型及其分布 ··· 48
  二、矿化期与矿化阶段划分 ··· 51
 第二节 各阶段主要矿物组合及矿物成分特征 ··· 54
  一、金属矿物 ··· 54
  二、脉石矿物和蚀变矿物 ··· 63
 第三节 矿化分带 ··· 66
  一、矿脉的空间分带特点 ··· 67

二、金属矿物的空间分带 ··· 68
　　三、元素分带研究 ··· 73
　　四、矿化分带与矿化中心的讨论 ··· 76

第四章　成矿地质作用及成矿地质体 ·· 79
第一节　矿区岩浆岩（脉岩）地质地球化学特征 ·· 79
　　一、脉岩的岩石学特征 ··· 79
　　二、地球化学特征 ··· 84
　　三、脉岩的同位素年代学 ··· 101
　　四、岩浆特征及构造环境讨论 ··· 119
第二节　成矿地质体的厘定 ··· 122
　　一、矿体与地质体的时、空关系 ··· 122
　　二、马鞍子岩体的含矿性分析 ··· 124
　　三、矿区外围的火山岩 ··· 128
　　四、小结 ··· 128

第五章　成矿构造与成矿结构面 ·· 129
第一节　矿区构造基本格架 ··· 129
　　一、断裂构造 ··· 130
　　二、褶皱构造 ··· 132
第二节　成矿结构面特征 ··· 132
　　一、主矿脉与次要矿脉的关系 ··· 132
　　二、控制矿脉的构造特征 ··· 134
　　三、矿区断裂–裂隙系统的多期次活动控制了含矿热液的多期多阶段成矿 ············· 136
　　四、矿液致裂特征 ··· 137
　　五、矿脉与脉岩同属断裂（裂隙）构造控制 ··· 139
　　六、成矿后构造 ··· 140
第三节　成矿构造体系 ··· 140
　　一、构造应力分析 ··· 140
　　二、矿区NE向断裂可能为矿床的导矿断裂 ·· 143
　　三、矿床的导–容矿构造体系 ··· 145

第六章　成矿流体及成矿作用的特征标志 ·· 147
第一节　成矿流体特征 ··· 147
　　一、流体包裹体特征 ··· 147
　　二、流体包裹体的温度和盐度 ··· 148
　　三、成矿流体的物理化学条件 ··· 150
第二节　流体叠加特征 ··· 151
　　一、流体包裹体的温度、盐度区间 ··· 151
　　二、萤石中两种成矿流体的叠加特征 ··· 154
第三节　成矿流体的成分特征 ··· 156

一、成矿流体的气、液相成分 …………………………………… 156
　　二、微量元素成分 ………………………………………………… 160
　第四节　成矿元素迁移、沉淀机制讨论 ………………………………… 163
　　一、围岩蚀变特征 ………………………………………………… 163
　　二、成矿元素的迁移沉淀形式 …………………………………… 165

第七章　矿床成因及成矿模式 ……………………………………………… 168
　第一节　成矿物质来源 …………………………………………………… 168
　　一、金属物质来源 ………………………………………………… 168
　　二、S-O-H-C 稳定同位素来源特征 ……………………………… 176
　第二节　近岩体型矿化的可能与探讨 …………………………………… 181
　　一、细脉浸染型矿化 ……………………………………………… 181
　　二、围岩的面型蚀变特征 ………………………………………… 182
　　三、深成侵入岩体 ………………………………………………… 182
　　四、成矿地球化学特征 …………………………………………… 183
　第三节　成矿模式 ………………………………………………………… 185
　　一、成矿深度与剥蚀深度探讨 …………………………………… 185
　　二、成矿作用与矿床成因总结 …………………………………… 186
　　三、大井矿床成矿模式 …………………………………………… 187

第八章　找矿预测及靶区验证 ……………………………………………… 189
　第一节　矿区本身的找矿问题 …………………………………………… 189
　　一、矿脉分布规律及找矿预测 …………………………………… 189
　　二、找矿新类型及前景 …………………………………………… 191
　　三、综合评价和综合利用问题 …………………………………… 191
　第二节　矿区外围地质条件分析及找矿方向 …………………………… 192
　第三节　靶区验证 ………………………………………………………… 194

结语 …………………………………………………………………………… 195
参考文献 ……………………………………………………………………… 198
Abstract ……………………………………………………………………… 209

Contents

Preface
Chapter 1　Regional Geological Setting ⋯⋯⋯⋯⋯⋯⋯⋯⋯⋯⋯⋯⋯⋯⋯⋯⋯⋯⋯⋯⋯ 1
　1.1　Overview of Regional Geology ⋯⋯⋯⋯⋯⋯⋯⋯⋯⋯⋯⋯⋯⋯⋯⋯⋯⋯⋯⋯⋯⋯⋯ 1
　　1.1.1　Geotectonic position ⋯⋯⋯⋯⋯⋯⋯⋯⋯⋯⋯⋯⋯⋯⋯⋯⋯⋯⋯⋯⋯⋯⋯⋯ 1
　　1.1.2　Regional strata ⋯⋯⋯⋯⋯⋯⋯⋯⋯⋯⋯⋯⋯⋯⋯⋯⋯⋯⋯⋯⋯⋯⋯⋯⋯⋯ 1
　　1.1.3　Regional structure ⋯⋯⋯⋯⋯⋯⋯⋯⋯⋯⋯⋯⋯⋯⋯⋯⋯⋯⋯⋯⋯⋯⋯⋯ 4
　　1.1.4　Magmatic rocks ⋯⋯⋯⋯⋯⋯⋯⋯⋯⋯⋯⋯⋯⋯⋯⋯⋯⋯⋯⋯⋯⋯⋯⋯⋯⋯ 6
　　1.1.5　Tectonic evolution of southern section of the Da Hinggan Mountains ⋯⋯⋯⋯ 9
　1.2　Regional Ore-controlling Factors ⋯⋯⋯⋯⋯⋯⋯⋯⋯⋯⋯⋯⋯⋯⋯⋯⋯⋯⋯⋯⋯⋯ 11
　　1.2.1　Spatio-temporal distribution of regional mineral resources and metallogenic
　　　　　 series ⋯⋯⋯⋯⋯⋯⋯⋯⋯⋯⋯⋯⋯⋯⋯⋯⋯⋯⋯⋯⋯⋯⋯⋯⋯⋯⋯⋯⋯⋯ 11
　　1.2.2　Analysis of ore-controlling factors ⋯⋯⋯⋯⋯⋯⋯⋯⋯⋯⋯⋯⋯⋯⋯⋯⋯ 12
Chapter 2　Geological Characteristics of Ore Deposit ⋯⋯⋯⋯⋯⋯⋯⋯⋯⋯⋯⋯⋯ 17
　2.1　Geological Overview of Ore District ⋯⋯⋯⋯⋯⋯⋯⋯⋯⋯⋯⋯⋯⋯⋯⋯⋯⋯⋯⋯ 17
　　2.1.1　Stratum ⋯⋯⋯⋯⋯⋯⋯⋯⋯⋯⋯⋯⋯⋯⋯⋯⋯⋯⋯⋯⋯⋯⋯⋯⋯⋯⋯⋯ 18
　　2.1.2　Magmatite ⋯⋯⋯⋯⋯⋯⋯⋯⋯⋯⋯⋯⋯⋯⋯⋯⋯⋯⋯⋯⋯⋯⋯⋯⋯⋯⋯ 20
　　2.1.3　Structure ⋯⋯⋯⋯⋯⋯⋯⋯⋯⋯⋯⋯⋯⋯⋯⋯⋯⋯⋯⋯⋯⋯⋯⋯⋯⋯⋯⋯ 21
　　2.1.4　Geophysical and Geochemical anomaly ⋯⋯⋯⋯⋯⋯⋯⋯⋯⋯⋯⋯⋯⋯⋯ 22
　2.2　Orebody and Ore Characteristics ⋯⋯⋯⋯⋯⋯⋯⋯⋯⋯⋯⋯⋯⋯⋯⋯⋯⋯⋯⋯⋯ 25
　　2.2.1　Orebody types and characteristics ⋯⋯⋯⋯⋯⋯⋯⋯⋯⋯⋯⋯⋯⋯⋯⋯⋯ 25
　　2.2.2　Ore types and ore structure ⋯⋯⋯⋯⋯⋯⋯⋯⋯⋯⋯⋯⋯⋯⋯⋯⋯⋯⋯⋯ 31
　　2.2.3　Ore textures ⋯⋯⋯⋯⋯⋯⋯⋯⋯⋯⋯⋯⋯⋯⋯⋯⋯⋯⋯⋯⋯⋯⋯⋯⋯⋯ 34
　　2.2.4　Mineral composition of ore ⋯⋯⋯⋯⋯⋯⋯⋯⋯⋯⋯⋯⋯⋯⋯⋯⋯⋯⋯⋯ 39
　　2.2.5　Chemical composition and occurrence of elements of ore ⋯⋯⋯⋯⋯⋯⋯⋯ 45
Chapter 3　Metallogenic Stage and Mineralization Zoning ⋯⋯⋯⋯⋯⋯⋯⋯⋯⋯⋯⋯ 47
　3.1　Division of Mineralization Stages ⋯⋯⋯⋯⋯⋯⋯⋯⋯⋯⋯⋯⋯⋯⋯⋯⋯⋯⋯⋯⋯ 47
　　3.1.1　Main types of ore and their distribution ⋯⋯⋯⋯⋯⋯⋯⋯⋯⋯⋯⋯⋯⋯⋯ 48
　　3.1.2　Division of metallogenic epochs and mineralization stages ⋯⋯⋯⋯⋯⋯⋯ 51
　3.2　Charcateristics of Mineral Assemblages and Mineral Compositon ⋯⋯⋯⋯⋯⋯⋯ 54
　　3.2.1　Metallic minerals ⋯⋯⋯⋯⋯⋯⋯⋯⋯⋯⋯⋯⋯⋯⋯⋯⋯⋯⋯⋯⋯⋯⋯⋯ 54
　　3.2.2　Gangue minerals and alteration minerals ⋯⋯⋯⋯⋯⋯⋯⋯⋯⋯⋯⋯⋯⋯ 63
　3.3　Mineralization Zoning ⋯⋯⋯⋯⋯⋯⋯⋯⋯⋯⋯⋯⋯⋯⋯⋯⋯⋯⋯⋯⋯⋯⋯⋯⋯⋯ 66

  3.3.1 Characteristic of ore vein zoning in space ………………… 67
  3.3.2 Metal mineral zoning pattern in space …………………… 68
  3.3.3 Element zonation …………………………………………… 73
  3.3.4 Discussion on mineralization zoning and mineralization center ………… 76

Chapter 4 Ore-forming Geological Process and Ore-forming Geological Body ……… 79
 4.1 Geological and Geochemical Characteristics of Magmatic Rock (Dykes) in Dajing Ore District ……………………………………………………… 79
  4.1.1 Petrological characteristics of dykes ……………………… 79
  4.1.2 Geochemical characteristics of dykes ……………………… 84
  4.1.3 Isotopic geochronology of dykes …………………………… 101
  4.1.4 Discussion on magma source and tectonic setting ………… 119
 4.2 Determination of Ore-forming Geological Body ………………………… 122
  4.2.1 Spatio-temporal relationship between ore body and geological body …… 122
  4.2.2 Ore-bearing potential analysis on Maanzi rockbody …………… 124
  4.2.3 Volcanic rocks outside the Dajing area …………………… 128
  4.2.4 Summary …………………………………………………… 128

Chapter 5 Ore-field Structure and Ore-forming Structural Plane ………… 129
 5.1 Structure Framework of Ore District ……………………………………… 129
  5.1.1 Fault structure ……………………………………………… 130
  5.1.2 Fold structure ……………………………………………… 132
 5.2 Ore-forming Structural Plane Characteristics …………………………… 132
  5.2.1 Relationship between main ore vein and minor ore vein ………… 132
  5.2.2 Structural characteristics controlling ore veins …………… 134
  5.2.3 Multi-stage fault activities role in mineralization stages ……… 136
  5.2.4 Hydraulic fracture features ………………………………… 137
  5.2.5 Structural relationship between the dyke and ore vein ………… 139
  5.2.6 Post-metallogenic structure ………………………………… 140
 5.3 Ore-forming Structure System …………………………………………… 140
  5.3.1 Structure stress analysis …………………………………… 140
  5.3.2 NE extented ore-conducting fault …………………………… 143
  5.3.3 Ore transmit-hosting structure system …………………… 145

Chapter 6 Ore-forming Fluid and Characteristic Mineralization Indicators ………… 147
 6.1 Ore-forming Fluids Features ……………………………………………… 147
  6.1.1 Fluid inclusion features …………………………………… 147
  6.1.2 Temperature and salinity of fluid inclusions ……………… 148
  6.1.3 Physical chemistry condition of ore-forming fluid ………… 150
 6.2 Fluids Overprinted Features ……………………………………………… 151
  6.2.1 Temperature and salinity range of fluid inclusions ………… 151

      6.2.2   Characteristics of fluid overprinted by two ore-forming fluids in fluorite ··· 154
  6.3   Composition of Ore-forming Fluids ·· 156
      6.3.1   Gas and liquid components of ore-forming fluids ······················· 156
      6.3.2   Trace elements composition ··· 160
  6.4   Discussion on Transportation and Deposition Mechanism of Ore-forming Elements ··· 163
      6.4.1   Characteristics of wallrock alteration ···································· 163
      6.4.2   Mode of transportation and deposition of ore-forming elements ············ 165

Chapter 7   Genesis and Metallogenic Model ··· 168
  7.1   Ore-forming Material Sources ··· 168
      7.1.1   Metal material sources ··· 168
      7.1.2   Source features of S-O-H-C isotope ····································· 176
  7.2   Possibility of Close-rock Body Type Mineralization ························· 181
      7.2.1   Veinlet-disseminated mineralization ···································· 181
      7.2.2   Planer wallrock alteration ·· 182
      7.2.3   Plutons discovered in the adjoining area ································ 182
      7.2.4   Some geochemical characteristics ······································· 183
  7.3   Metallogenic Model ·· 185
      7.3.1   Discussion on ore-forming depth and erosion depth ················· 185
      7.3.2   Summary on the metallogenic process and orgin of deposit ············· 186
      7.3.3   Metallogenic model of the Dajing deposit ······························ 187

Chapter 8   Prospecting Prediction and Target Test ··································· 189
  8.1   Prospecting Issue of the Inner Ore District ····································· 189
      8.1.1   Ore vein distribution pattern and prospecting prediction ·················· 189
      8.1.2   New mineralization types and prospecting prediction ················· 191
      8.1.3   Issues on comprehensive assessment and utilization ················ 191
  8.2   Geological Condition Analysis and Prospecting Direction on Adjoining Area ······ 192
  8.3   Target Test ·· 194

Concluding Remarks ··· 195
References ··· 198
Abstract ··· 209

第一章 区域地质背景

第一节 区域地质概况

大井锡-铜多金属矿床位于大兴安岭南段的内蒙古林西县境内。大兴安岭南段具有晚古生代（二叠纪为主）基底和中生代盖层的两层结构模式，其中中生代陆相中酸性火山岩、花岗质侵入岩广泛出露。该区是中国东部著名的大兴安岭-太行山燕山期构造-岩浆活化带的重要组成部分，也是我国北方重要的锡、铜、铅、锌、银、钼多金属成矿带。

一、大地构造位置

大兴安岭南段晚古生代造山带地处中亚增生型造山带（Sengor et al., 1993; Hu et al., 2000; Jahn et al., 2000; Zhao et al., 2000）的东端，南以西拉木伦断裂带为界与华北陆块北缘为邻，北以二连浩特-贺根山断裂带为界与额尔古纳-兴安地块相隔，东以嫩江断裂带为界与松辽盆地相邻。在大地构造位置上，大兴安岭南段位于华北板块和西伯利亚板块的结合部位（图1.1）。

二、区域地层

大兴安岭南部地区发育的地层有元古界、古生界、中生界和新生界（图1.1，表1.1）（内蒙古自治区地质矿产局，1991）。

本区前古生代基底岩系主要为元古界片麻岩类，且仅在局部地段呈残块零星分布。古生界以碎屑岩和部分海底火山喷发-碎屑岩为主，下古生界多为海相中基性火山-碎屑岩，主要分布在EW向西拉木伦河以南和锡林浩特以西，变质较深且呈紧闭褶皱的近EW向展布；上古生界分布较为普遍，除在林西拗陷内有大量海底火山喷发-碎屑岩外，大部分地区为陆相-海陆交互相碎屑岩夹中基性、中酸性火山岩类，地层变质程度较浅，但褶皱比较强烈，一般呈NE向展布。中生界以侏罗系分布最广，并以陆相火山-碎屑岩为特征，呈NNE向展布的短轴背斜与向斜出现。新生界第三系为砂砾岩、泥岩和大面积玄武岩，分布于陆相拗陷盆地内和EW向深大断裂带所形成的槽地中。

大兴安岭南段的二叠系是我国北方著名的"黄岗-甘珠尔庙锡多金属矿化集中区"的主要容矿围岩地层。据统计，该矿集区80%以上大、中型矿床的产出均与二叠系有关（芮宗瑶等，1994；赵一鸣等，1994）。本区二叠系可分为上、下二统。

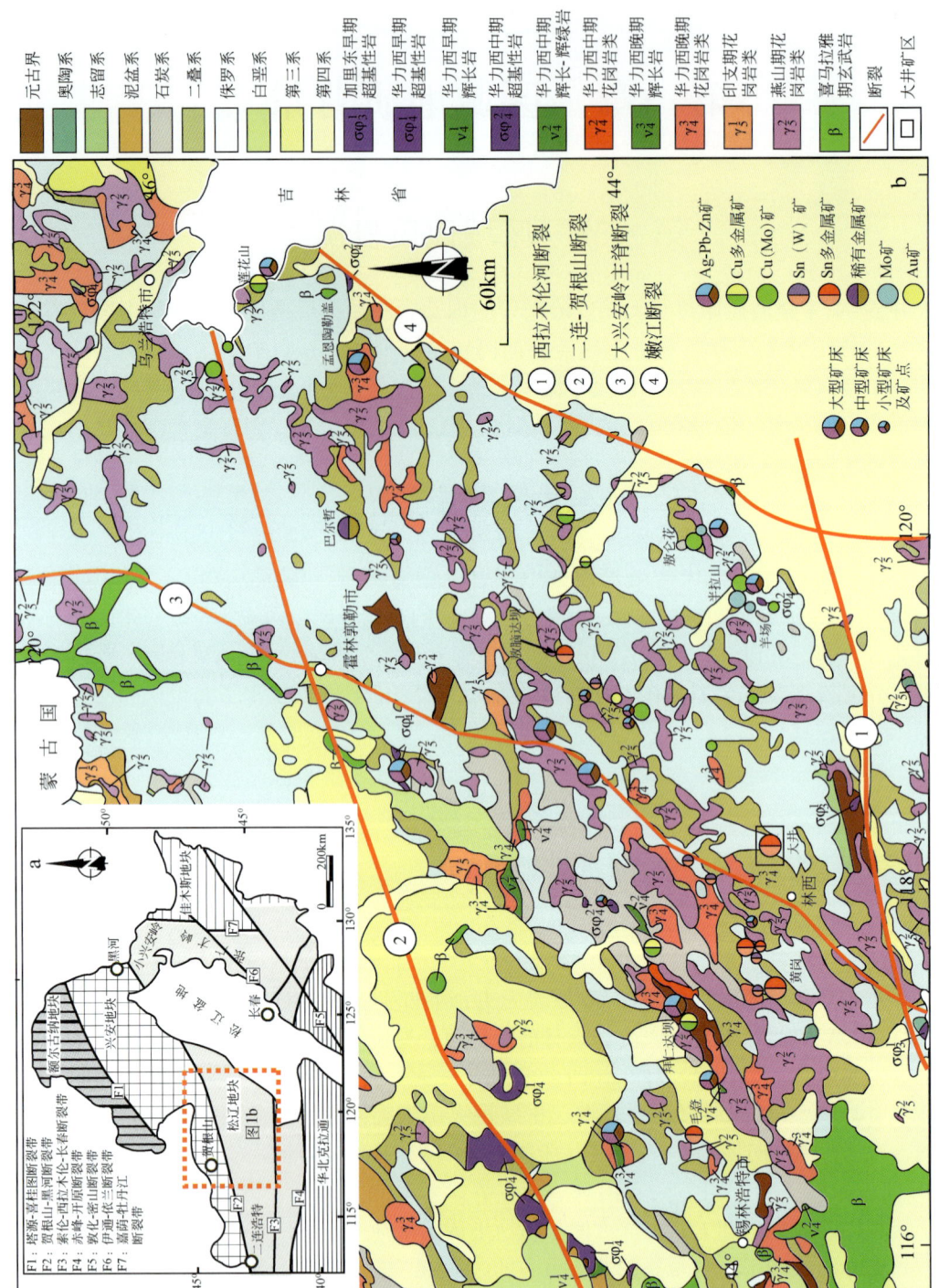

图 1.1 大兴安岭南段区域地质矿产及矿产图

a.据Zhang et al., 2010; b.据内蒙古自治区地质矿产局, 1991; 任纪舜等, 1999修改

表 1.1 大兴安岭南段区域地层简表

界	系	统	组	分布区域	岩性特征
新生界	第四系	全新统		主要沿河流分布	冲洪积、湖积、风积物等
		更新统			湖沼沉积物、风积沙、冲-洪积砂砾
	第三系	上新统	宝格达乌拉组	在东乌珠穆沁旗—阿巴嘎旗一带分布，二连浩特市附近	泥岩、砂泥质岩、粉砂岩，夹灰白色泥灰岩及黑绿色玄武岩
		中渐新统	呼儿井组		砂砾岩、粗砂岩、夹薄层泥岩
		下渐新统	乌兰戈楚组		砂岩、砾岩
中生界	白垩纪	上统	二连组	西乌珠穆沁旗东北，在锡林浩特市附近	泥质砂岩、粉砂岩和砂砾岩、泥岩和砂质泥岩
		下统	巴彦花组		灰-深灰色泥岩为主，夹少量细砂岩、油页岩和泥灰岩
			白音高老组	分布广泛	
	侏罗系	上统	玛尼吐组		酸性火山岩、砂岩、砂砾岩夹煤层
			满克头鄂博组		中性火山岩、凝灰质碎屑岩
			新民组		酸性火山岩、砂岩、砂砾岩
		中统			砂岩、砾岩、泥岩夹煤层
古生界	二叠系	上统	林西组	西拉木伦河—白音布统一带以北	砾岩、砂岩、粉砂岩、板岩夹泥灰岩
			黄岗梁组		细碎屑岩、板岩夹灰岩
		下统	大石寨组	黄岗梁组—乌兰浩特一带	中酸性火山岩、凝灰岩夹板岩、细砂岩、大理岩
			青凤山组		泥砂质碎屑沉积物
	石炭系	上统	阿木山组	分布较广	石灰岩、长石砂岩、硬砂岩
		中统	本巴图组	阿鲁科尔沁旗、西乌珠穆沁旗、苏尼特左旗、苏尼特右旗等地	碎屑岩夹火山岩、硅质岩及结晶灰岩
	泥盆系	上统	色日巴彦敖包组	分布于苏尼特左旗和阿巴嘎旗南部一带	板岩、砂岩、大理岩及酸性凝灰岩
	志留系	上统	杏树洼组	西拉木伦河及其以南地区	主要由板岩、砂岩、大理岩及酸性凝灰岩等组成
	奥陶系	中-下统	宝儿汉图群	西拉木伦河上游一带	浅变质的碎屑岩夹火山岩，碳酸盐透镜体，局部夹片岩
元古宇		下元古界	宝音图群	西拉木伦河北岸、锡林浩特市西南至西乌珠穆沁旗巴音宝力格一带	中、低级变质岩

资料来源：据徐毅（2005），内蒙古自治区地质矿产局（1991）修改。

下二叠统为典型的火山岩-碳酸盐岩-碎屑岩建造，其中的大石寨组和黄岗梁组火山岩厚度巨大。该统下部包括青凤山组和大石寨组，主要分布在黄岗梁—乌兰浩特一带。青凤山组为一套泥砂质碎屑沉积物。大石寨组为一套海相火山岩建造，由中、酸性火山岩、细碧角斑岩夹砂岩，板岩及大理岩组成，局部地区沉积碎屑岩较多，含大量腕足类、双壳类、苔藓虫及珊瑚化石，化石生态特征属冷水型；火山岩 U-Pb、Rb-Sr 同位素年龄介于 285~270Ma 之间（高德臻和蒋干清，1998；Zhu et al.，2001；陶继雄等，2003）；该组地层厚度可达2000m，富集 Pb、Zn、Sn、Ag 等金属元素。该统上部黄岗梁组分布于大石寨组两侧，主要由砂岩、板岩、砾岩和大理岩组成，含丰富的腕足类和双壳类、苔藓虫和䗴类等化石，化石生态特征以冷水型为主，主要为一套浅海相陆源碎屑建造及碳酸盐建造等，厚度可达2554m。系统的地球化学研究资料表明，该区早二叠世地层的 As、Sn、Ag、Pb、Zn 含量较高（张德全等，1993），如黄岗沉积盆地中大石寨组火山岩中 As、Sn 浓集系数分别为6.3和3.6，白音诺-浩布高地区大石寨组火山岩 Pb、Ag 浓集系数为6.6和8.4。这一特征可能说明该地层岩石中高丰度的成矿元素在燕山期岩浆-热液作用过程中被"活化"转移到对流循环的热液系统中，成为成矿物质的来源之一（张德全等，1994）。

上二叠统，以林西组为代表，分布于林西—陶海营子及西乌旗—索伦一带，主要由砂岩、板岩夹泥页岩组成，是一套潟湖-淡水湖相沉积。含大量淡水瓣鳃类、叶肢介及植物化石，植物以安哥拉植物群为主，与黄岗梁组假整合接触，厚度大于2900m。该组局部火山碎屑岩发育，王玉往等（2005）在林西县大井矿区西部的西大沟发现火山熔岩，岩石组合为安山岩-英安岩，为低 Na_2O、富 FeO 的钙碱性岩系，该火山岩组合中 Sn、Pb、Zn 等成矿元素含量亦比岩石圈背景值高出1~3个数量级。

三、区域构造

大兴安岭南段主要构造有 EW、NE 及 NNE 向构造，局部地段出现少量 NW 向构造，其中 EW 向、NW 向主要为早中生代基底构造。该区构造特点主要表现为，晚古生代形成褶皱带，中生代时期受太平洋板块 NNW 向斜向俯冲作用而产生断裂带以及先期断裂重新复活形成断隆带和断陷带。

晚古生代晚期，西伯利亚板块与中朝板块拼合，两板块的相向挤压在大兴安岭东南段发育了复杂的褶皱带（图1.2）。自西向东依次为 NE 向的锡林浩特-巴彦花复背斜、罕乌拉复向斜、甘珠尔庙复背斜（黄岗梁-孟恩陶勒盖复背斜）、林东复向斜（林西-陶海营子复向斜）和天山复背斜等。这些褶皱带具有早前寒武纪基底，出露少量早古生代地层，主要发育晚古生代地层。它们的形成受控于晚古生代（石炭—二叠纪）火山弧和弧间盆地（赵国龙等，1989；吕志成等，2002，2004；赵芝，2008），构成了晚古生代晚期的基本构造格局，并控制了中生代断隆带和断陷带的形成与分布（盛继福等，1999）。其中甘珠尔庙复背斜南起黄岗梁、碧流台至甘珠尔庙，北到黄合吐、吐列毛杜、大石寨东北，延长约400km，宽50km，走向50°~60°，呈微向东南凸出的弧形，轴部与黄合吐火山弧吻合，轴部地层为下二叠统青凤山组和大石寨组，翼部为吴家屯组、黄岗梁组，南段有林西组，大井矿床即位于甘珠尔庙复背斜东南端与林东复向斜的结合部。该复背斜次级褶皱和走向断层发育，常呈褶皱群出现，长轴10~20km，两翼倾角为60°~70°；并有大量中生代花岗岩侵位。

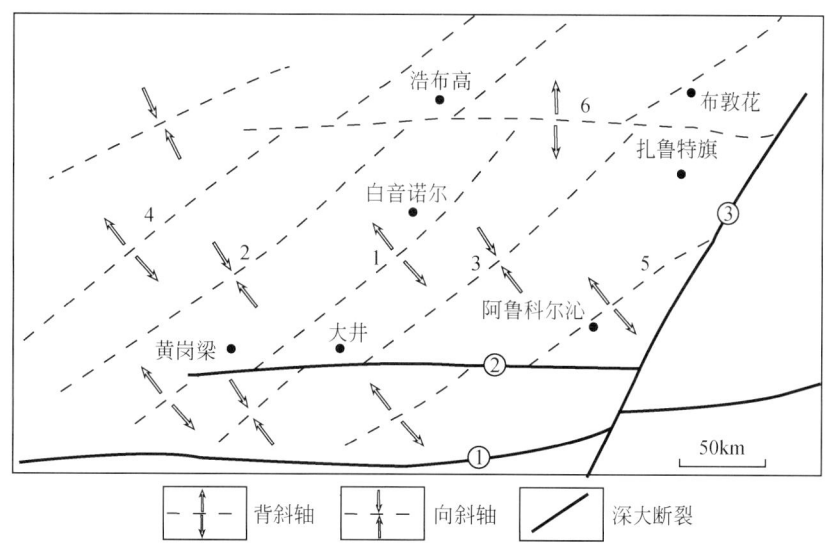

图 1.2 大兴安岭南段褶皱分布图（据张喜周和张振邦，2003 修改）
1. 甘珠尔庙（黄岗梁-孟恩陶勒盖）复背斜；2. 罕乌拉复向斜；3. 林东（林西-陶海营子）复向斜；
4. 锡林浩特-巴彦花复背斜；5. 巴林左旗-天山复背斜；6. 新林镇-天山复背斜；①赤峰-康保深大断裂带；
②西拉木伦深大断裂；③嫩江大断裂

自中生代以来，大兴安岭地区成为欧亚板块滨太平洋大陆边缘的一部分，在太平洋板块 NNW 斜向俯冲作用下，本区逐渐隆起，并产生断裂，同时也使先期断裂复活，形成一系列 NE 向、EW 向、NW 向和 NS 向等断裂（陈宏威，2007）。其中主要区域性断裂带有黄岗梁-甘珠尔庙断裂带、嫩江断裂带、西拉木伦河断裂和（二连浩特）贺根山断裂（内蒙古自治区地质矿产局，1991）（图 1.1，图 1.2）：①黄岗梁-甘珠尔庙断裂带（大兴安岭主脊断裂的组成部分），呈 NE 向横贯本区，宽约 40km，带内 NE 向断裂构造密集，与其同方向展布的狭长带状中、晚侏罗世断陷盆地发育，晚侏罗世次火山及深源火山侵入体亦沿该断裂带分布。②西拉木伦断裂，呈 EW 向横贯本区南缘，长达 300km。该断裂是在深大断裂基础上发展起来的，在燕山期活动具有明显的右行扭动特征，控制并切割了中生代早期克什克腾旗花岗岩体，在岩体内造成数千米宽的碎裂岩带及糜棱岩带。③贺根山断裂，是西伯利亚板块和华北板块拼合带的南西段主要断裂，贺根山地区出露蛇绿岩。断裂以强烈的线性正磁异常为特征，且北西侧为强烈变化正磁场（多规模较大岩基），南东侧为变化的负磁场区。该断裂中生代以来的活动特征不明显。④嫩江断裂，呈 NNE 向在本区东侧通过，构成松辽平原与大兴安岭山脉的分界线，在卫星图片上反映为清晰的线性影像，在中国东部区域重力场中位于大兴安岭-太行山-武夷山重力异常梯级带东侧，地壳厚度发生突变部位。

本区中生代发生强烈的断块运动，引起强烈火山喷发和岩浆侵入，形成相对隆起的断隆带（火山基底隆起）和断陷带（堆积大量火山物质，成为火山喷发盆地）相间分布特征（赵国龙，1989；邵济安，2009）。区内中生代断隆带主要有白音查干-汗乌拉断隆带、黄岗梁-音德尔断隆带、巴林桥-孟恩陶勒盖断隆带等；断陷带有巴音花-宝石断陷带、大板-乌兰浩特断陷带、天山-白音胡硕断陷带等。

研究表明,中生代构造格局明显控制着本区的金属矿床分布(芮宗瑶等,1994)。断隆区是锡钨多金属矿化相对集中区的主要构造,铅锌矿化区则相对集中于断陷区。受构造控制,矿床分布有北东成带、东西成行的格局。例如,黄岗、白音皋、宝盖沟、小海青、银洞子、白音诺、福山、浩布高等矿床,受黄岗-甘珠尔庙断裂控制,组成了一个 NE 向矿带;而受林西-大板 EW 向断裂控制,由苔莱花、黄岗、大井、苔布呆、代铜山等矿床(点)组成 EW 向的一行。NE 向断裂和 EW 向断裂交汇部位则常常是矿田所在地(图1.3)。

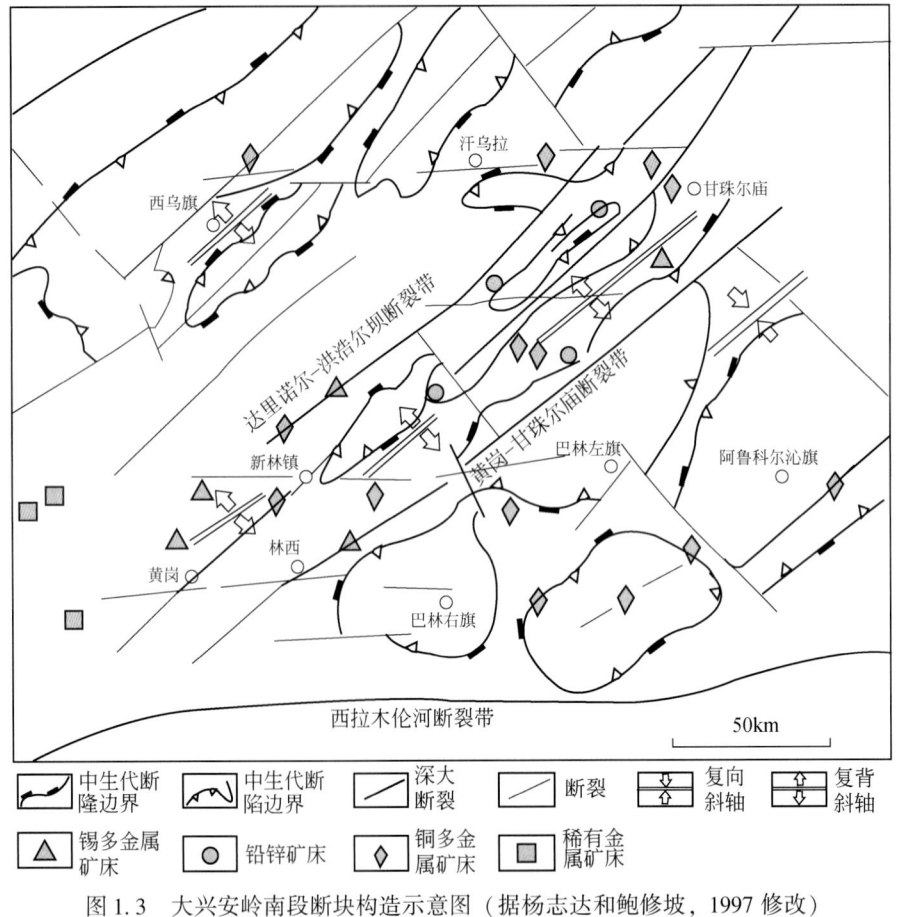

图1.3 大兴安岭南段断块构造示意图(据杨志达和鲍修坡,1997修改)

四、岩浆岩

(一)侵入岩

区内岩浆侵入活动非常强烈,以酸性岩类为主。按形成时代分为海西期(早、中、晚)、印支期和燕山期(早、晚)(图1.1)。

海西早期岩体出露极少，主要为超基性岩，为蛇绿岩带的组成部分。海西中期岩体亦不多见，主要为石英闪长岩、英云闪长岩、花岗闪长岩、二长花岗岩等。海西晚期侵入体，绝大多数属于花岗质岩类，岩石类型主要为花岗闪长岩、黑云母斜长花岗岩、黑云母二长花岗岩和钾长花岗岩，岩体呈岩基状产出，相带不明显，具片麻状构造。

印支期岩浆活动较弱，均为酸性花岗岩类，呈岩基或岩株产出。这些岩体主要分布在锡林浩特北—西乌旗一带（张晓辉等，2006），以岩株、岩基产出，呈 NE 向带（线）状分布，以兰家营子辉石岩（210Ma）、八楞山辉石岩（228Ma）、海苏坝闪长岩（202Ma）、新林镇黑头山花岗闪长岩（214Ma）和白音诺后山闪长岩（218Ma）为代表（薛钢等，2006）。在大井矿区发育的印支期岩体主要有龙头山花岗闪长岩-二长花岗岩体（SHRIMP 锆石 U-Pb 年龄为 241±3.2Ma，刘伟等，2007）、大四段村似斑状黑云母二长花岗岩（锆石 LA-MC-ICP-MS 年龄为 242.8±1.7Ma，江思宏等，2012）等。大井矿区与矿脉相伴出现的英安斑岩（锆石 LA-ICP-MS 年龄为 240±1Ma、239±1Ma，廖震等，2012），也是该期岩浆活动的产物。

燕山期岩浆侵入活动甚为发育，按其形成先后顺序可划分为以下三个不同阶段（李鹤年等，1997）。

（1）燕山早期早阶段花岗岩多产出于断隆与火山喷发盆地过渡交接带之断隆一侧，区域上受嫩江深断裂控制，在大板-乌兰浩特火山喷发带的突泉中生代火山盆地之野马次级隆起西南缘的莲花山、西北缘的闹牛山和布敦花一带皆有此系列岩体分布，主要岩石类型为闪长玢岩、斜长花岗斑岩和花岗闪长斑岩等。大井矿区的霏细岩（170.7±1.4Ma、170.7±1.1Ma，江思宏等，2012；162±1Ma，廖震等，2012）也形成于这一时期。

（2）燕山早期晚阶段主要岩石组合为花岗闪长岩-黑云母二长花岗岩-钾长花岗岩及部分碱长花岗岩和花岗斑岩，典型岩体有杜尔基岩体、荻尔塔拉岩体及敖兰敖日格岩体。大井地区的马鞍子钾长花岗岩体，Rb-Sr 等时线年龄为 155.4Ma（张德全，1993a），SHRIMP 锆石 U-Pb 年龄为 146±3.7Ma（刘伟等，2007）。

（3）燕山晚期花岗岩数量较少，常分布于断裂的最外侧，并形成正长花岗岩-碱长花岗岩和碱性花岗岩组合。燕山晚期早阶段主要岩石类型有石英二长岩、二长花岗岩、钾长花岗岩、花岗斑岩及碱长花岗岩等，典型岩体有浩布高、马根坝勒、东山湾、巴尔哲岩体等。王一先和赵振华（1997）获得巴尔哲碱性花岗岩 Rb-Sr 等时线年龄为 125Ma，单颗粒锆石 U-Pb 年龄为 122Ma 左右（杨武斌等，2011），大井地区附近的夜来改岩体、龙头山 2 号岩体和小城子岩体的 SHRIMP 锆石 U-Pb 年龄分别为 135±2.9Ma、125±5.7Ma、127±4.7Ma（刘伟等，2007）。

本区侵入岩以燕山期花岗岩类分布最为广泛，其中又以燕山早期晚阶段花岗岩数量最多。该期花岗岩以黄岗-甘珠尔庙-乌兰浩特断裂带为界可分为南部岩区和北部岩区，断裂带两侧岩体成分、成矿专属性等特征明显不同，南部岩区为锡多金属成矿区，北部岩区为铜多金属成矿区（吕志成等，2000）。按岩石组合可分为四类：石英闪长岩-英云闪长岩-花岗闪长岩组合、二长花岗岩-正长花岗岩-碱长花岗岩组合、碱长花岗岩-碱性花岗岩组合和正长岩-石英正长岩组合，其中二长花岗岩-正长花岗岩-碱长花岗岩组合为本区占优势的岩性组合，其余零星分布。根据微量元素地球化学特征，燕山期花岗岩类可为高 Sr

花岗岩类和低 Sr 花岗岩类,前者主要由石英闪长岩、英云闪长岩和花岗闪长岩组成,富集 Ba、Sr、Ti,起源于相对亏损的幔源岩浆的分异作用,属于 I 型花岗岩;后者(低 Sr 花岗岩)由二长花岗岩、正长花岗岩、碱长花岗岩和碱性花岗岩组成,强烈亏损 Sr、Ba 等元素而富集其他大离子亲石元素和高场强元素,源区与显生宙地壳增生时期起源于地幔的年轻地壳物质有关,即起源于富集型幔源基性岩石的部分熔融,其中二长花岗岩-正长花岗岩-碱长花岗岩也属于 I 型花岗岩,而碱性花岗岩为 A 型花岗岩(林强等,2004)。这两类花岗岩均显示正 $\varepsilon_{Nd}(t)$ 值、低 $^{87}Sr/^{86}Sr$ 值以及较低的 Nd 模式年龄。

(二)火 山 岩

大兴安岭中南段中生代火山岩非常发育,其分布面积占全区的一半左右(吕志成等,2004),尤其是晚侏罗世火山活动非常强烈,形成大量的火山岩。受火山基底隆起控制,火山岩的空间分布表现为 NE 向带状的火山喷发岩带,自南东往北西大致可分为东、中、西三带。随时间从早到晚,火山活动由东带向西带逐渐推进(赵国龙等,1989)。

自晚三叠世—早白垩世,本区火山岩可划分四个火山喷发旋回(王忠和朱洪森,1999),即晚三叠世火山喷发旋回(Ⅰ)、早-中侏罗世火山喷发沉积旋回(Ⅱ)、晚侏罗世火山喷发旋回(Ⅲ)和早白垩世火山喷发旋回(Ⅳ),晚侏罗世火山喷发旋回可进一步划分为满克头鄂博亚旋回和白音高老亚旋回。

晚三叠世火山喷发旋回以中性、中基性火山岩为主体,主要有玄武岩、玄武安山岩、安山岩、英安岩及火山碎屑岩,火山活动局限且较弱。同时,张连昌等(2008)的研究表明这一时期存在两期玄武质火山喷发活动,早期喷发时间为 250~240Ma,晚期喷发时间为 220~210Ma。

早-中侏罗世火山喷发-沉积旋回,既有火山活动,又是重要的成煤时期,形成一套沉积岩夹火山岩的含煤建造。早侏罗世主要为一套陆相沉积碎屑岩夹煤层,中侏罗世为沉积碎屑岩夹中酸性、酸性火山碎屑岩及少量英安岩和安山岩。东、西带火山岩不发育。在五十家子-同兴断陷盆地堆积了厚度较大的火山沉积岩,所夹火山岩主要为一套酸性、中酸性火山碎屑岩,熔岩不发育(薛钢等,2006)。

晚侏罗世火山喷发旋回,是本区火山活动最为强烈的时期,形成大量火山岩,由满克头鄂博组、玛尼吐组和白音高老组三个火山岩组构成。晚侏罗世火山喷发旋回可分出两个亚旋回,即满克头鄂博亚旋回(满克头鄂博组、玛尼吐组)和白音高老亚旋回(白音高老组)。两个亚旋回火山活动的阶段性很明显,它们之间存在一个沉积间断。火山岩岩石类型齐全,以中酸性、酸性火山碎屑岩(尤其是熔结凝灰岩)最为发育,熔岩多以夹层产出,岩性为玄武安山岩、安山岩、英安岩、流纹岩等。

早白垩世火山喷发旋回,主要形成梅勒图组火山岩。早期以基性火山活动为特征,晚期为中酸-酸性火山活动,其产物以基性、酸性火山岩为主,中酸性火山岩较少,显示双峰式火山岩特征。

张吉衡(2005)对大兴安岭中生代火山岩的研究表明,其主要为亚碱性系列,主要岩石类型包括玄武岩、玄武安山岩、玄武质粗面安山岩、粗面安山岩、粗面岩-粗面英安岩、流纹岩和少量的英安岩(图 1.4)。本区火山岩岩石地球化学研究表明,从晚三叠世到早白垩世，火山岩岩石系列有从碱性→碱钙性→钙碱性演化的趋势（薛钢等，2006）。晚三叠世火山岩以富含 Na 质为特征（Na_2O/K_2O 值一般大于 1 或更大），碱质含量也比较高（王忠和朱洪森，1999），Sr-Nd-Pb 同位素组成表明岩浆源区主要为岩石圈地幔，但局部有软流圈物质的加入（张连昌等，2008）；中-晚侏罗世火山岩具富 K 特征，早白垩世火山岩显示双峰式火山岩特征（王忠和朱洪森，1999；薛钢等，2006）。

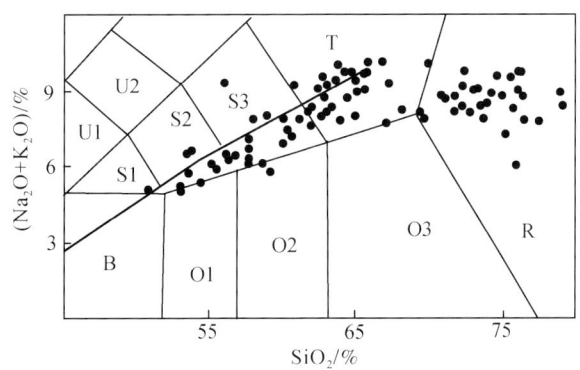

图 1.4　中生代火山岩的 TAS 图解（据张吉衡，2005）

大兴安岭中生代火山岩表现出不同程度的轻稀土富集而重稀土元素比较平缓的特征，并具有不同程度的 Eu 负异常；微量元素主要表现出 Nb、Ta、P、Ti 等亏损，而大离子亲石元素及 Ba、Sr 等元素随岩石类型的不同具有很大的变化。

地球化学研究表明，大兴安岭火山岩的源区性质极为复杂，总体接近原始地幔，同时也具有某些富集地幔的性质，反映岩浆的形成受深部热源和物源的控制。大兴安岭中南段中生代火山岩相对较低的 $(^{87}Sr/^{86}Sr)_i$ 值（0.7045~0.7077）和相对较高的 $\varepsilon_{Nd}(t)$ 值（-3.02~3.88），也表明其成岩物质主要来源于地幔（吕志成等，2004）。

五、大兴安岭南段构造演化特征

兴蒙造山带是夹持于西伯利亚板块和华北板块之间的古生代巨型造山带（任纪舜，1991；李双林和欧阳自远，1998），经历了古亚洲洋构造域和古太平洋构造域两大构造演化阶段和两大板块之间若干中、小块体复杂拼贴演化历史（邵济安，1991；吴福元等，1995）。因此，该地区先后经历了古亚洲洋构造域和古太平洋构造域在时间和空间上的叠加和改造。

（一）古生代—早中生代古亚洲洋演化阶段

大兴安岭的大地构造格架和构造单元布局主要是在古亚洲洋演化期间形成的（图1.5）。古亚洲洋是古生代期间发育于西伯利亚地台和华北地台之间的一个复杂的多岛洋，以发育大规模的岛弧体系和陆缘增生为特征（任纪舜等，1999），可大致视为南北两大陆块边缘相向增生的同时，华北陆块相对向北漂移。两陆块之间的多岛洋体制中，众多大陆亲缘性微块体（其中包括锡林浩特微地块）和不断生长发育的岛弧体系相互汇聚拼贴

(陆陆、弧陆、弧弧),从而带来了同时发育多边界缝合并相互转换和改造的现象,结果形成了目前所见的以软碰撞造山、多边界汇聚缝合为特征的宽阔造山带。

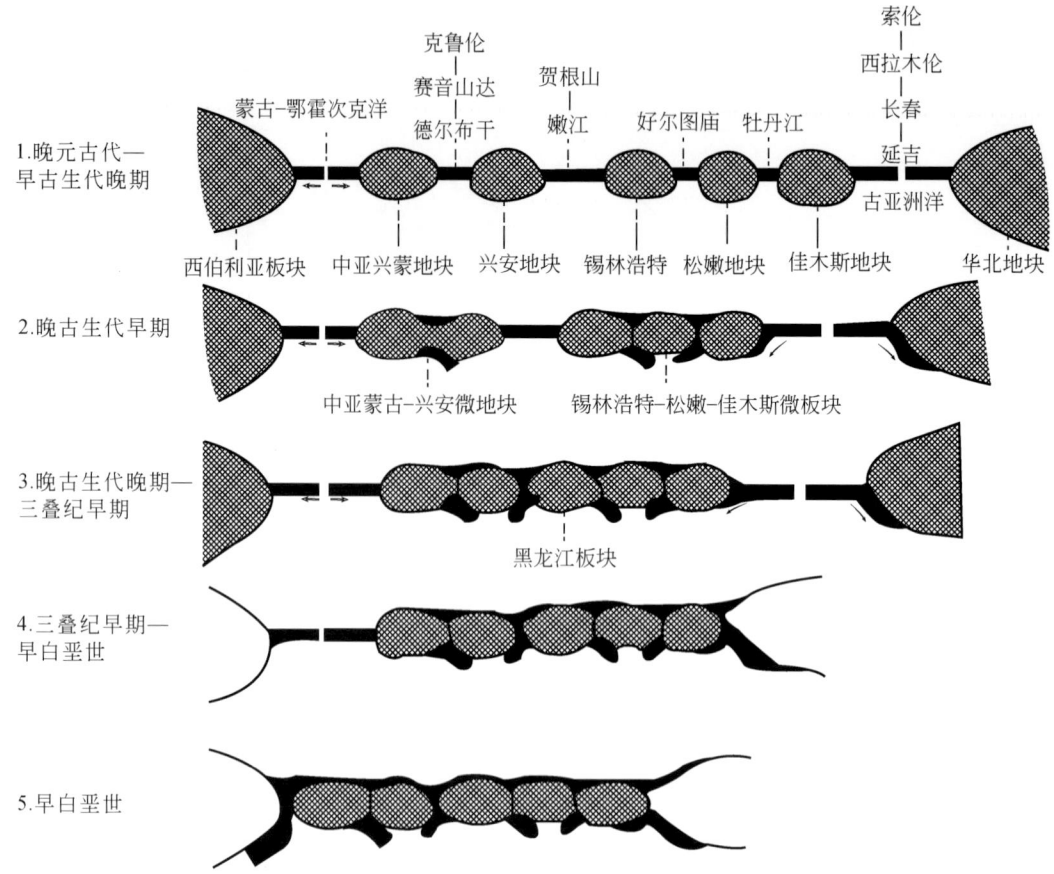

图1.5 兴蒙造山带及邻区构造演化(据李双林和欧阳自远,1998修改)

古亚洲洋开始于新元古代(李春昱等,1982;李双林和欧阳自远,1998;朱永峰等,2004)的认识较为一致,但其最终闭合时间和位置是长期争论的问题。大多数学者趋于认为华北板块与西伯利亚板块最终缝合时间为二叠纪末—早三叠世,索伦-西拉木伦-长春缝合线可能为古亚洲洋的最终拼合位置(Xiao et al.,2003;Wu et al.,2011)。华北板块与锡林浩特微地块缝合部位大致在罕山-布敦化深大断裂附近(唐克东,1995;王之田等,1997),大兴安岭南段属于华北板块增生地体的一部分。这一时期是两板块间增生造山带构造基底形成阶段,主要表现为与板块前缘近于平行的断裂和火山弧,前中生代构造是控岩控矿的基础构造(Coleman,1989)。沿西伯利亚板块边缘形成了NE向复背斜和断裂,沿华北板块北部边缘形成了近EW向的褶皱带和断裂,并伴随大规模的花岗岩类入侵。通过对甘珠尔庙复背斜、天山复背斜和林东复向斜的研究,NE-NNE向复背斜轴部恰好与二叠纪火山弧位置相吻合,并且与大兴安岭东坡以铜为主的多金属成矿带及主峰锡-铅锌-铁-铜成矿带和火山岛弧带相吻合,表明复背斜和复向斜分别受控于火山弧和弧间盆地,构成了古生代晚期的基本构造格局,并控制了中生代早期断隆带和断陷带的形成与分布

(盛继福等，1999)。

(二) 中生代—新生代古太平洋演化阶段

中亚造山带东段在中生代进入古太平洋活动大陆边缘演化阶段。关于古亚洲洋构造域结束和古太平洋构造域开始的具体时间还存在着争议，很多学者从不同角度探讨过两大构造域的叠加和转换问题。赵越等 (1994) 根据岩浆作用、增生杂岩、古地磁资料和中蒙边界地区反映三叠纪—早中侏罗世陆内造山的大型推覆构造等特征，认为东亚环太平洋主动陆缘应该在中侏罗世 (J_2) 开始出现，三叠纪—早中侏罗世是古亚洲洋构造域造山作用的最后一幕。而部分学者认为古太平洋构造域开始于晚三叠世，二叠纪末—三叠纪是两大构造域的转换时期 (段吉业和张梅生，1994；赵春荆等，1996)。晚中生代开始，中国东部进入了滨太平洋活动大陆边缘演化阶段，伊泽奈奇板块开始以 20.7~30.0mm/a 的速率向亚洲大陆斜向俯冲 (Maruyama, 1997)，在亚洲大陆边缘形成一系列走滑断层和推覆构造。之后，太平洋板块逐渐转为 NWW 向与东亚大陆作正向俯冲，中国东部处于板内伸展环境。

第二节　区域控矿因素

一、区域矿产时空分布及成矿系列

大兴安岭地区作为古生代古亚洲洋构造成矿域与中生代古太平洋构造成矿域两个全球性构造成矿域强烈叠加区域的重要组成部分，在古老基底构造和晚古生代造山带的基础上，叠加了中生代火山-岩浆构造活动，发展形成了铜、锡、钼、铅、锌、银多金属成矿带。

大兴安岭南部及邻区金属矿产分布与该区大地构造单元相吻合，区域上可划分出四个成矿带 (芮宗瑶等，1994)，从南往北包括：华北板块北 (外) 缘铅-锌-铜-钼-铀-银成矿带、大兴安岭南段铅-锌-银-铜-锡-铁成矿带、大兴安岭北段铜-钼-铅-锌-铁成矿带和额尔古纳铜-铅-锌-银-钼-铀成矿带。

大井矿床所在的大兴安岭南段铅-锌-银-铜-锡-铁成矿带内，锡多金属矿床 (点) 主要分布于西拉木伦河断裂以北、嫩江深断裂以西地区，锡多金属矿产总体具有 NE-NNE 向成带、EW 向成行并等距分布的特征。又大致划分出如下三个各具特色的有色金属成矿亚带 (刘建明等，2004)：①大兴安岭西坡的富铅-锌、富银-铜成矿亚带 (长>300km、宽百余千米)。近年来，随着西坡工作程度的不断深入，发现了一批中大型、特大型富银、铅、锌多金属矿床，如拜仁达坝、维拉斯托、哈尔楚鲁图、花敖包特、阿尔哈达、白音乌拉等。②主脊的锡-铅-锌-铁-铜成矿亚带 (宽仅 20km±、以锡为特色)。分布有黄岗梁、查木罕、白音诺尔、浩布高、红岭、敖瑙达巴、巴尔哲等大、中、小型矿床和众多矿点、矿化点。③东坡的以铜 (-钼) 为特色的多金属成矿亚带。分布有大井、哈什吐、乌兰哈达、布敦花、孟恩陶勒盖、莲花山、闹牛山、敖仑花、羊场等铜、钼、铅锌、银矿床。

从东到西，侵入岩有从中酸性到酸性-中酸性花岗质岩浆的演化趋势，矿种亦有从铜多金属、锡-铅锌-铁-铜到铅锌-富银-铜的变化特征。区域矿床类型及空间演化趋势还受 NE 向展布的二叠纪地层的控制，如黄岗梁—甘珠尔庙主峰一线以夕卡岩型矿床为主，以东则以热液脉型和斑岩型矿床为主（王长明等，2006）。大兴安岭南段大量同位素年龄数据结果表明，区内锡多金属矿床的成矿时间主要集中于燕山期，由东向西，成矿时代有由老到新推移的趋势。区内矿床大多与燕山期岩浆活动有关，矿床类型主要有火山-次火山热液脉型、夕卡岩型、斑岩型、云英岩型、花岗岩型等（张德全和赵一鸣，1993；杨志达和鲍修坡，1997；Liu et al.，2001）。综合前人关于该区矿床类型、时空分布及控矿特征的研究（赵一鸣等，1994；芮宗瑶等，1994；杨志达和鲍修坡，1997；王京彬等，2000，2005；陈宏威，2007），可将大兴安岭中南部有色及贵金属矿床划分为四个系列（表 1.2）。

二、控矿因素分析

（一）锡林浩特微板块对成矿的控制

大兴安岭南段锡多金属矿床主要产于锡林浩特微地块内（大兴安岭南段林西—巴尔哲一带零散分布的元古宇变质块体）及其边部的构造-岩浆带中，远离锡林浩特微地块，尽管也出现成分类似的钾长花岗岩类，但其不具工业锡矿化，显示了锡多金属矿集区与锡林浩特微地块密切的空间依存性（王京彬等，2005）。

介于西伯利亚板块和华北板块之间的锡林浩特微地块面积约 60000km^2，为古生代兴蒙造山带内的中间地块。该地块断续出露下元古界宝音图群、中上元古界爱力格庙群，在区域重力异常上表现为相对低重力区，主要由片岩、混合岩、片麻岩等组成，其钾长石和云母类矿物含量较高，具有富氟富钾的建造特点。宝音图群在沉积建造与变质程度上可与下元古界二道凹群对比（内蒙古自治区地质矿产局，1991）。王京彬等（2005）研究认为锡林浩特微地块与华北板块内的太古宙花岗-绿岩地体有一定差别，其成矿特点也不同于以金为主的华北板块，因而认为锡林浩特微地块的建造和成矿特征，与毗邻的蒙古东部和俄罗斯东后贝加尔南部的元古宙地体相似（中蒙古-额尔古纳微板块），后者也广泛发育了燕山期的锡钨和多金属矿化。因此推测锡林浩特微地块是从西伯利亚板块南缘分离出来的微陆块，并演化为古生代造山带内的中间地块。

锡林浩特微板块以富集 Au、Ag、Sn 等为特征，元古界宝音图岩群中 Sn、Sb、Bi、W 等丰度值较高，显示正异常（刘建雄等，2006）。郑翻身等（2006）在大兴安岭南段西坡宝音图群分布区开展 1∶5 万水系沉积物加密测量，圈出 22 个以 Ag、Cu、Pb、Zn、Sn、As 等元素为主的组合异常，并发现了拜仁达坝、维拉斯托超大型银铅锌矿，也体现了元古宙赋矿地层的重要性。

（二）二叠系地层对成矿的控制

二叠系地层是本区的主要赋矿层位（图 1.1）。二叠纪海相火山沉积岩系是大兴安岭中南段出露的主要基底地层，是铜多金属矿床的主要赋矿围岩，其中成矿元素 Cu、Pb、Zn、Sn、Ag 均具有较高的丰度值，是形成矿床的重要物质来源。从各组地层的成矿元素浓集系数（张德全和赵一鸣，1993）来看，各组地层中富集成矿元素的程度有明显差异（表 1.3）；Sn、

表 1.2 大兴安岭中南段有色及贵金属矿床成矿系列

成矿系列	亚系列	成矿元素	成矿岩体	成矿时代	成矿类型	代表性矿床
I. 海西期Cu-Au矿床	Cu、Au矿床成矿系列	Cu、Au	辉绿岩	242Ma	热液脉型	小坝梁
	Au成矿床成矿系列	Au	酸性岩浆岩	华力西期		各乃各小黑山
II. 燕山早期早阶段Cu多金属成矿床	Cu(Pb、Zn、Ag)成矿系列	Cu为主,其次有Pb、Zn、Ag、Au	闪长玢岩、花岗闪长斑岩、更长花岗斑岩	177～160Ma	斑岩型、热液脉型	莲花山、闹牛山、布敦化、台布呆、敖尔盖、东长春岭
	Ag、Pb、Zn(Cu、Sn)成矿系列	Ag、Pb、Zn为主,其次Cu、Sn	中酸性次火山岩脉	179Ma	热液脉型	孟恩陶勒盖、前地、雅马吐
	Sn(W)成矿系列(Sn-W-Nb-Ta-Be)	以Sn为主,伴有W、Nb、Ta、Be等	钾长花岗岩和花岗斑岩	155～131Ma	夕卡岩型、云英脉型、石英脉型	黄岗、苏木沟、查木罕、东山湾、小海青、白音查
	Sn多金属成矿系列(Sn-Ag-Cu-Pb-Zn)	Sn和多金属均为重要组分	钾长花岗岩、花岗斑岩,尚有花岗闪长岩、石英斑岩、二长斑岩、安山玢岩	148～132Ma	热液脉、斑岩型	大井、安乐、毛登、敖瑙达巴
III. 燕山早期晚阶段Sn多金属矿床	Pb-Zn-(Cu)-Ag成矿系列	Pb、Zn、Ag为主,伴生Sn	花岗闪长岩-花岗斑岩-石英二长斑岩	晚侏罗世—早白垩世(148～131Ma)	夕卡岩型、热液脉型	浩布高、白音诺子、中段、好布沁达尔、敖林达、石长温都尔
	Mo多金属成矿系列	Mo、Cu、U	二长花岗岩、流纹斑岩、花岗斑岩	131～154Ma	斑岩、热液脉型	碾子沟、鸡冠山、小东沟、半砬山、劳家沟、红山子、哈什吐
IV. 燕山晚期稀有稀土及Cu-Mo-Au-Ag多金属矿床	Nb、Y(Ta、Be)成矿系列	Nb、Y为主,伴生Ta、Be	碱性花岗岩、钠长花岗岩	127Ma	碱性花岗岩型、钠长花岗岩型	巴尔哲、苔菜花
	Cu、Mo、Au多金属成矿系列	Cu、Mo、Au	英安斑岩	125～109Ma	斑岩型、热液脉型	好未宝、扁扁山、驼峰山
	Ag多金属成矿系列	Ag、Pb、Zn	石英闪长岩	116Ma	热液脉型	拜仁达坝

资料来源:成矿时代数据据盛继福等,1999;张炯飞等,2003;刘建明等,2004;曾庆栋等,2011;Zeng et al.,2012。

Ag 在大石寨组中含量最高,次为黄岗梁组;Pb 在黄岗梁组浓集系数最大,次为大石寨组;Cu 主要在林西组富集,含量超过克拉克值。在同组地层中,元素在不同地区也存在差异。Sn 主要在南部区和中部区富集,Ag、Pb 主要在中部区富集,其次为北部区。Zn 在各地区相差不大,但中部区相对富集。Cu 低于克拉克值,但以中部区相对富集,浓集系数达 0.8,而北部区的浓集系数只达 0.45。

表 1.3 大兴安岭中南段二叠纪地层元素浓集系数表

地层剖面	青凤山组			大石寨组				黄岗梁组				林西组	克拉克值
	南部区	中部区	组平均	南部区	中部区	北部区	组平均	南部区	中部区	北部区	组平均		
样品数	47	101	148	47	34	33	114	40	83	25	148	63	
Ba	1.10	1.51	1.42	1.50	1.08	1.30	1.32	1.33	1.63	1.20	1.48	1.35	425
Cr	0.51	0.91	0.77	1.02	1.47	0.50	1.01	0.62	0.72	0.43	0.64	1.56	100
Mn	0.99	1.00	0.96	1.16	0.99	0.77	1.00	1.04	0.98	0.64	0.94	1.17	950
P	0.69	0.60	0.69	0.72	1.04	0.71	0.81	0.66	0.57	2.07	0.84	0.58	1015
Sr	1.08	0.32	0.58	0.58	0.77	0.72	0.68	0.90	0.59	0.63	0.68	0.50	375
Ti	0.82	0.76	0.79	0.76	0.73	0.77	0.76	0.85	1.02	0.73	0.92	0.78	5700
V	1.04	0.70	0.27	0.76	0.78	0.83	0.80	0.87	0.27	0.89	0.54	0.73	135
Y	0.77	1.03	0.94	1.02	0.82	0.81	0.90	0.78	1.02	1.14	0.98	1.02	33
Cu	0.86	0.75	0.82	0.84	0.84	0.42	0.72	0.79	0.94	0.45	0.84	1.04	55
Pb	1.27	3.79	1.17	0.97	3.86	1.76	2.06	0.89	5.76	1.36	3.70	0.77	12.5
Zn	1.30	1.16	1.21	1.08	1.38	0.93	1.13	1.01	1.22	1.25	1.17	1.17	70
As	3.22	6.60	4.86	6.24	6.33	–	6.28	10.40	5.98	–	7.40	4.50	1.8
Sn	1.79	3.52	2.92	3.50	2.18	1.45	2.51	1.56	2.26	1.46	1.94	2.21	2
Ag	2.89	2.29	2.54	2.26	5.28	3.34	3.50	1.76	2.00	1.27	1.81	1.49	0.07
Mo	0.71	0.84	0.08	0.81	0.79	2.22	1.21	0.65	1.31	2.85	1.39	0.14	1.5
Ni	0.22	0.41	0.35	0.24	0.55	0.41	0.38	0.17	0.24	0.31	0.24	0.49	75

注:数据来源于张德全和赵一鸣,1993。

已有资料综合表明,二叠系是大兴安岭南段重要的矿源层。据统计,整个大兴安岭南段各类型矿床中赋存于二叠系中的铅锌矿占 73.1%,铜矿占 44.1%,铜银矿占 66.7%,银铅锌矿占 62.5%,铜铅锌矿占 75%,铁铜矿占 50%,银多金属矿占 46.2%,铜银、铜锡矿全部在二叠系;其中在该区矿床已获金属储量中,赋存于二叠系中的 Cu 占 100%、Sn 占 99%、Pb 占 86.6%(陈宏威等,2007)。

(三)岩浆岩对成矿的控制

研究区出露的岩浆岩主要为海西期和燕山期(图 1.1),其中燕山期火山-侵入岩浆活动,是本区矿床的主要控制因素之一。

海西期岩浆岩:早期主要发育与铬矿床有关的超基性岩,如呼和哈达、赫格敖拉等矿床;中期主要发育与中基性岩浆活动有关的铁、铜、金矿床,典型岩体有小坝梁岩体等;

晚期发育与铍、铌、钽矿床有关的中酸性岩体，岩石类型为花岗闪长岩、花岗岩等，该期花岗质岩浆活动与区内铍、铌、钽多金属成矿具有密切的成因联系，如碧流台多金属矿床。

燕山期岩浆岩又分为燕山早期和燕山晚期岩浆岩。

燕山早期：早阶段形成的中酸性浅成岩体岩石类型为闪长玢岩、斜长花岗斑岩和花岗闪长斑岩等，与区内众多的铜矿床形成有关，如莲花山铜矿床、布敦花铜矿床、闹牛山铜矿床及黄合吐铜矿床等；晚阶段花岗岩类岩石组合为花岗闪长岩-黑云母二长花岗岩-钾长花岗岩及部分碱长花岗岩和花岗斑岩，是本区最重要的锡多金属成矿期，区内许多著名矿床，如大井、黄岗梁、白音诺、浩布高等大型矿床，均与该期岩浆活动有着密切的成因联系。

燕山晚期：东坡以富碱性的花岗岩类为特征，与稀土和铌钽矿床成矿关系密切，产有著名的巴尔哲矿床；西坡主要与酸性岩浆活动有关，产有拜仁达坝超大型铅锌矿等。

王京彬等（2005）总结了大兴安岭南段花岗岩类成矿专属性特征。研究区与Sn（W、Be）成矿有关的花岗岩比较单一，主要是钾长花岗岩类，包括其浅成相的花岗斑岩或斑状钾长花岗岩。钾长花岗岩常呈大岩株状，个别为岩基，具被动侵位特征，岩相分异良好。岩体的突出部位或末期侵入的浅成-超浅成小岩体，与锡矿化关系密切。与锡矿化有关的钾长花岗岩类，其造岩矿物和岩石地球化学特征类似于S型花岗岩，但其锶初始值和氧同位素值较低，又兼具有I型花岗岩特征。该类矿化中尽管可见到方铅矿和闪锌矿等硫化物，但不形成独立的多金属矿体。与Pb-Zn-Cu有关的花岗闪长岩-石英二长斑岩类具有较典型的I型或磁铁矿系列花岗岩特征，是区内多金属矿的成矿母岩，在该类矿化中可伴生某些锡矿化，但不出现独立锡矿体（如白音诺、哈达吐等）。当钾长花岗岩类与花岗闪长岩-二长斑岩等构成花岗质杂岩体或定位在相近空间时，常形成锡-多金属共生组合，如大井、浩布高、敖瑙达巴等矿床。这意味着锡和多金属成矿组合，是与含锡的钛铁矿系列和含多金属的磁铁矿系列两种不同花岗岩类有关的含矿热液同位叠加成矿的结果。

（四）构造对成矿的控制

区域上矿床（点）主要分布于西拉木伦河断裂以北、嫩江深断裂以西地区，矿床或矿化集中区受不同方向构造的交汇处控制（图1.1，图1.3）。例如，铜多金属矿化主要分布在嫩江断裂带西侧，铅锌及锡矿化主要分布在大兴安岭主脊断裂带东侧，这些矿化分布都处于同一方向的重力梯度带，其局部重力异常扭曲部位往往是矿床或矿化集中区的产出部位（王之田等，1997）。

前文已述，研究区发育着NE、NNE、NW、EW向多组构造，其中，断裂是研究区内主要控矿构造形迹。NE向、EW向构造带是区域的主要控岩控矿构造，NW向和SE向构造与其组成的格子状构造系统对矿床、矿体的定位起重要作用。多组线性构造交切点及其切割成的次级构造块体边部、一定方向的线性构造和环形构造中部、环形构造外缘内外侧，以及多层状环形构造带等线-环构造组合部位都是成矿的有利构造部位。

总之，大兴安岭南段矿床（矿点）是在成矿物质丰富的古老基底构造层（锡林浩特微地块）和古生代增生带的基础上，叠加了中生代火山-岩浆构造活动发展起来的铜、锡、富铅锌、银多金属巨型成矿带。区内锡、铜、铅锌、银多金属矿床（点）的分布受早二叠世岛弧及叠加其上的燕山期断隆和断陷交接带控制，而矿带中的矿床或矿化集中区又受多方向构造的交汇处控制。

第二章 矿床地质特征

第一节 矿区地质概况

大井矿区地处大兴安岭褶皱带南段的黄岗-甘珠尔庙复背斜之次级褶皱桑木沟-官地倒转向斜的东翼,位于林西断隆区的官地断块之内。该断块以林西组普遍出现杂砂岩和泥灰岩为特征,其地质、矿化特征与周围有明显不同,主要是由于后期断隆活动所引起的差异性升降引起的。区内地质构造简单,无深成岩体出露,地层单一,主要为林西组,构造活动以断裂为主(图2.1)。

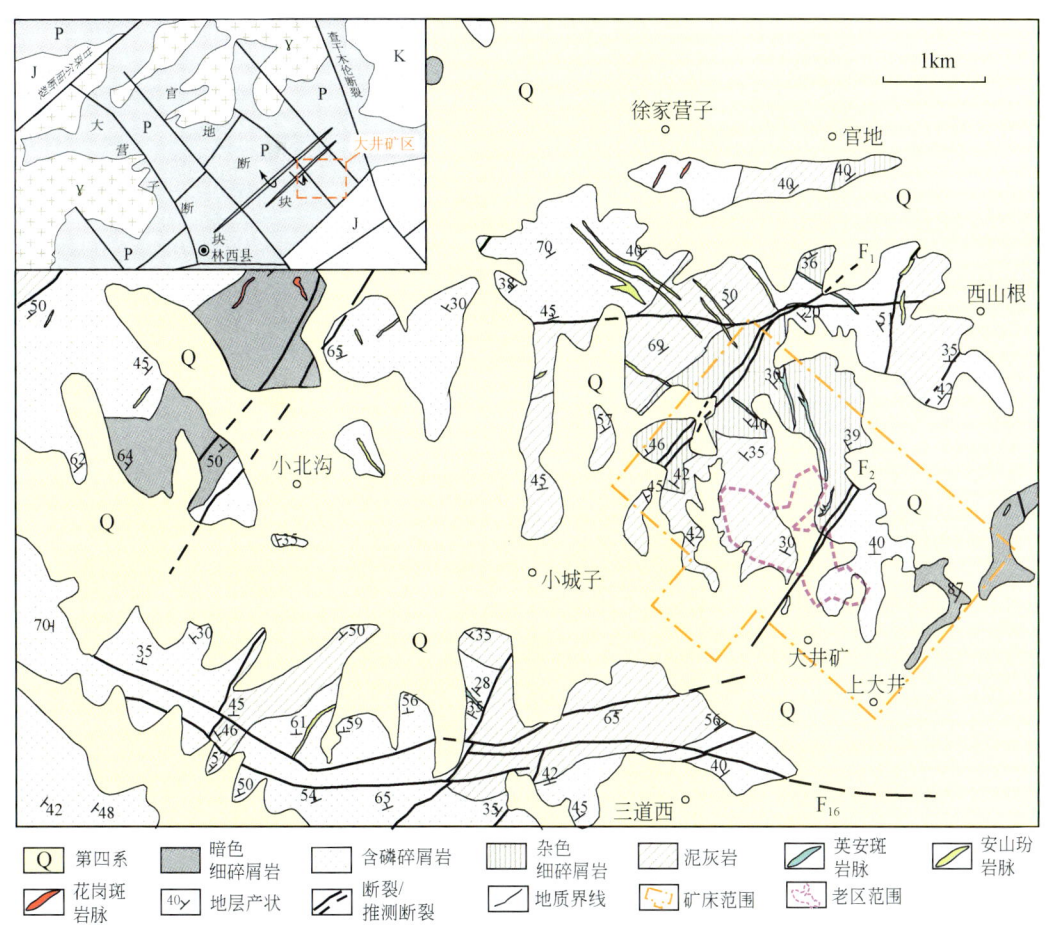

图2.1 大井地区地质略图

一、地　层

大井地区出露的地层以上二叠统林西组为主，大部分被第四系覆盖。另外，在矿区外东南部有上侏罗统玛尼吐组出露。

林西组在区域上主要分布于内蒙古天山-兴安地层区的大兴安岭地层分区和西乌珠穆沁旗地层分区，是内蒙古东部晚二叠世的主要地层，建组剖面为林西县官地-翟家沟剖面。该组岩性比较单一，主要由一套黑色页岩、粉砂岩、砂岩组成，含植物和淡水瓣鳃类化石（内蒙古自治区地质矿产局，1991）。

矿区出露地层主要为林西组中下部，是一套淡水湖泊相粉砂岩、细砂岩夹中粒杂砂岩、泥灰岩及泥（页）岩建造（王永争等，2001a）。该套地层成层性较好，波痕、泥裂等沉积构造发育（图2.2），代表干旱气候条件下的浅水沉积环境。

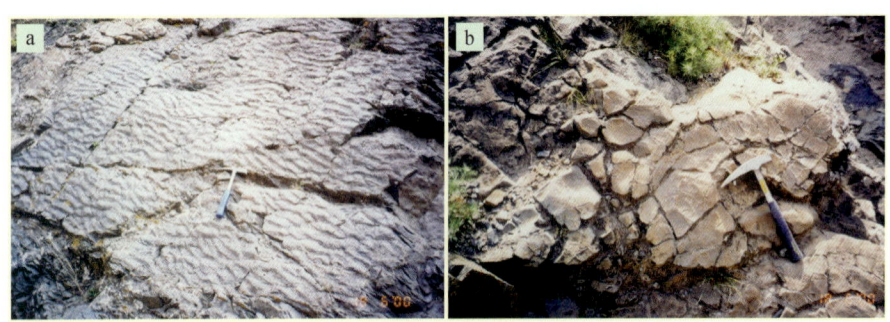

图2.2　林西组地层中的波痕、泥裂
a. 波痕；b. 泥裂

林西组局部地段火山碎屑岩发育，特别是在西大沟、大井矿区、三段乡半拉山等地区广为分布，主要为中酸性凝灰质砂岩、凝灰质粉砂岩等（图2.3），上部岩性段甚至可见火山岩。

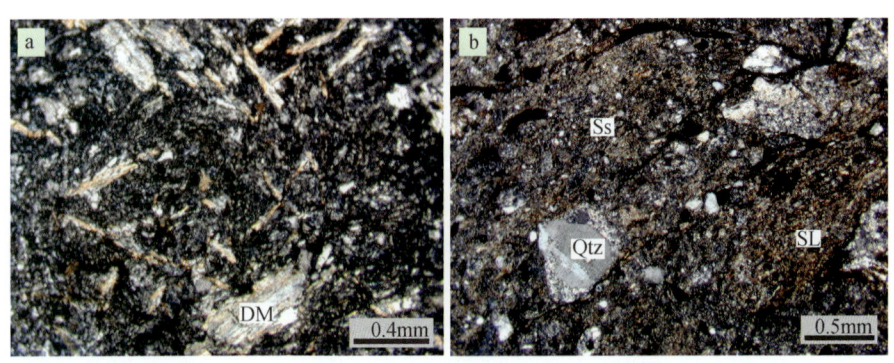

图2.3　林西组火山碎屑岩显微镜下特征
a. 绿泥石化安山质凝灰岩，晶屑凝灰结构，可见由黑云母和绿泥石组成的暗色矿物（DM）假象，胶结物为凝灰质，正交偏光；b. 中酸性凝灰质角砾岩，晶屑、岩屑凝灰结构，石英（Qtz）晶屑最长为0.7mm，有溶蚀，岩屑为粉砂岩（Ss）、板岩（SL）等，正交偏光

矿区内林西组地层产状变化较大，中部走向 NW-NWW 向，北部、西部和南部走向为 NEE 向，地层倾角较陡，一般为 30°~50°，部分地段出现倒转。根据不同岩性特征，区内林西组地层可以划分为四个岩性段（图 2.4），总厚度大于 3000m，自下而上为：

组	岩性段	柱状图	厚/m	岩性特征
林西组（P_2l）	第四段：杂色细碎屑岩段（P_2l^4）	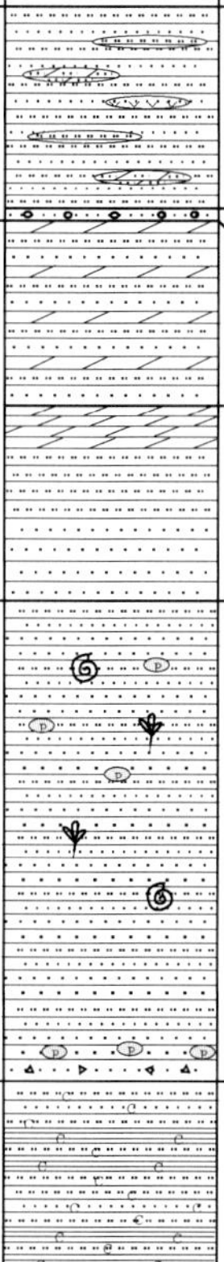	>337	浅灰绿色粉砂岩夹灰绿-浅灰色细粒杂砂岩和少量透镜状砂质泥灰岩、少量透镜状紫灰色粉砂岩，局部地区夹灰绿色页岩、安山-英安质火山岩
	第三段：泥灰岩段（P_2l^3）		18	浅灰色含泥砾中-细粒杂砂岩
			307	由深灰色粉砂岩、浅灰色细粒杂砂岩、薄层浅灰色泥灰岩组成15个韵律旋回
			334	主要由深灰色粉砂岩、浅灰色细粒砂岩、薄层泥灰岩和浅灰色中粒杂砂岩组成一个大沉积旋回
	第二段：含磷碎屑岩段（P_2l^2）		802	由深灰、浅灰色粉砂岩、浅灰色细粒杂砂岩、浅灰色中粒杂砂岩组成；底部含有同生角砾的中-细粒砂岩；底部和上部夹有磷质结核或磷质条带，顶部夹多层中粒杂砂岩。含淡水瓣鳃类化石和植物碎片
	第一段：暗色细碎屑岩段（P_2l^1）		>1216	由灰黑色粉砂岩、页岩夹细砂岩和少量中粒杂砂岩、凝灰质砂岩组成，水平层理发育，普遍具完整韵律沉积的特点

图 2.4 大井地区林西组地层柱状图

第一岩性段：暗色细碎屑岩段。主要为灰黑色粉砂岩、页岩夹细砂岩和少量中粒杂砂岩、凝灰质砂岩，水平层理发育，普遍具完整韵律沉积的特点。

第二岩性段：含磷碎屑岩段。为暗灰色粗粉砂岩夹细砂岩、碳质粉砂岩、中细粒杂砂岩和砂质页岩，底部含有同生角砾的中-细粒砂岩，夹有磷质结核或磷质条带，顶部夹多层中粒杂砂岩。该岩性段含有二叠纪淡水瓣鳃类化石和植物碎片。

第三岩性段：泥灰岩段。为深灰色粉砂岩、细砂岩夹薄层泥灰岩和中-细粒杂砂岩，底部粉砂岩中夹有中粒杂砂岩的同生角砾。交错层理、斜交层理、水平层理等沉积特征发育。沉积层相变明显，一般由砂岩相变为粉砂岩。上部呈现全韵律沉积的特点，而下部沉积的韵律特征不规则。

第四岩性段：杂色细碎屑岩段。以灰绿、黄绿、灰黑色粗粉砂岩、细粉砂岩夹细砂岩、泥质粉砂岩为主。底部有暗灰色含泥砾中-细粒杂砂岩，上部夹多层暗紫色粗粉砂岩、细粉砂岩、泥质粉砂岩和少量灰绿色页岩，局部地区下部夹有泥灰岩。王玉往等（2005）在矿区西部的西大沟该岩性段曾发现火山熔岩层，与上覆围岩呈渐变整合接触，与下伏围岩呈断层接触（图2.5），其岩性组合为安山岩-英安岩。

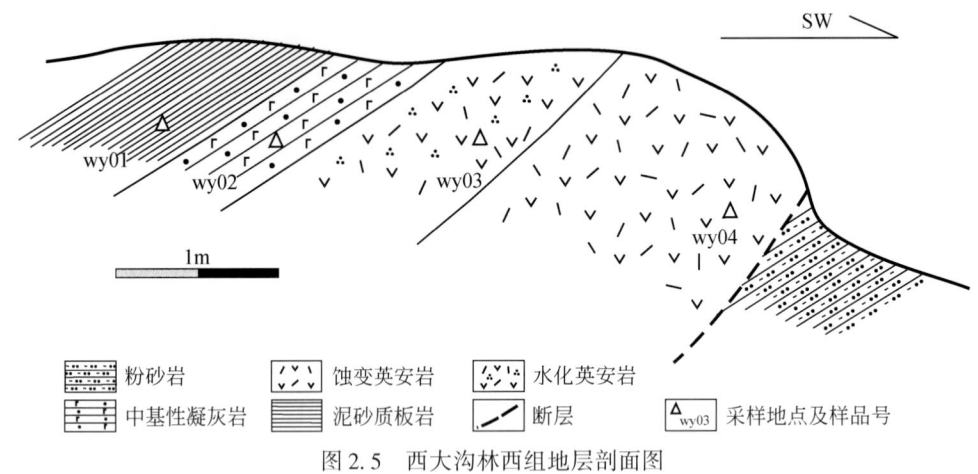

图 2.5 西大沟林西组地层剖面图

大井矿床的矿体主要赋存在第二岩性段的上部和第三岩性段的下部（冯建忠等，1994；赵一鸣和张德全，1997），赋矿岩性主要为粉砂岩和细砂岩以及中粒杂砂岩等。总的来看，矿化对围岩岩性选择性不强，各种岩性均可赋存矿脉。

林西组地层以砂板岩类为主，化学性质稳定，不利于热液蚀变和交代，致使矿体围岩蚀变较弱，因而有利于大井式脉状矿床的形成：①岩石层理发育，在构造应力作用下，特别是在两种不同岩性的界面上容易形成层间剥离带或断裂破碎带，从而为矿液充填提供了有利的赋矿构造；②粉砂岩、细砂岩由于脆性大，常常被破碎成角砾，尤其容易被矿液充填形成角砾状矿石；③地层碳质含量高，提供了相对还原环境，容易促使成矿溶液物理化学条件改变而导致金属沉淀成矿；④矿体顶板往往存在泥质岩或英安斑岩，在成矿过程中起到了遮挡层的作用，阻止了成矿物质的散逸而富集成矿。

上侏罗统玛尼吐组主要出露于矿区外东南部，岩性为灰紫色粗面安山岩夹安山质凝灰岩、中性火山角砾熔岩，底部有杂色、灰色砾岩夹浅灰色细砂岩和少量安山岩、安山质凝灰岩。该组火山岩呈不整合覆盖于林西组之上。

二、侵入脉岩类

矿区范围内未出露大规模的中、深成岩体，但脉岩非常发育，多为基性-中酸性次火山岩脉，常成群成带出现，呈岩脉、岩墙及岩床等形态侵入于林西组地层的断裂和破碎带中。脉岩类型主要有玄武玢岩、安山玢岩、煌斑岩、英安斑岩等，局部有霏细（斑）岩。各类岩脉的 K-Ar 年龄分布在 133.5～177.2Ma 之间（冯建忠等，1994；赵一鸣和张德全，

1997），但本次研究获得的英安斑岩脉 LA-ICP-MS 锆石 U-Pb 年龄为 240~239Ma，为印支期；霏细岩脉 LA-ICP-MS 锆石 U-Pb 年龄为 162Ma，属燕山期（详见第四章）。

玄武玢岩主要见于东区南部，脉宽 1~30m，脉长 10~60m，走向 NE 和 NNE，倾向 NW，前者倾角 45°；后者倾角以 35°~65°为主。

安山玢岩脉在各区均有出露，分布较广，其中以东区最为发育，规模较大。走向有 NW、NNW、NE 及 NNE，以走向 NW、倾向 NE、倾角 35°~65°者为主，脉宽十厘米至数米，长数米至数十米。

英安斑岩脉主要分布在 F_2 断裂带内及其以西地区，多充填于 F_{2-1} 断层破碎带及其以西的 NE 向、NNW 向和 NW 向断裂破碎带中。走向 NE 者倾向 NW，倾角 41°~60°；走向 NNW 者，倾向 SW，倾角 38°~75°；走向 NW 者，倾向 NE（或 SW），倾角 40°~65°。脉宽一般数米，最宽数十米，脉长数米至数百米。

霏细（斑）岩脉主要见于老区和西区南部。走向 NW-NWW，倾向 NE、NNE，倾角 45°左右。脉宽一般几米至十几米，脉长数十米至一百多米。

煌斑岩脉在各区均有出露，在矿区西南部较为集中。走向有 NE、近 SN 和 NW。以近 SN 向为主，西倾，倾角 70°~80°；走向 NE 者，倾向 NW，倾角 35°，倾向 SE 者，倾角 70°；走向 NW 者，向 NE 倾，倾角 45°左右，倾向 SW 者，倾角 40°左右。脉宽一般数米，脉长数米至数十米。

区内次火山岩脉的分布具有一定的规律性，矿床东南部主要是玄武玢岩和安山玢岩，其次是少量英安斑岩，多为 NE 走向，倾向 NW，以岩床、岩脉为主；矿床西北部至徐家营子南山一带，主要分布有英安斑岩和安山玢岩，以 NW-NWW 走向为主，向 SW 陡倾，多为岩墙状、岩脉或岩株状；矿床中部以安山玢岩和细粒英安斑岩为主，多为 NW-NWW 向，但也有少数脉岩为 NE 走向。另外，从次火山岩的结构特征来看，西部粒度较粗，出现聚斑状、多斑结构的安山玢岩和具球粒嵌晶结构的英安斑岩；东部的次火山岩粒度较细，具间隐结构、隐晶质结构、暗化边结构，斑晶较少，包含大量围岩角砾。

大井矿区脉岩与锡–铜多金属矿脉空间关系密切，脉岩对矿脉有一定的控制作用，一般脉岩密集处，矿脉也较发育。区内不同类型的次火山岩均有不同程度的矿化，其中霏细岩与矿化关系最为密切，常具浸染状和细网脉状矿化，并在其下盘接触带形成富矿体（如 1 号矿体）。

有关脉岩的地质特征（包括岩石学、岩石化学、成岩构造背景等）详见第四章。

三、构 造

大井地区主要受海西期和燕山期构造的影响，前者以褶皱为主，后者多表现为断裂作用。区内褶皱构造相对简单，断裂构造较为发育。

矿床位于林西–官地侧伏背斜的侧伏端及南东翼。该背斜轴向 NE60°，长约 12km，出露地层，轴部为林西组第一岩性段和第二岩性段，翼部为第三、第四岩性段。背斜北西翼倾向 330°，倾角 50°；南东翼倾向 150°，倾角 50°。在大井矿区主要出露的是背斜近轴部的白喇嘛沟倾伏背斜，呈 NNE 向展布，核部为含磷碎屑岩段（P_2l^2），两翼为泥灰岩段

（P_2l^3），倾角平缓，褶曲轴清楚。主要矿体赋存在该背斜构造的东翼。除此之外，矿区东南部的土楞子沟向斜也是矿区内的主要褶皱构造。

矿区内断裂构造十分发育，是主要的控岩、控矿构造，按走向可以分为 NE 向、NW 向、NWW（近 EW）向和近 SN 向四组。各组断裂主要特征如下。

（1）NE 向断裂：是矿区内发育最好，规模较大的一组断裂。断裂走向 40°～50°，倾向 NW，倾角较陡，一般为 60°～80°，多为压扭性断裂，常形成挤压片理化带，有些断裂被 NWW 向右行扭性断裂错断。NE 向断裂中可见有矿化，东部少数矿体充填在断裂之中，如 56 号铅锌矿体。

（2）NW 向断裂：走向 300°～340°，倾向 NE（局部倾向 SE），倾角 25°～68°。断裂性质为张性-张扭性，断面凹凸不平，构造角砾岩发育。断层规模较小，多由几组近于平行的密集断裂组成，具多期次活动的特点。断裂多被中酸性脉岩及矿脉充填，其控岩、控矿作用十分明显，是区内主要容矿构造。

（3）NWW（近 EW）向断裂：走向 280°～290°，倾向 SSE。断裂规模最大，它将一系列 NE 向断裂和褶皱错开，表现为右行扭动，与嘎斯台河大断裂平行。大井矿床一些矿体也充填在 NWW 向次级断裂/裂隙之中，构成主矿体。

（4）近 SN 向断裂：该组断裂比较发育，具有一定控岩、控矿作用。其走向变化于 10°～350°，多向西倾，个别向东倾，倾角中等到陡倾。沿走向连续性较差，常被 NE 向、EW 向断裂所限制。其中位于矿床东部的团长地-两棵树北山 SN 向断裂，是一条长期活动的基底深大断裂，该断裂在大井矿床东部通过，对矿床定位具有一定作用。位于矿床中部的 SN 向断裂，主要有土楞子沟、白喇嘛沟、小城子断裂等，属扭性结构面，断距不大。该断裂多属于成矿后断裂，对矿体起破坏作用。

上述各组断裂多以密集断裂带形式出现，等间距分布明显；不同组别的断裂之间相互交切、错断和追踪，均具多期次活动特征，并多表现为左行平移正断层性质；断裂多与脉岩相伴并有时被脉岩充填。断裂对矿床的控制作用详见第五章。

四、地球物理与地球化学异常

对于大井矿区物化探找矿工作，华北有色地质勘查局物探队在 20 世纪 80 年代末至 90 年代初进行了系统的大中比例尺地球物理测量和数据处理分析，包括 1∶1 万地磁异常测量、1∶5 万航磁异常测量、1∶20 万航磁异常测量、1∶20 万重力异常测量等，并获得了很好的找矿成果（华北有色地质勘查局第一物探队，1987[①]，1988[②]，1990[③]）：

（1）矿床 NW 约 3km 处，存在一个面积约 36km² 的局部重力低异常，系由一个 NW 走向长 6km，宽 3km，顶界面凸起，上顶埋深约 1km 的燕山早期隐伏花岗岩体隆起所致。在隆起区附近林西组地层岩石磁化率有微弱异常和化探 Sn、Cu、Pb、Zn、Ag、Au、As、F

[①] 华北有色地质勘查局第一物探队.1987.内蒙古林西县大井矿区及外围1987年度物探工作报告.
[②] 华北有色地质勘查局第一物探队.1988.内蒙古林西县大井子测区1988年度物化探工作报告.
[③] 华北有色地质勘查局第一物探队.1990.内蒙古林西县大井外围物化探普查找矿总体设计（1991～1993）.

等多元素的组合异常显示,结合矿区地质条件综合研究,预测了该局部重力低异常地段是大井远景区内最有希望的找矿靶区。

(2) 大功率激电在大井矿区老区获得了 IP_1 异常,在老区北东侧林西组地层发现具一定规模且与 IP_1 异常平行的 IP_2 异常,并对 IP_2 异常进行工程验证发现了隐伏的大井北矿带。

(3) 大井矿区老区(IP_1)、大井北矿带(IP_2)及老区西南侧无明显激电异常的旧矿部一带,分别具有视充电率缓衰减异常 MR_1、MR_2、MR_3,三个异常平行且具规模。结合在 MR_3 异常地段同步获得的高精度重、磁微弱局部场异常及 PEM 异常,经对比综合研究及工程验证,在旧矿部一带发现了隐伏大井南矿带(图2.6)。

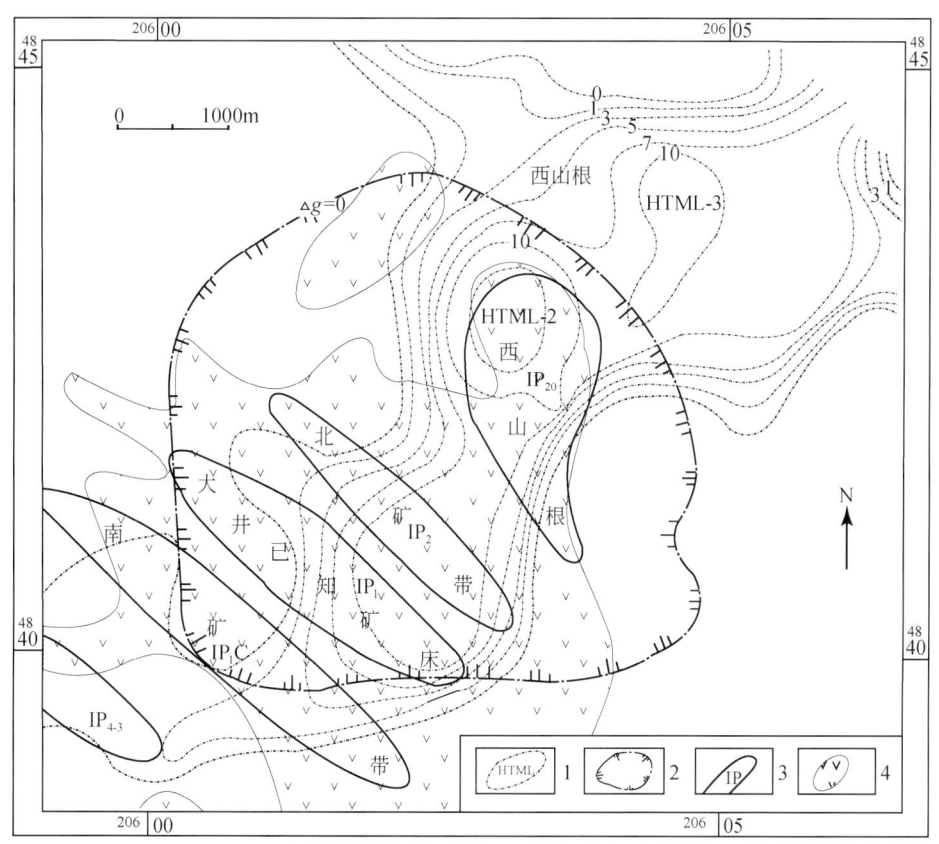

图 2.6 大井矿区物探、化探异常(平面)

1. 高精度航磁局部异常;2. 局部重力高异常;3. 激电异常;4. 分散流异常(Zn、Pb、Ag、As、Bi、Cu、Sn 等)

(一)地球物理异常特征

总结前人地球物理研究成果(马寅和赵强,1989;汪矛忠,1991;徐锦山,1991;林石,1997;李如满和康利祥,2004),大井矿区物探异常特征主要表现如下。

(1) 在区域重力场上,大井矿区处于 NE 向重力低向重力高的陡变带,并靠近正异常区,反映出矿区位于 NE 向断裂带中。矿区重力高异常近似等轴状,可能为深部基性岩浆房的反映。

(2) 利用中比例尺重力和航磁异常圈定中生代火山盆地。大井锡-铜多金属矿床东部出现 NE 向高重力和正航磁的异常区，可解释为中生代火山盆地的重磁特征；大井矿床即位于该火山盆地边缘带，表现为靠近重力异常梯度带的正异常区；矿区北西部则出现平缓的航磁负异常。

(3) 矿区磁异常在重力高范围内呈 NE 走向带状分布，激电异常则具体地圈定了 NW 向构造控矿的矿化地段。

(4) 高精度磁测异常的走向及范围，与激电异常基本一致，为 NW 向展布的长轴状异常。

(5) 高精度重力局部异常，客观上与磁异常基本吻合，呈现为 NW 走向的局部重力高异常带，强度在 $1\times10^{-5} \sim 5\times10^{-5}$ m/s^2。

(6) 大井南矿带磁异常具有异常低缓、分散和规模小等特点。异常带及带内局部异常均呈 NW 向条带状分布，说明矿脉严格受 NW 向构造控制。

(7) 充电率异常规整，极大值为 6%。其中 4% 的异常范围近 1km^2，走向 NW，异常范围与矿体投影一致。在矿体投影范围内，视电阻率在 400Ω·m 以下，属低阻区，低阻高极化缓衰减是大井已知矿体的激电异常组合特征。

(8) 采用大比例尺大功率激电扫面圈定低阻高极化体，异常有明显显示，如已知大井锡-铜多金属矿床上方出现 IP$_1$、IP$_2$ 矿致激电异常以及未知区新民屯、桑木沟出现 IP$_{11-13}$、IP$_{14}$ 类似激电异常。

(二) 地球化学异常特征

矿区内林西组沉积岩中 Sn、Ag、Zn、Pb、As、Mn、Ba、W、Sb、Bi 含量比区域背景高 1~10 倍（王伏泉，1989；任耀武，1994；赵一鸣等，1994；赵一鸣和张德全，1997）。矿区外围林西组地层与区域背景相比，Ag、Cu、Pb、W 含量略高，Sb、Bi、V、Cr 含量偏低。

大井矿区矿体多以隐伏状态产出，但在地表均有不同程度的地球化学异常显示，为利用化探异常开展找矿预测提供了前提。据矿石矿物微量元素分析，矿床的主要指示元素为 Sn、Cu、Pb、Zn、Ag、As、Sb、Bi、Cd、Hg、Mn、W、Co、Ni、Ba 等，其中前五种为成矿元素。综合前人化探资料（华北有色地质勘查局第一物探队，1987[①]，1988[②]，1990[③]），矿区地球化学异常特征可概括如下。

(1) 地表原生晕、次生晕、分散流中的主要成矿元素，浓度一般呈 5:4:1 递减。

(2) 矿区分散流异常面积为 6km^2 以上，异常元素组合为 Zn、Pb、Ag、As、Bi、Cu、Sn、Mn、Co 等。宏观来看，元素在空间上重合较好，在已知矿体之地表，除 Bi 元素外，其他元素异常呈比较连续的线状分布，运移距离 Zn>Pb>Mn>Cu>Sn，说明在表生作用下 Pb、Zn、Mn、Cu 元素主要以易溶性盐或络合物形式远距离迁移。

(3) 土壤地球化学呈现出以 Sn、Cu、Pb、Zn、Ag、Hg、As、Mn、Bi 为组合的带状异常，NW 向展布，具强度高、规模大、连续性好的特征。

[①] 华北有色地质勘查局第一物探队.1987.内蒙古林西县大井矿区及外围1987年度物探工作报告.
[②] 华北有色地质勘查局第一物探队.1988.内蒙古林西县大井子测区1988年度物化探工作报告.
[③] 华北有色地质勘查局第一物探队.1990.内蒙古林西县大井外围物化探普查找矿总体设计（1991~1993）.

(4) 次生晕与分散流异常元素组合一致。以出露地表的 4 号矿体次生晕异常为例,在平面上 Cu、Zn、Sn、Ag、As 晕比较发育,规模一般为矿体的 2~3 倍;上盘晕大于下盘晕;都具有不同规模的浓集中心,空间分布基本与矿体相吻合。

(5) 原生晕异常尤为清晰,晕的形态和浓集中心远比次生晕和分散流明显。各元素异常浓集中心在空间分布上与矿体完全吻合。以 4 号矿体为例,上方原生晕异常尤为发育,主要元素组合为 Cu、Pb、Zn、Sn、Ag、As,与次生晕及分散流异常元素组合基本相同,但晕的规模大得多,就上盘而言,规模一般为矿体的 5~20 倍。

(6) 矿脉的地球化学异常垂直分带特征明显:矿脉前缘,内带为 Hg、Bi、Sb、As,中外带为 Zn、Cu、Pb、Ag、Mn,外带为 Sn、W;矿脉中上部,内中带为 Sn、Cu、Ag、Zn、As,中外带为 Sn、Bi、Hg、Pb,外带为 W、Mn、Cd;矿脉中下部,内带为 Cu、Sn、Ag、Bi、As,中内带为 W、Zn、Sb、Hg,外带为 Pb、Mn、Co;矿脉尾部,中外带为 Ag、Zn、Sb、Cu、Bi、Pb、Mn,外带为 Sn、Hg、W、As。

李如满和康利祥 (2004) 总结了大井式锡-铜多金属矿床的化探找矿标志和条件:①分散流、次生晕、原生晕的化探异常规模要大;②地球化学异常元素组分要多,至少有 Cu、Pb、Zn、Sn、Ag、As、Mn 等元素组合;③分散流、次生晕或原生晕异常的 Cu、Pb、Zn、Sn、Ag、As 等主要元素组合要基本一致;④各地球化学异常要有不同程度的浓集中心和元素水平分带。

第二节 矿体及矿石特征

一、矿体类型及特征

整个大井矿床已控制的矿化范围长大于 3km、宽 2.5km,由大小 690 余条矿脉组成,其中参与储量计算的为 330 条。在这 300 余条矿脉/矿体中厚度大于 1m 的主矿体大约 50 余条,主要分布在老区、东区、北区和小城子采区(西南区)等处。矿区内矿体(或矿脉)绝大多数为隐伏矿,主要赋存于矿区林西组中、下部层位(图 2.7),矿体对围岩地层的层位及岩性无选择性,矿床内各种地层单元、各种岩石中均可赋存矿体及矿化体。贯入充填特征明显。矿脉与地层一般呈小角度交切,也有部分矿脉顺层产出。主要矿体/矿脉特征如表 2.1 所示。

经钻孔控制,大井矿床矿体赋存标高一般为 300m 以上,多数为 400~700m (图 2.8),其埋深由西向东逐渐变浅。

在平面上(图 2.9),矿体常成群、成带产出,多呈 NW 或 NWW 向展布,自西向东,其密度有由疏变密的趋势。矿体一般长 200~700m,斜深一般为 200~600m。矿体一般延长大于延深,少数矿体延长与延深相近甚至延深大于延长。矿体一般厚 0.5~1.5m,最厚 8.7m,厚度变化系数为 60.4%~126.8%,平均 91.6%,属较稳定-不稳定范畴。不同类型矿体的空间分布有一定规律性:锡矿体、锡铜矿体主要分布在东区和北区 11 线以东、96 线以西的区域,即 F_2 断裂附近,在西区 F_1 断裂附近也有部分锡铜矿体。铅锌矿体分布较广,主要分布在东区和北区外围。南区(包括东南区和西南区)则以铜铅锌矿体为主。

总体上，矿区中心（F_2断裂附近）以铜锡为主，外围以铅锌为主，从F_2断裂向东、西两侧有由富锡矿体→富铜矿体→铅锌矿体的分带特征。

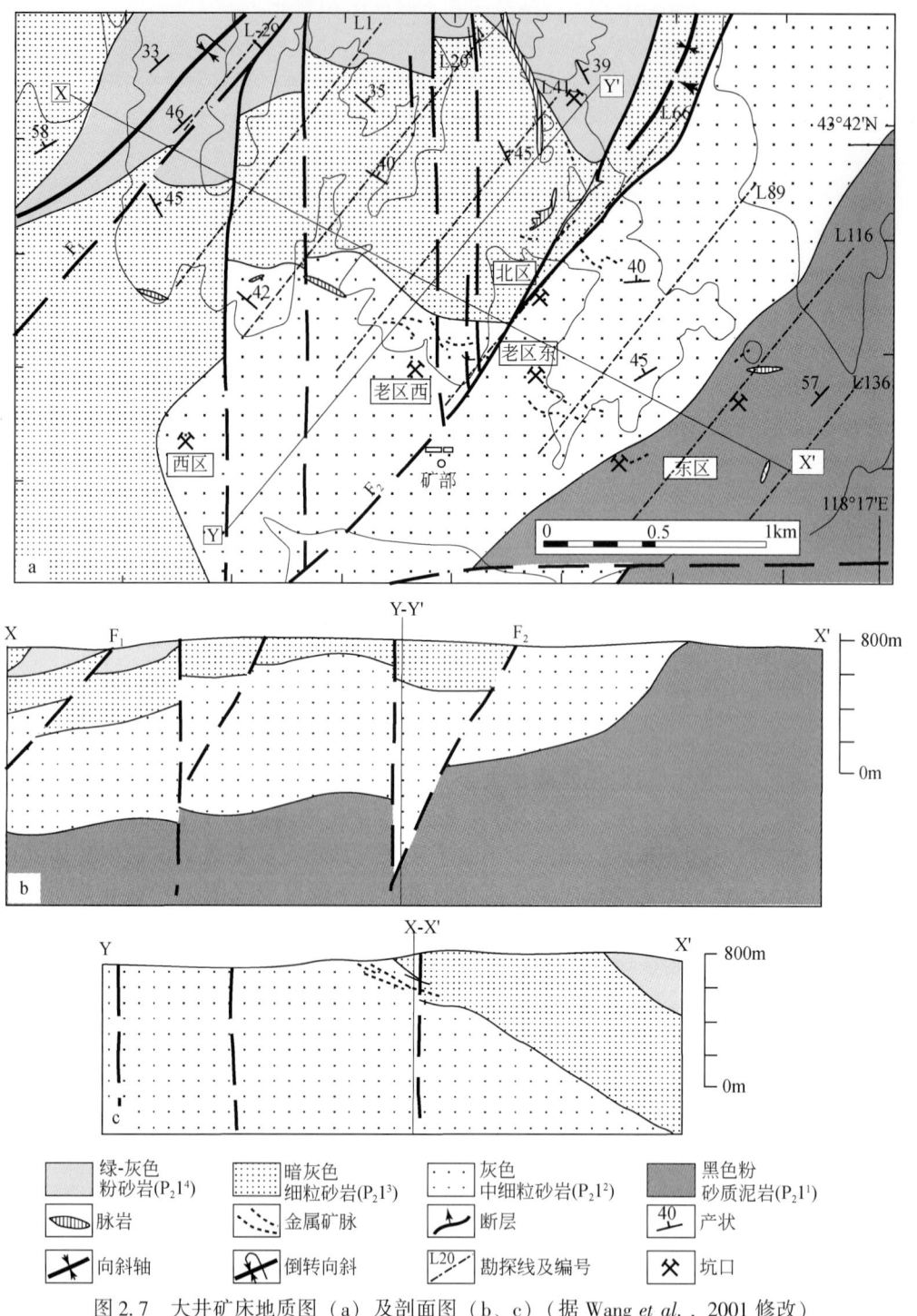

图 2.7　大井矿床地质图（a）及剖面图（b、c）（据 Wang et al., 2001 修改）

第二章 矿床地质特征

表2.1 大井矿床主要矿体特征简表

序号	矿区	矿体编号	矿体形态	产状/(°) 倾向	产状/(°) 倾角	规模/m 长度	规模/m 斜深	规模/m 最大厚度	规模/m 最小厚度	规模/m 平均厚度	矿体类型
1	老区	1	不规则脉状	0~45	34~60	890	480	5.92	0.10	1.52	铜锡银
2	老区	2	不规则脉状、串珠状	26~59	25~45	310	203	7.25	0.40	1.62	铜锡
3	老区	3	不规则脉状、串珠状	2~60	25~49	615	232	5.20	0.10	1.32	铜锡银
4	老区	4	不规则脉状、串珠状	1~70	46~63	480	323	5.32	0.20	1.81	铜锡
5	老区	5	不规则脉状、串珠状	0~63	37~53	520	461	3.44	0.10	0.96	铜锡银
6	老区	6	不规则脉状	1~58	40~53	300	329	8.70	0.40	1.21	铜锡银
7	老区	7	不规则脉状	10~39	14~33	205	243	8.21	0.40	2.79	铜锡银
8	老区	8	不规则脉状	30~65	44~57	390	266	4.08	0.60	1.43	铜锡银
9	老区	10	脉状	19~34	34~37	150	290	4.76	0.10	2.16	铜锡银
10	老区	11	脉状	3~59	34~57	350	175	2.07	0.40	0.96	铜锡银
11	老区	12	脉状	1~22	45~53	240	200	2.65	0.30	0.88	铜锡银
12	老区	13	不规则脉状	47	31~57	250	250	4.80	0.40	2.61	铜
13	老区	33	不规则脉状	344~355	51~62	400	300	7.20	0.40	3.21	铜锡铅锌
14	北区	34	不规则脉状	30~50	35~56	310	125	6.57	0.70	2.44	铜锡铅锌
15	北区	35	不规则脉状	20~40	41~52	420	230	3.19	0.32	1.05	铜锡铅锌
16	北区	36	不规则脉状	22~46	42~62	300	180	3.90	0.44	1.53	铜锡铅锌
17	北区	37	不规则脉状	12~58	35~58	600	165	2.62	0.16	0.86	铜锡铅锌
18	北区	40	不规则脉状	43	43~53	310	110	5.22	0.45	1.86	铜锌
19	北区	51	不规则脉状	30~70	45~70	400	435	3.30	0.19	0.98	铜锡
20	北区	54	不规则脉状	30~70	40~60	370	290	6.87	0.39	2.05	铜锡铅锌
21	北区	55	不规则脉状	24~52	38~55	450	380	4.69	0.29	1.52	铜锡铅锌
22	北区	68	不规则脉状	28~48	38~55	110	85	1.54	0.42	1.06	铜
23	北区	69	不规则脉状	30~80	50~61	380	260	3.08	0.36	1.38	铜锡铅锌
24	北区	79	不规则脉状	58	53~56	210	50	3.75	0.76	1.77	锡
25	北区	X33	不规则脉状	23~30	30~51	1160	252	7.80	0.57	1.82	铅锌

续表

序号	矿区	矿体编号	矿体形态	倾向	倾角	长度	斜深	最大厚度	最小厚度	平均厚度	矿体类型
26		48	不规则脉状	25~35	47~65	740	125	6.50	0.13	1.20	铅锌
27		58	不规则脉状	22~43	41~60	610	490	3.19	0.22	1.08	锌锡
28		75	不规则脉状	26~40	47~65	280	420	6.50	0.40	1.31	锌锡
29		77	不规则脉状	16~41	51~70	600	400	8.75	0.40	1.54	铅锌锡
30		84	不规则脉状	21~35	44~66	580	200	5.44	0.16	1.25	铅锌
31	东区	85	不规则脉状	6~48	47~65	600	385	8.00	0.11	1.29	锌
32		86	不规则脉状	15~35	48~64	820	380	5.87	0.28	1.46	锌锡
33		87-1	不规则脉状	20~32	52~65	600	290	3.12	0.29	1.15	铅锌
34		91	不规则脉状	17~35	40~60	600	530	2.65	0.34	1.16	铅锌
35		107	不规则脉状	40	56~63	380	140	1.81	0.28	1.08	锌
36		112	不规则脉状	25~43	52~67	290	80	6.42	0.29	1.76	锌锡
37		115	不规则脉状	21~55	50~66	400	125	3.07	0.30	1.22	铅锌
38		117	不规则脉状	30	50~58	600	235	2.70	0.19	0.90	锌
39		X35	不规则脉状	30	26~33	610	360	3.66	0.97	1.88	锌
40		X36	不规则脉状	28	23~26	300	193	1.21	0.90	1.06	铜锌
41		X37	不规则脉状	28	24~26	370	225	2.58	1.28	1.93	铜锌
42	西区	X38	不规则脉状	28	26~27	390	366	1.60	1.04	1.30	锌
43		X39	不规则脉状	28	26~28	370	215	1.40	0.86	1.13	锌
44		X40	不规则脉状	23~24	31~40	755	470	3.90	0.16	1.46	铜锌
45		X41	不规则脉状	22~29	31~42	756	400	4.97	1.66	3.27	锌
46		X42	不规则脉状	31~35	25~40	820	320	4.01	0.69	1.98	铅锌
47		X44	不规则脉状	27	33~36	194	280	0.97	0.24	0.61	锌
48		S2	不规则脉状	40	49~63	316	259	2.23	0.64	1.51	铜
49		S3	脉状	26~33	51~63	460	342	2.65	0.64	2.00	铜银
50		S4	不规则脉状	40	41~54	319	299	2.85	1.49	2.26	铜锌银
51	南区	S5	不规则脉状	20	38~57	167	144	6.57	1.55	3.54	铜锌银
52		S10	不规则脉状	55	50~53	235	243	2.12	0.71	1.63	铅
53		S15	不规则脉状	21	56~65	154	425	2.45	0.98	1.57	铜
54		S17	不规则脉状	53	47~48	189	156	3.56	1.19	2.10	锌
55		S18	不规则脉状	50	45~53	106	118	2.30	0.67	1.30	锌

第二章 矿床地质特征

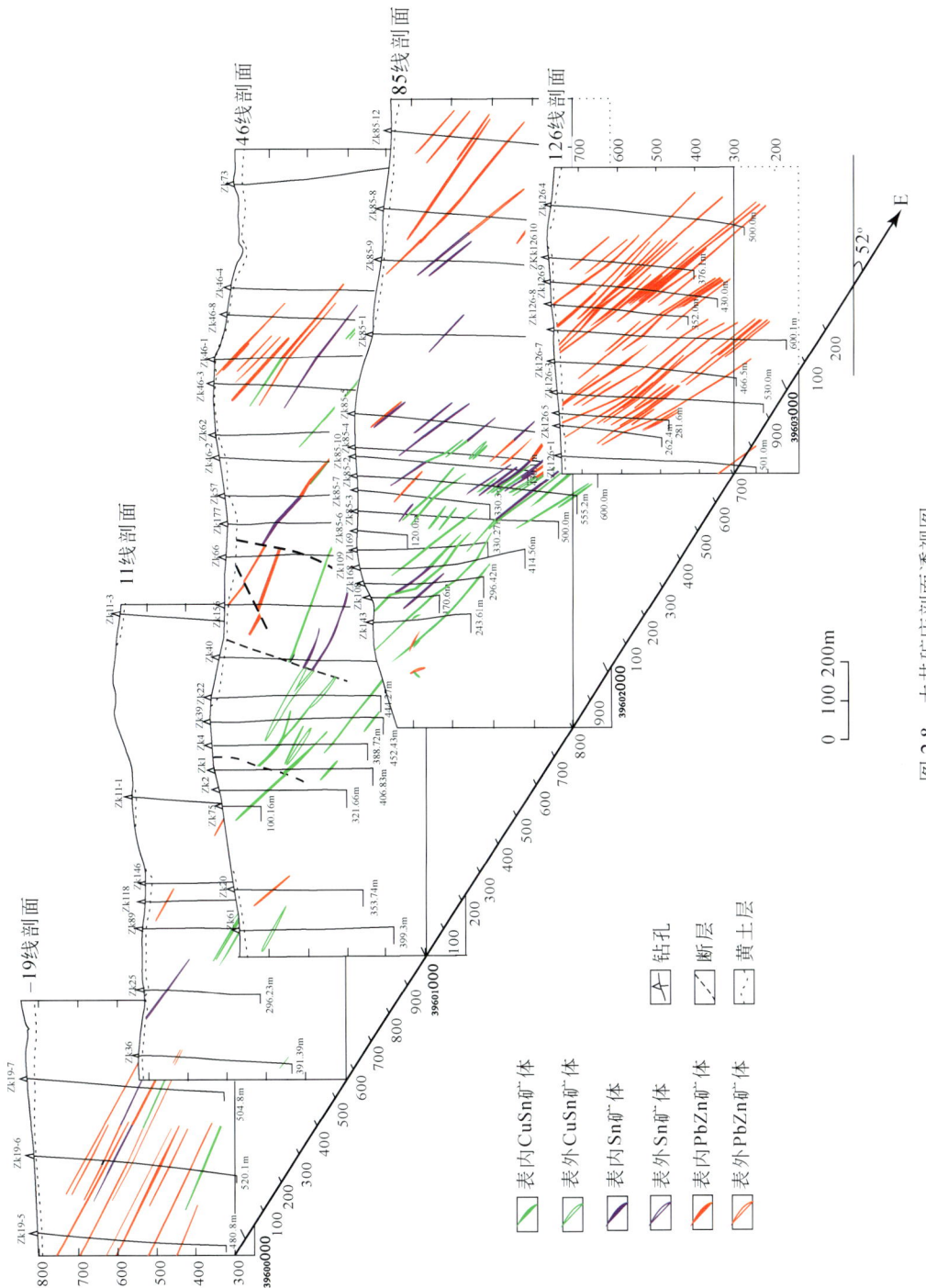

图 2.8 大井矿床剖面透视图

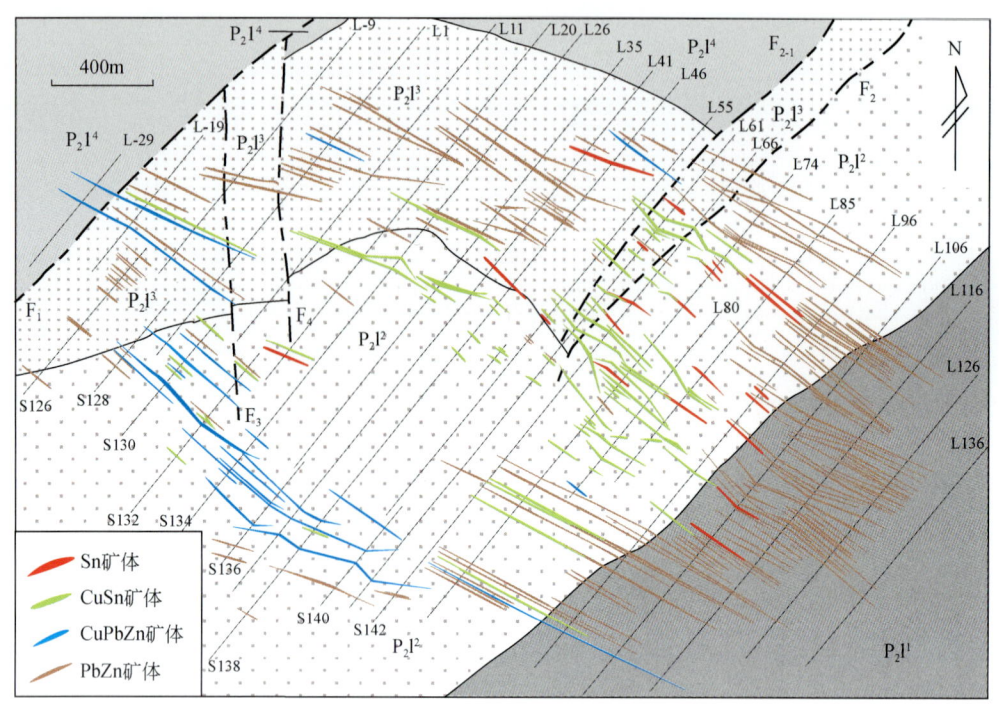

图 2.9 大井矿床 600m 标高矿脉分布图（图例同图 2.7；据王玉往等，2002a 修改）

矿体主要呈不规则脉状、复脉状、交错网脉状、串珠脉状，在空间上平行排列、密集成群产出。矿体脉幅变化比较大，可分为大脉（宽>50cm）、小脉（宽 20～50cm）、细脉（10～20cm）和薄脉（1～10cm）。大量典型矿脉的坑道观察及素描显示（图 2.10），矿体形态沿走向和倾向均有膨缩、分枝复合和急剧转折现象，平面上常呈"S"形或"W"形，剖面上呈阶梯状。在矿脉由缓变陡时，矿体变厚、变富。此外，在坑道内还可见大脉/主脉旁侧发育有不规则状（羽脉状、网脉状）及角砾状矿脉。

矿体与构造裂隙和岩脉在空间、时间上密切相关，矿脉严格受构造裂隙控制，往往呈裂隙充填式脉状产出（详见第五章）。多数矿体与围岩界线清晰，仅少数呈细脉浸染状与围岩界线不清。

根据产状（走向），大井矿床的矿体可分为四组：①NW 向组：走向 300°～330°，多为 310°～320°，主要倾向 NE，倾角 45°～70°，局部反倾，如 4 号矿体；②NWW-EW 向组：走向 270°～280°，倾向 N 或 NNE，倾角较缓，多为 25°～45°，如 1 号矿体；③NNW-SN 向组：走向 340°～360°，倾向 NEE-E，倾角 50°～80°，局部反倾；④NE 向组：走向 70°～80°，倾向 NNW，倾角 25°～55°，如 56 号矿体。总体来说，该矿床矿体以 NW 走向最为发育，亦为工业矿体的主体走向；其次是 NWW-EW 向，它们常与 NW 向追踪发育，共同构成规模较大的工业矿体。倾角总体变化较大，多在 25°～75°，以 46 线为界，具有东缓西陡的趋势，西部一般为 25°～45°，东部一般为 45°～65°。虽然矿体的总体产状规律明显，但局部变化较大，表现为不同走向矿体相互追踪，主要是 NW 向沿 NNW-EW 向追踪。因此在平面上矿体常呈折线状延伸。由于不同走向矿体具有各自的优选倾角（NW 向较陡，近 EW 向较缓），因而沿倾向（剖面上）矿体常呈阶梯状。

二、矿石类型及矿石构造

根据矿床实际发育情况，该矿床的矿石类型有：锡石-黄铜矿矿石、锡石-方铅矿（闪锌矿）-黄铜矿矿石、方铅矿-闪锌矿矿石、块状黄铜矿矿石、锡石-毒砂矿石、锡石-铁闪锌矿矿石、含铜磁黄铁矿矿石、氧化矿石。

矿石构造以团块浸染状、块状、脉状、网脉状构造较常见，其次有条带状、浸染状-斑点状、角砾状、揉皱状构造等。另外，部分矿石中可见空洞构造；近地表的局部地区可发育蜂窝状构造。

（1）块状构造：主要产于规模较大的矿脉中，矿石中金属矿物含量可达80%以上，可被后期含矿的碳酸盐等细脉（或热液脉）穿切。常见块状构造的矿石有黄铜矿-黄铁矿-毒砂-锡石矿石（图2.11a）、闪锌矿-方铅矿-黄铁矿矿石（图2.11b），以及由黄铜矿、闪锌矿、白铁矿、菱铁矿、毒砂、锡石等矿物组成的混合块状矿石（图2.11c）。

图2.11 块状矿石

a. 块状铜锡矿矿石，北区33#矿体，585m标高；b. 块状铅锌矿矿石，东区-官地42#矿体，600m标高；c. 块状铜铅锌矿矿石，北区36#矿体，标高555m；Py. 黄铁矿；Ccp. 黄铜矿；Apy. 毒砂；PbZn. 铅锌矿；Cb. 碳酸盐矿物

（2）团块状、浸染状构造：矿脉中矿石由部分金属硫化物和不同含量的脉石矿物（主要有石英、菱铁矿、方解石、绿泥石、萤石等）构成，是矿床最常见的矿石类型。常见有黄铜矿-黄铁矿-石英（-碳酸盐）矿石（图2.12a）、方铅矿-闪锌矿-碳酸盐（菱铁矿、方解石等）矿石（图2.12b）、锡石-毒砂-石英（-黄铁矿）矿石（图2.12c）等。

（3）条带状构造：主要是在同一条矿脉中，不同阶段的矿物先后沿脉壁方向沉淀而成。例如，铅锌矿体靠近脉壁边部常形成黄铁矿条带，在中部则为铅锌矿条带，构成条带状矿石（图2.13a）。另外，林西组围岩中也常见黄铁矿、黄铜矿、毒砂等硫化物呈稀疏浸染的条带状，沿页岩或粉砂岩层理分布，构成似条纹状、浸染条带状矿石（图2.13b、c），对围岩的交代、渗透明显。

（4）浸染状-斑点状构造：主要指在粉砂岩、细砂岩及黑色页岩中，常有分散浸染状

图 2.12 团块状、浸染状矿石

a. 团块浸染状铜矿石,北区 33#矿体,585m 标高;b. 浸染状铅锌矿石,北区-兰家沟,10#矿体,695m 标高;c. 浸染状锡矿石,老区东部 88#矿体,290m 标高;Ccp. 黄铜矿;Qtz. 石英;PbZn. 铅锌矿;Py. 黄铁矿;Apy. 毒砂;Cb. 碳酸盐矿物

图 2.13 条带状矿石

a. 条带状铅锌矿石,铅锌矿(PbZn)与黄铁矿(Py)、碳酸盐矿物(Cb)组成条带,东区-官地 42#矿体,600m 标高;b. 条带状浸染的铜锡矿石,黄铜矿(Ccp)、黄铁矿(Py)、毒砂(Apy)沿粉砂岩层理浸染形成条带状或似纹层状构造,Zk1-5 钻孔,430.9m 处;c. 层纹状浸染的毒砂黄铜矿石,毒砂(Apy)、黄铁矿(Py)、黄铜矿等细粒沿黑色页岩层理分布,形成条纹条带状构造,Zk-19-11 孔,347.8m 处

的黄铁矿、毒砂、闪锌矿、黄铜矿等金属硫化物,形成星散状、浸染状、斑点状构造(图 2.14a)、鲕状-豆状构造(图 2.14b),当金属矿物稠密浸染时可形成具浸染状构造特征的条带状矿石(图 2.13b、c)。在英安斑岩、安山玢岩、闪长岩等脉岩中及构造角砾岩中也常具有细脉浸染状铜、锌矿化,但多不具独立开采价值。

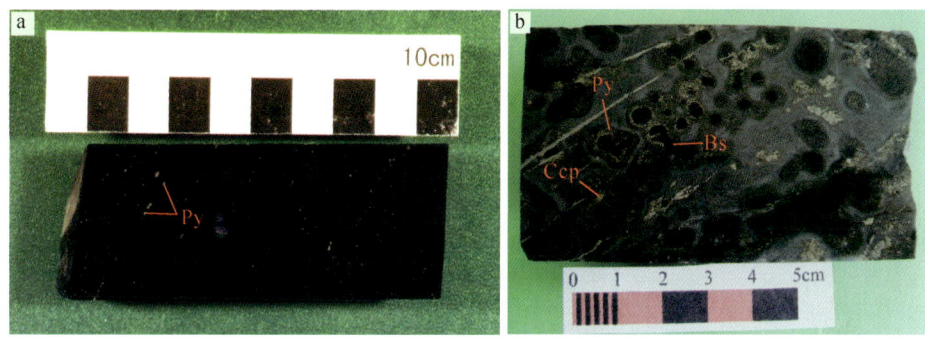

图 2.14 斑点状浸染的矿石

a. 黑色页岩中的浸染状、斑点状黄铁矿（Py），Zk1-9 钻孔，481m 处；b. 黑色页岩（Bs）中的黄铁矿（Py）、黄铜矿（Ccp）呈鲕状、豆状构造，Zk-19-11 孔，395m 处

（5）脉状、网脉状构造：主要由多条达不到单独开采厚度的细脉（一般宽<20cm，多在1~10cm）组合而成，也是矿床中常见的矿石构造之一。金属硫化物沿围岩裂隙充填常形成脉状构造，而沿网状裂隙或破碎带充填则形成网脉状构造（图 2.15a、b）。多期次的热液活动和成矿作用，常常使早阶段形成的矿脉被晚阶段的矿脉（或热液脉）充填或交切形成阶段和成分复杂的矿石。比如常见在锡石-毒砂-石英矿石中有早阶段矿脉被后期黄铜矿脉穿切或截断，块状黄铜矿矿石中有铅锌矿脉充填（图 2.11c）等。这种不同阶段形成的矿脉相互穿插交切的构造即为交错脉状构造，在矿床中较为常见。

图 2.15 脉状、网脉状矿石

a. 含石英萤石硫化物呈脉状、网脉状，北区 33#矿体，585m 标高；b. 黑色页岩中的脉状、网脉状铅锌矿，东区-官地 42#矿体，600m 标高；Fl. 萤石；CuSn. 铜锡矿脉

（6）角砾状构造：一般是林西组地层破碎成角砾状被多金属硫化物胶结，常见页岩、粉砂岩等角砾被含硫化物热液胶结形成角砾状矿石（图 2.16a、b）；其次也见早期矿石呈角砾被晚期/阶段矿石胶结，如锡石-毒砂（-石英）矿石破碎后呈角砾被晚期的黄铜矿碳酸盐石英网脉胶结的角砾状矿石（图 2.16c）以及混合矿石的角砾被石英碳酸盐胶结呈复合角砾的现象。

（7）揉皱状构造：主要产于挤压或剪切构造活动比较强烈的部位（图 2.17a）。当构

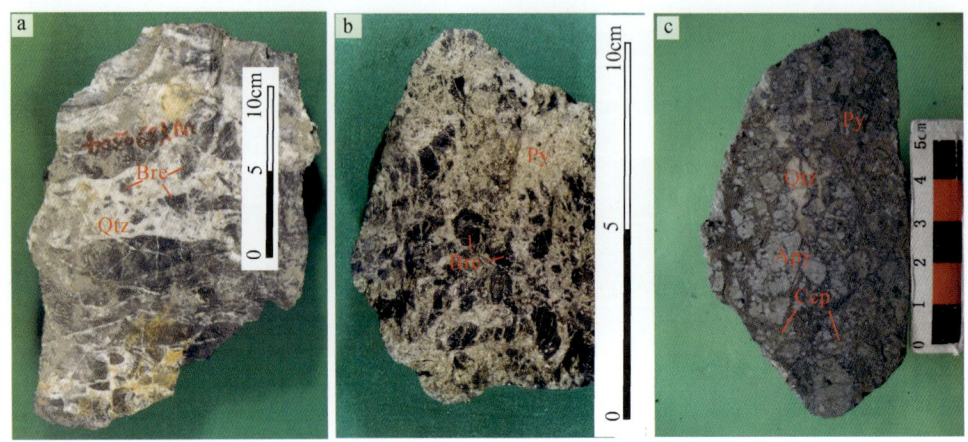

图 2.16 角砾状矿石

a. 黑色页岩、粉砂岩角砾被锡石–石英脉胶结，老区西部 10# 矿体，595m 标高；b. 黑色页岩角砾被黄铁矿胶结，南区矿石堆；c. 锡石–毒砂矿石角砾被黄铜矿–石英–碳酸盐矿石胶结，老区西部 10#W 矿体，495m 标高；
Bre. 角砾；Qtz. 石英；Py. 黄铁矿；Ccp. 黄铜矿；Apy. 毒砂

造活动进一步增强或剪切作用强烈时可形成角砾状、糜棱状矿石（图 2.17b）。

图 2.17 揉皱状矿石

a. 铅锌矿脉由于受构造影响而形成揉皱状构造，东区–官地 42# 矿体，600m 标高；
b. 糜棱状构造的锡石石英矿石，东区–官地 42# 矿体，600m 标高

三、矿石结构

矿石中金属矿物的结构主要有晶粒状结构、固溶体分离结构、交代结构、填隙结构、包含及嵌晶结构、胶状结构、不等粒压碎结构和骸晶结构等。上述结构中晶粒状结构，特别是他形–半自形晶粒状结构是本区最主要的矿石结构类型，其次为交代结构、固溶体分离结构、填隙结构、包含及嵌晶结构，其余结构较少见。

（1）晶粒状结构：自形、半自形、他形晶粒状结构在矿石中均较常见（图 2.18）。其

中毒砂、黄铁矿多呈自形粒状，晚期锡石呈四方双锥长柱状。闪锌矿、黄铜矿、方铅矿多为半自形-他形粒状，少数亦呈半自形-自形粒状结构。

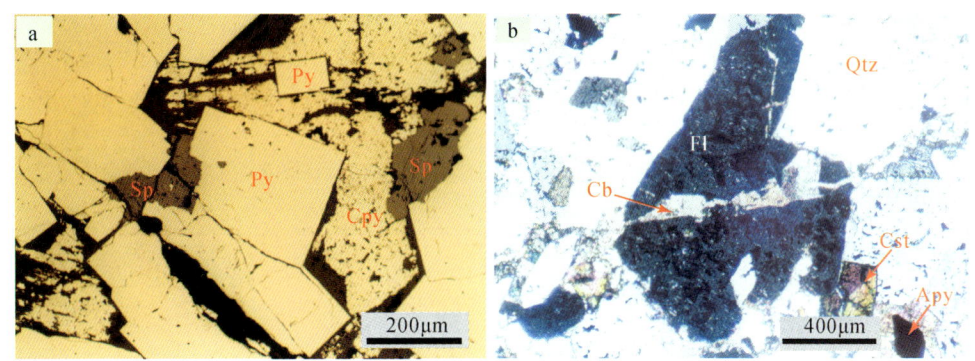

图 2.18　晶粒状结构

a. 黄铁矿（Py）呈自形粒状结构（粗粒），胶状黄铁矿（Cpy）、闪锌矿（Sp）呈他形粒状结构，反射光；b. 萤石（Fl）呈自形-半自形粒状结构，与自形锡石（Cst）、石英（Qtz）、毒砂（Apy）共生，碳酸盐矿物（Cb）形成较晚，正交偏光

（2）固溶体分离结构：该结构类型在矿石中非常发育，主要是主晶铁闪锌矿中有乳滴状、棒条状和叶片状黄铜矿、磁黄铁矿出溶（图 2.19a），当黄铜矿（或磁黄铁矿）乳滴沿闪锌矿的解理分布时，常形成网格状构造。另外，矿床中还常见到出溶的闪锌矿在主晶黄铜矿、黄铁矿中呈十字形、星状、"病毒"状锥晶等特殊现象（图 2.19b），以及在深红银矿物中有黄铜矿乳滴出现。

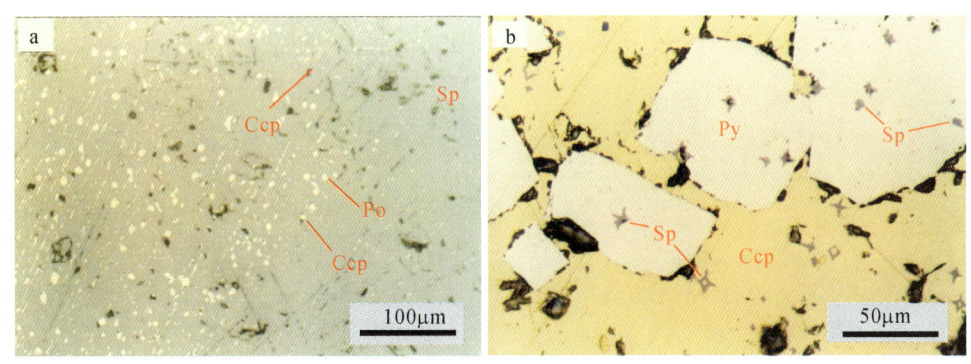

图 2.19　固溶体分离结构

a. 黄铜矿（Ccp）、磁黄铁矿（Po）在闪锌矿（Sp）中呈乳滴状、棒条状和叶片状，反射光；b. 黄铁矿（Py）和黄铜矿（Ccp）中的十字形或星状闪锌矿（Sp）固溶体，反射光

（3）交代结构：为大井矿床最发育的结构类型之一，如早期形成的黄铁矿、闪锌矿、毒砂等硫化物被晚期黄铜矿、菱铁矿、黄铁矿等交代、溶蚀现象普遍，常形成一些特殊的交代结构，如交代残晶结构、镶边结构、筛状结构、火焰状结构、补丁结构、文象蠕虫结构等（图 2.20a~f）。另外，早期的毒砂、黄铁矿的自形晶体被晚期的黄铜矿、方铅矿等矿物从中心向边部交代熔蚀，但整体保留被交代矿物的原始晶形（图 2.20g、h）。

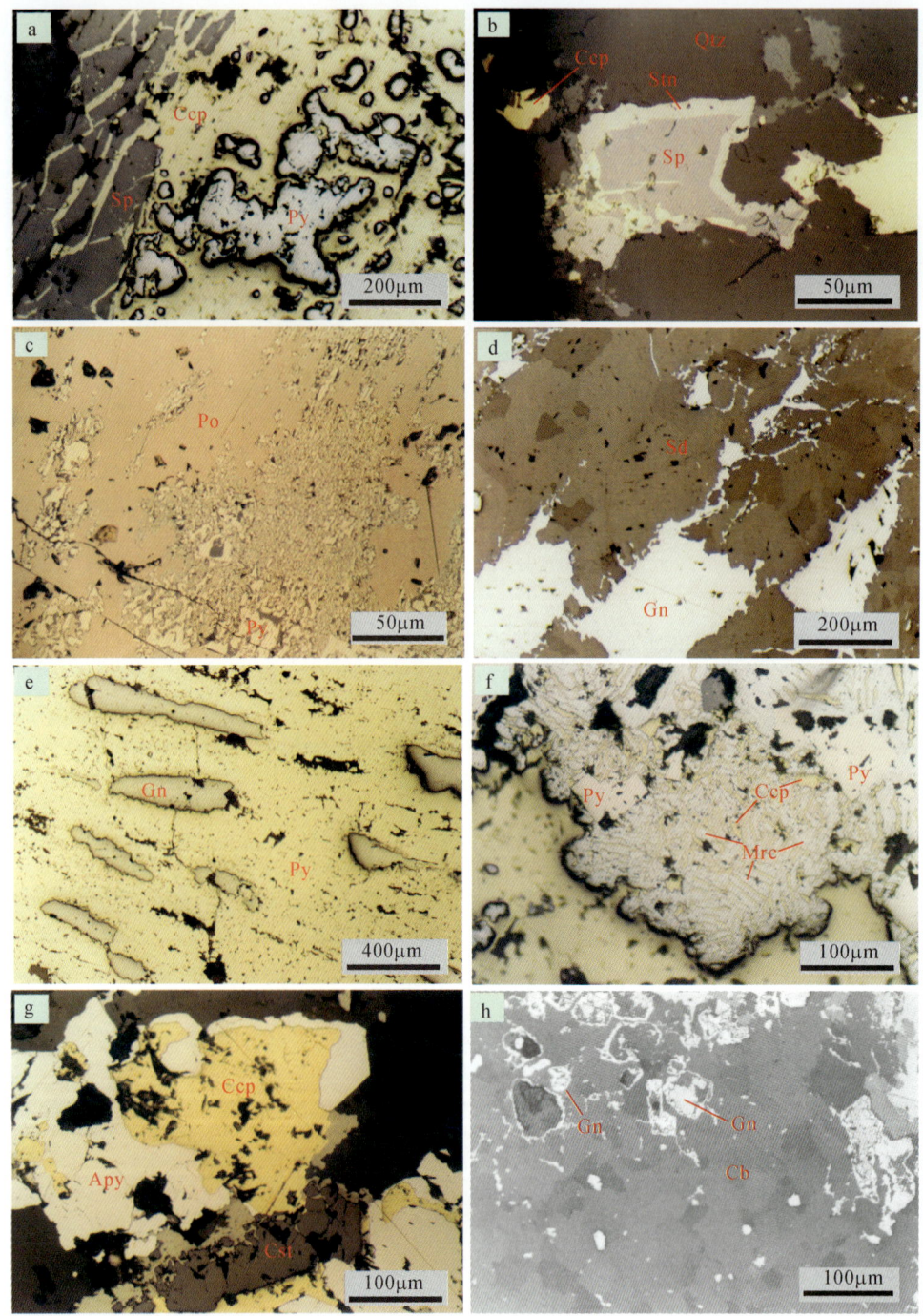

图 2.20 交代结构

a. 黄铁矿（Py）被黄铜矿（Ccp）交代呈残晶结构，反射光；b. 闪锌矿（Sp）被黝锡矿（Stn）、黄铜矿（Ccp）交代呈镶边结构，反射光；c. 磁黄铁矿（Po）被黄铁矿（Py）交代呈破布结构、筛状结构，反射光；d. 方铅矿（Gn）被菱铁矿（Sd）交代呈火焰结构、残缕结构；e. 黄铁矿（Py）交代方铅矿（Gn）呈补丁结构，反射光；f. 黄铜矿（Ccp）交代白铁矿（Mrc）呈文象结构、格状结构，反射光；g. 自形毒砂（Apy）被黄铜矿（Ccp）交代呈骸晶结构，反射光；h. 碳酸盐矿物（Cb）中方铅矿（Gn）交代黄铁矿呈黄铁矿的假象结构，反射光

（4）填隙结构：矿石中早期生成的矿物，如铁闪锌矿、毒砂、黄铁矿等破裂形成裂隙，被后期的黄铜矿、银黝铜矿等矿物，以及脉石矿物充填形成填隙结构（图2.21）。

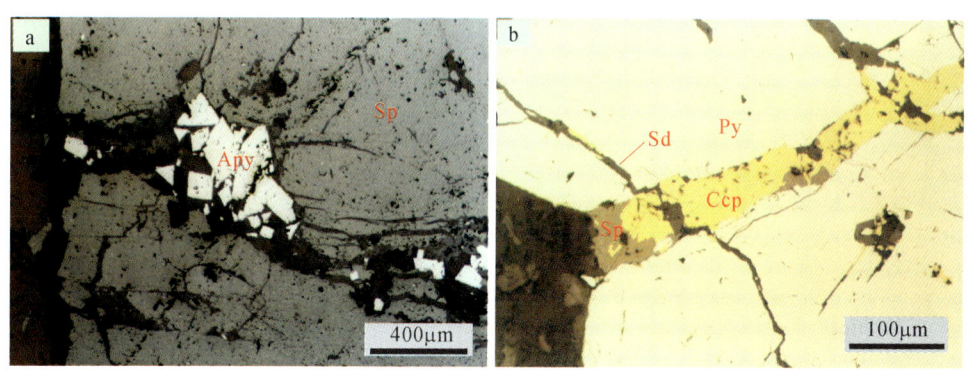

图 2.21　填隙结构

a. 自形的毒砂（Apy）充填于破碎闪锌矿（Sp）裂隙中呈填隙结构，反射光；b. 黄铜矿（Ccp）呈脉状充填于黄铁矿（Py）裂隙中，后又有黄铜矿、菱铁矿（Sd）细脉沿裂隙充填，反射光

（5）包含及嵌晶结构：早阶段/世代的自形、半自形矿物（如锡石、黄铁矿、毒砂、闪锌矿等）晶体镶嵌在晚阶段/世代的粗粒矿物（如黄铜矿、方铅矿、闪锌矿）晶体中，形成包含结构或嵌晶结构（图2.22）。

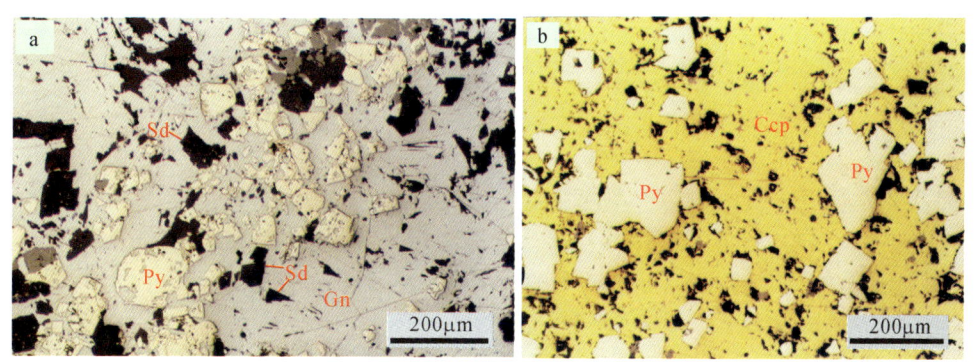

图 2.22　包含及嵌晶结构

a. 黄铁矿（Py）、菱铁矿（Sd）镶嵌在方铅矿（Gn）晶粒中呈嵌晶、包含结构，反射光；b. 自形、半自形黄铁矿（Py）镶嵌在黄铜矿（Ccp）中呈镶嵌结构，反射光

（6）不等粒压碎结构：毒砂、黄铁矿、锡石、铁闪锌矿等由于受构造作用影响，常破碎成不规则粒状结构，并被后期黄铜矿、黝铜矿、方铅矿以及脉石矿物等胶结（图2.23）。

（7）胶状结构：是早期黄铁矿的一种常见结构，呈放射状或同心环状（图2.24a），多破碎并被后期矿物如黄铜矿、闪锌矿等交代、穿切，局部可见胶化收敛裂纹（图2.24b）。

（8）环带结构：生长环带结构见于闪锌矿，可见2~4个环带，环带内部常有他形黄铁矿、毒砂等早期的颗粒状包裹体矿物（图2.25a）。黄铁矿中亦可见环带结构，内部环带常为圆形（图2.25b），说明早期的黄铁矿有溶蚀，内、外环带黄铁矿的形成存在较长的时间间隔。其他具环带结构的矿物还有石英、锡石、菱铁矿等。

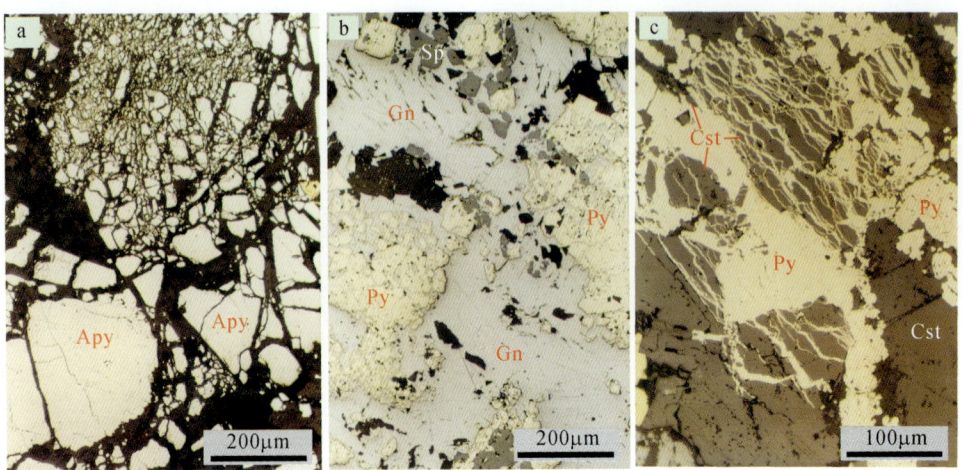

图 2.23　不等粒压碎结构

a. 毒砂（Apy）呈压碎结构，反射光；b. 黄铁矿（Py）、闪锌矿（Sp）呈压碎结构，被方铅矿（Gn）胶结，反射光；c. 锡石（Cst）呈压碎结构，被黄铁矿（Py）穿插和胶结，反射光

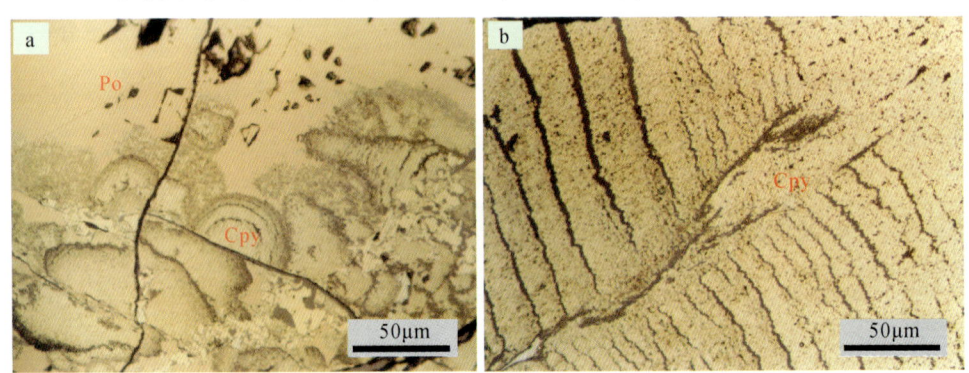

图 2.24　胶状结构

a. 胶状黄铁矿（Cpy）呈同心鲕环状，反射光；b. 胶状黄铁矿脱胶后具贝壳状收缩裂纹，反射光；Po. 磁黄铁矿

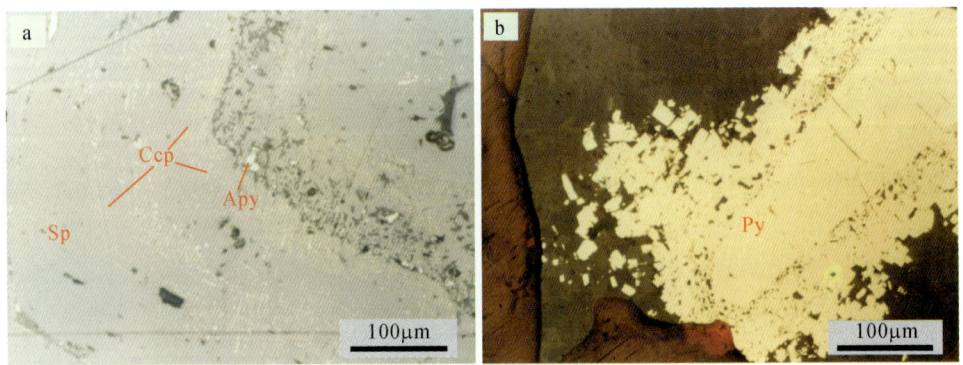

图 2.25　环带结构

a. 闪锌矿（Sp）的环带结构，有出溶的格状黄铜矿（Ccp），残留有毒砂（Apy）包裹体矿物，反射光；b. 黄铁矿（Py）次生加大形成的环带结构，反射光

(9) 文象交生结构：同一阶段形成的矿物呈他形蠕虫状或文象状交生在一起，常见黄铁矿、胶状黄铁矿、白铁矿、闪锌矿、方铅矿、碳酸盐矿物等的交生（图 2.26）。

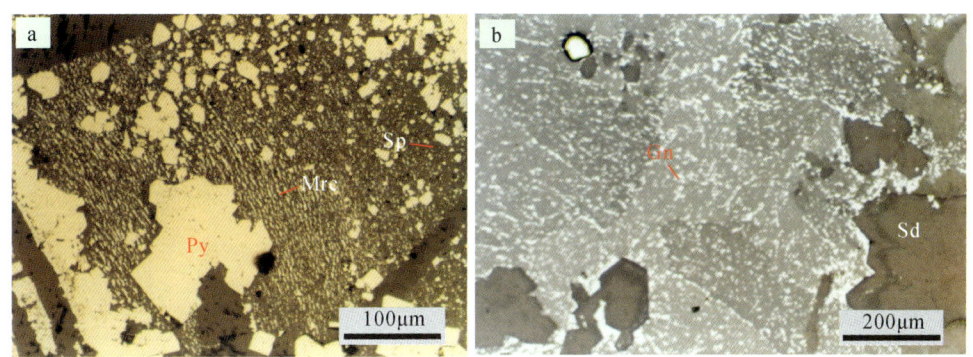

图 2.26　文象交生结构

a. 白铁矿（Mrc）与闪锌矿（Sp）呈文象交生结构，反射光；b. 方铅矿（Gn）在菱铁矿（Sd）中呈蠕虫、文象交生结构，反射光

(10) 晶簇、晶洞结构/构造：矿物在生长过程中受周围空间条件和应力条件的制约，在空间内垂直腔壁生长（图 2.27）。

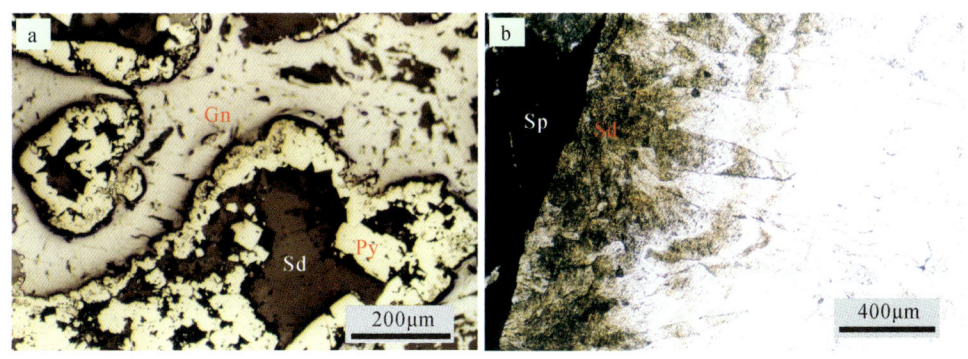

图 2.27　晶簇结构/构造

a. 黄铁矿（Py）、菱铁矿（Sd）在方铅矿（Gn）溶蚀的洞穴中生长，反射光；b. 菱铁矿（Sd）沿闪锌矿（Sp）脉壁生长呈晶簇状，反射光

(11) 其他结构：矿床中还可以见一些特殊的矿物结构，如白铁矿的树枝状、纤维状以及绳状结构，前一种结构可能与矿物形成时受到的构造应力作用有关，后一种代表一种脱胶化现象（图 2.28）。

四、矿石的矿物组成

大井矿床的矿石矿物成分较为复杂，已发现矿物达 60 余种，详见表 2.2。

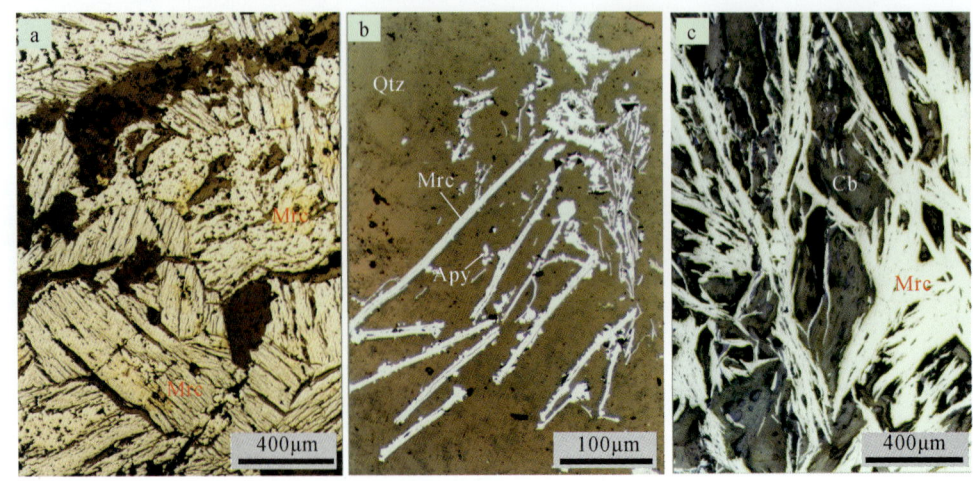

图 2.28 白铁矿的绳状结构、树枝状结构和纤维状结构

a. 白铁矿（Mrc）呈绳状和胶状结构，反射光；b. 白铁矿呈树枝状结构，与细粒毒砂（Apy）共生于石英（Qtz）粒间，反射光；c. 白铁矿呈纤维状结构共生于碳酸盐矿物（Cb）粒间，反射光

表 2.2 大井矿床矿石矿物组分

类别	主要矿物	次要矿物
金属矿物	黄铜矿、黄铁矿、闪锌矿、方铅矿、毒砂、锡石、磁黄铁矿、白铁矿、胶状黄铁矿	斑铜矿、黝铜矿、黝锡矿、银黝铜矿、砷黝铜矿、辉铜矿、蓝辉铜矿、方黄铜矿、硫锑铅矿、辉铋矿、黄锡矿、螺状硫银矿、深红银矿、硫锑银矿、硫锑铜银矿、柱硫锑铅矿、辉铅铋矿、斜方辉铅铋矿、斜方砷铁矿、方钴矿、辉钴矿、自然铋、自然银、辉银矿、车轮矿、硫银铋矿、维硫铋铅银矿、硫铋铅矿、银硫铋铜铅矿、针硫铋银矿、脆银矿等
非金属矿物	石英、绿泥石、绢云母、铁白云母、白云母、菱铁矿、锰方解石、方解石	黑电气石、萤石、长石等
表生矿物	褐铁矿、软锰矿、硬锰矿、孔雀石、铜蓝、黄钾铁矾	蓝铜矿、蓝辉锑矿、白铅矿、铅矾等

其中有用金属矿物主要为黄铜矿、锡石、铁闪锌矿、方铅矿和多种银矿物，非金属矿物主要为石英、碳酸盐矿物（以菱铁矿为主，其次为方解石）、绿泥石和绢云母等。主要矿物的产状和分布特征如下。

1. 黄铁矿（FeS_2）

为矿区分布最广的矿物，早期的黄铁矿多为自形、半自形，粒度多为 0.1~1mm，最大可达 4mm，常被黄铜矿、闪锌矿、方铅矿、脉石矿物等溶蚀、交代和包裹；晚期或晚世代的黄铁矿除有自形、半自形晶粒外，主要呈他形脉状、网脉状充填在闪锌矿、脉石等矿物裂隙中。

另外，矿床中部分黄铁矿为胶状，具隐晶质同心环状、半同心环状的胶状结构（图 2.24），并可呈脉状。胶状黄铁矿与黄铁矿可逐渐过渡或转化。

2. 磁黄铁矿（$Fe_{1-x}S$）

为矿区的次要金属硫化物。颜色为暗黄铜色，具弱磁性，主要呈他形粒状集合体产出,粒度为0.1~4.5mm。磁黄铁矿在矿石中含量一般较少,主要共生矿物有锡石、黄铜矿、黄铁矿、毒砂、铁闪锌矿、方铅矿等,另有微量磁黄铁矿呈乳滴状、鳞片状等分布于铁闪锌矿、黄铜矿中,为固溶体分离产物。磁黄铁矿可被黄铁矿、黄铜矿、方铅矿等硫化物穿插、交代或包裹,也可见其交代毒砂的现象。

3. 黄铜矿（$CuFeS_2$）

为矿区主要有用金属硫化物和银的重要载体矿物之一。颜色为铜黄色,他形-半自形粒状结构,常呈致密块状集合体,部分呈细脉状充填于黄铁矿、铁闪锌矿、毒砂、锡石以及脉石矿物颗粒间或裂隙中。黄铜矿粒度以粗粒为主,一般在0.04mm以上,其中大于0.3mm者占绝大部分,最大可超过2mm。黄铜矿可为固溶体分离物,呈乳滴状、鳞片状雏晶分布于铁闪锌矿中,同时黄铜矿晶体内也可见微量雪花状、星状或十字形闪锌矿雏晶存在(图2.18)。此外黄铜矿还可交代、包裹、穿插黄铁矿、毒砂、磁黄铁矿、锡石等矿物。

黄铜矿为银的重要载体矿物,各种银矿物呈微细脉状充填于黄铜矿粒间、裂隙中或呈包裹体矿物分布。

4. 闪锌矿（ZnS）

为矿区主要有用金属硫化物和银的重要载体矿物之一。颜色为黄褐色-黑色,半透明,多为含铁闪锌矿或铁闪锌矿。一般呈半自形-自形粒状结构,粒度较粗,一般为0.5~2mm。多呈致密块状或脉状,少数呈浸染状产出。多数闪锌矿晶体内含较多乳滴状、鳞片状磁黄铁矿、黄铜矿雏晶,也有微量闪锌矿呈雏晶分布于黄铜矿晶体中,表明黄铜矿和闪锌矿可互为固溶体分离产物的主客晶出现。闪锌矿常与黄铜矿、方铅矿、黄铁矿、毒砂、锡石等矿石矿物共生,也可穿插、交代、包裹黄铁矿、毒砂、锡石等矿物,另外也可见被黄铜矿、方铅矿、黄铁矿等矿物穿插、交代或包裹,表明闪锌矿具有多阶段、多世代特征。

5. 方铅矿（PbS）

为矿区主要有用金属硫化物和银的重要载体矿物之一。颜色为铅灰色,强金属光泽。多为他形-半自形粒状结构,粒度不等,粗粒者(0.02~3mm)多呈致密块状集合体,常与闪锌矿、毒砂、黄铜矿、黄铁矿等矿物共生;细粒者常呈脉状或粒状集合体沿闪锌矿、黄铜矿、黄铁矿、毒砂及脉石矿物等的粒间或裂隙分布。另外,方铅矿晶体内还常有银的硫化物和银、铜、铅的硫盐包裹体矿物或细脉状充填物存在。

6. 毒砂（FeAsS）

为矿区分布较广的硫砷矿物。颜色为锡白色,多呈自形、半自形粒状集合体产出,少数呈致密块状或细脉状分布。粒度一般为0.1~2mm。早阶段形成的毒砂一般为粒度较粗的自形晶,碎裂现象普遍,常被较晚生成的黄铁矿、黄铜矿、铁闪锌矿、方铅矿、脉石矿物等沿裂隙充填、交代或包裹,也可与锡石、黄铁矿、黄铜矿、闪锌矿、方铅矿等矿物共生。晚阶段形成的毒砂属次要矿物,常与碳酸盐、石英等脉石矿物共生。

7. 白铁矿（FeS_2）

颜色呈淡黄铜色,略带浅绿色调。粒度较粗,多与黄铁矿共生。主要呈针柱状、树枝状、矛头状,其次为他形粒状、胶状或纤维状集合体。白铁矿的矿物颗粒间隙或晶体裂隙可被黄铜矿充填、交代。

8. 锡石（SnO_2）

为矿区主要含锡矿物，也是银的重要载体矿物之一。颜色一般为浅褐色-黄褐色，少量为棕褐色，半透明，主要为自形、半自形或他形粒状结构，粒度差别较大，细者为隐晶质，大者粒径可达1mm，一般为0.01～0.2mm。锡石常呈集合体与毒砂、黄铁矿、黄铜矿、石英、绿泥石、电气石等密切共生，少数与闪锌矿共生或分布于碳酸盐矿物中。锡石常具压碎结构，黄铜矿及少量黝铜矿常沿其裂隙充填、交代，亦常被黄铜矿、方铅矿、铁闪锌矿、黄铁矿、石英等矿物包裹。通过系统的矿物学研究，王玉往等（2006）将该矿床中所见锡石划分为六种类型（详见第三章第二节）。

9. 黄锡矿（Cu_2SnFeS_4）

黄锡矿也叫黝锡矿，为矿床中锡的唯一硫化物。主要呈半自形显微粒状分布于碳酸盐矿物内，少数颗粒可与黄铜矿相毗连，粒度一般为0.03～0.15mm。其次呈他形粒状分布在闪锌矿、黄铜矿、锡石、黄铁矿等矿物颗粒边缘或裂隙中，并交代锡石、闪锌矿等矿物。此外，偶见其呈絮状物分布于黄铜矿中。

10. 黝铜矿（$M_{12}X_4S_{13}$）

矿区黝铜矿多在黄铜矿、方铅矿中呈不规则粒状、串珠状包体，粒度一般为2～20μm，大者可达150μm。其次呈细脉状、细丝状、根须状沿黄铜矿、闪锌矿、毒砂、黄铁矿、锡石等矿物的裂隙充填交代，或与黄铜矿、方铅矿一起沿脉石矿物的裂隙分布。

据电子探针分析（华北有色地质勘查局综合普查大队，1990[①]），矿区黝铜矿族（用化学式$M_{12}X_4S_{13}$表示，式中M=Cu、Fe、Zn、Ag，X=Sb、As）矿物中除个别情况外，一般都含有不同程度的Ag、Fe、Zn类质同象混入物。在该族矿物中，阴离子S的含量比较稳定，Sb的含量变化也较小，仅个别样品有As类质同象替代Sb的情况，形成含砷银锑黝铜矿。而阳离子Ag、Fe、Zn则普遍以类质同象替换Cu，因而Cu含量变化幅度较大。含银黝铜矿，即银锑黝铜矿，为该区重要的含银硫盐矿物。

11. 银矿物

矿石中银矿物类型丰富，已发现的含银矿物近30余种，主要包括硫化物、锑硫化物（浓红银矿、脆银矿等）、自然银、含银的铅-铋（锑）硫盐类矿物以及卤化物等（表2.3）。本区含Ag矿物有以下基本特征（王玉往等，2002b）：①尽管种类繁杂，但常见的仅为有限的几种，主要为黝铜矿族，其次为浓红银矿以及脆银矿、自然银、硫锑铜银矿等。②粒度较细，一般小于100μm，小者仅几微米。③一般呈不规则粒状、树枝状、细脉状（最长可达500μm），可产于含黄铜矿或含方铅矿的矿石中，所寄生矿物主要为黄铜矿、方铅矿和碳酸盐等（图2.29）。④主要形成于两个阶段：在早期的黄铜矿-黄铁矿阶段主要为黝铜矿族含银矿物（银黝铜矿等），以及辉锑银矿、硫锑铜银矿等含铜的硫盐类矿物；在晚期的方铅矿-闪锌矿阶段银矿物种类较为繁杂，除形成黝铜矿族矿物外，多数以含Pb、Sb、Bi的硫盐矿物及自然银、硫化物和浓红银矿、脆银矿等无Cu简单硫盐矿物形式产出。

[①] 华北有色地质勘查局综合普查大队. 1990. 大井铜锡多金属矿北区矿石物质成分研究及其与老区的对比报告.

表 2.3 大井矿床已报道的（含）银矿物

序号	矿物类别		矿物名称	（推测）理论分子式	资料来源
1	自然元素类		自然银	Ag	①
2	锑化物		锑银矿	Ag_3Sb	①
3	硫化物		辉银矿	βAg_2S	①
4			螺状硫银矿	αAg_2S	①
5			硫铜银矿（或硫银铜矿）	$CuAgS$	③④
6			辉铜银矿	Ag_3CuS_2	⑤
7	硫盐类	Ag-Sb（或 As）-Cu 系列	银锑黝铜矿	$(Cu,Ag)_{12}Sb_4S_{13}$	①
8			含砷银锑黝铜矿	$(Cu,Ag)_{12}(Sb,As)_4S_{13}$	①
9			黝银矿	$(Ag,Cu)_{12}Sb_4S_{13}$	②
10			砷硫锑铜银矿	$(Ag,Cu)_{16}(As,Sb)_2S_{11}$	③
11			锑硫砷银矿	$(Ag,Cu)_{16}(As,Sb)_2S_{11}$	③④
12			硫砷铜银矿	$(Ag,Cu)_{16}As_2S_{11}$	④
13			硫锑铜银矿	$(Ag,Cu)_{16}Sb_2S_{11}$	①
14			浓红银矿	Ag_3SbS_3	①
15			脆银矿	Ag_5SbS_4	①
16			辉锑银矿	$AgSbS_2$	①
17		Ag-Pb-Sb 系列	辉锑银铅矿（辉锑铅银矿?）	$Pb_2Ag_3Sb_3S_8$	③
18			柱硫锑银铅矿	$PbAgSbS_3$	①
19		Ag-Pb-Bi 系列	硫铋铅银矿	$Ag_{25}Pb_{30}Bi_{41}S_{104}$	③④
20			维硫铋铅银矿	$Ag_5Pb_8Bi_{13}S_{30}$	①
21			含银辉铅铋矿	$PbBi_2S_4$?	③
22			含银斜方辉铅铋矿	$Pb_2Bi_2S_5$?	③
23			铜银铅铋矿（铜铋铅银矿?）	$Pb_2(Ag,Cu)_2Bi_4S_9$	②③
24		Ag-Bi 系列	针铅铋银矿	$AgBiS_2$?	①
25			硫银铋矿（硫铋银矿?）	$AgBiS_2$	①
26			针硫铋银矿	$AgBiS_2$?	④
27		Ag-Sb-Bi 系列	硫铋铅锑银矿	?	④
28		Ag-Sn 系列	银黄锡矿	Ag_2FeSnS_4	③
29		Ag-Se 系列	硒硫铋银矿	?	③
30	卤化物		角银矿	$AgCl$	①
31			溴银矿	$Ag(Br,Cl)$	①

注：本表据王玉往等（2002a，2002b，2002c）整理。①据艾霞和冯建忠，1992；张德全，1993b，1993c；芮宗瑶等，1994；赵一鸣和张德全，1997 等文献；②据谢玉华和张家荫，1990；③有色总公司"75"攻关报告，1994；④地矿部"75"攻关资料，1994；⑤据谢玉华，1988。

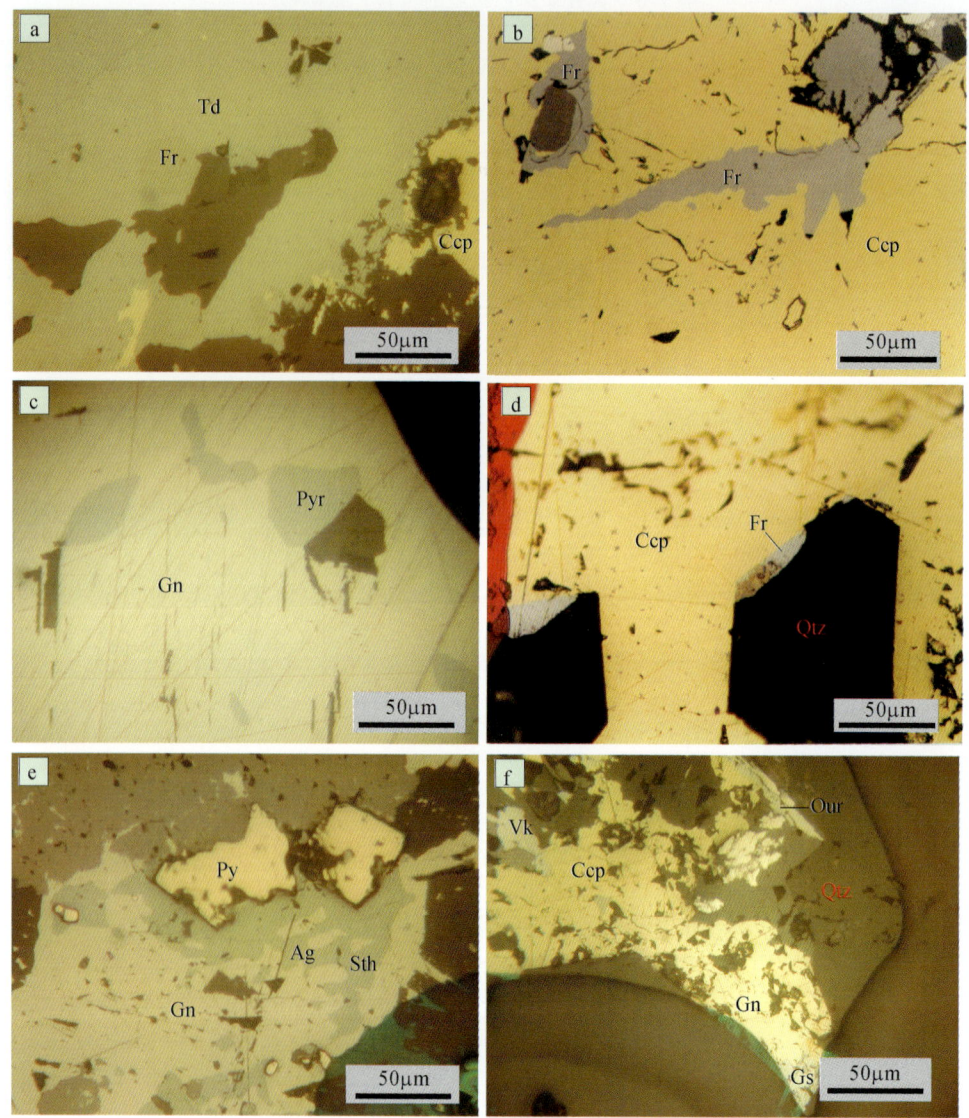

图 2.29 部分银矿物的产出形态

a. 银黝铜矿（Fr）呈不规则粒状包裹于黝铜矿（Td）中，颜色深者含银较高，反射光；b. 银黝铜矿（Fr）呈树枝状产于黄铜矿（Ccp）中，反射光；c. 浓红银矿（Pyr）呈圆细粒产于方铅矿（Gn）中，反射光；d. 银黝铜矿（Fr）产于黄铜矿（Ccp）和石英（Qtz）颗粒之间，反射光；e. 脆银矿（Sth）和自然银（Ag）呈联晶产于方铅矿（Gn）中，反射光；f. 辉铋铅银矿（Gs）、硫铋铅银矿（Our）和维硫铋铅银矿（Vk），与黄铜矿（Ccp）、方铅矿（Gn）等共生，反射光

12. 石英

为矿区最主要，也是矿石中最常见和分布最广泛的脉石矿物，主要产于铜锡矿石、毒砂-锡石矿石以及铜铅锌矿石中。颜色为灰白色-乳白色，主要呈长柱状或他形粒状集合体，粒度为 0.4mm×0.8mm～0.7mm×2.5mm，少量为微晶、隐晶质集合体，呈脉状或细脉状产出。灰白色者多与黄铜矿、毒砂、锡石、黄铁矿等密切共生，乳白色者主要为矿化晚

期或后期热液活动产物。

13. 碳酸盐矿物

也是矿区最主要的脉石矿物类型。颜色为白色–褐色，多呈他形–自形粒状集合体，粒度一般为 0.6mm×1mm～1mm×4mm，少数为隐晶质。集合体常呈脉状、团块状单独产出，或与硫化物紧密相伴，也可呈细脉状穿插于硫化物裂隙中。据矿物成分分析（见第三章第二节），碳酸盐矿物的主要类型为菱铁矿和方解石，以及少量锰菱铁矿。

14. 绢云母

为矿区主要脉石矿物之一。颜色为浅黄绿色鳞片状，集合体常与石英、绿泥石、碳酸盐矿物等脉石矿物或硫化物、锡石等矿石矿物共生，也可呈细脉状分布于矿石矿物裂隙中。

15. 绿泥石

为矿区主要脉石矿物之一。颜色为灰绿–浅绿色，有时为墨绿色；一般为鳞片状、纤维状集合体，集合体多呈细脉状分布于硫化物或其他脉石矿物集合体中。分布广泛，可与各种矿石矿物共生或伴生，主要见于铜、铅锌硫化物矿石中。

16. 萤石

萤石在矿床中较为少见，多产于少硫化物的锡石–毒砂（–石英）矿石中，其次也见于铜锡矿石；主要为浅紫色，其次为翠绿色；显微镜下为半自形、自形粒状，均质；与石英、锡石、毒砂共生，粒度较粗（多>0.5mm，可达3～5mm）。另外，在成矿后晚期碳酸盐脉状中也见到有绿色萤石产出。

大井锡–铜多金属矿床属于多阶段成矿作用形成，依据矿石类型及穿插、胶结关系，可以将矿床主成矿期划分为锡石–毒砂–石英阶段、无矿黄铁矿阶段、黄铜矿–黄铁矿阶段和方铅矿–闪锌矿阶段，各阶段发育有各自特征的矿物组合（详见第三章）。

五、矿石化学成分及元素赋存状态

矿石化学成分很复杂，根据矿石光谱定量分析和多元素组合分析结果，主要有用元素为 Cu、Sn、Pb、Zn、Ag；伴生元素除 S、As 外，各类矿石中的 Cd、Ga 和铜锡矿石中的 Co、In 含量较高。另外，局部地段的矿石中含 Au 达 0.1g/t 以上，其余元素含量相对较低。

Cu、S、Pb、Zn 多以硫化物形式存在，主要为单硫矿物，少数为硫盐矿物。

Sn 主要赋存于锡石中，极少数赋存于黄锡矿（即黝锡矿）中。根据物相分析结果，氧化物锡占 87.3%。

Ag 主要以独立矿物形式存在，少数呈类质同象和显微分散状态存在。银矿物多呈被包裹状、裂隙状、不规则细脉、网脉状等分布于黄铜矿、方铅矿、铁闪锌矿、黄铁矿、锡石和毒砂等载体矿物中。据物相分析，各类载银矿物中 Ag 的含量分别为：黄铜矿 373.33g/t、方铅矿 1993.07g/t、铁闪锌矿 141.33g/t、黄铁矿 20g/t、锡石 373.33g/t、毒砂 85g/t（谢玉华和张家荫，1990），在锡石、磁黄铁矿、脉石矿物中也有微量 Ag 存在。

As 主要以独立矿物毒砂形式存在，其次为斜方砷铁矿。另外，在黄铁矿、黝铜矿以及方铅矿、闪锌矿、黄铜矿和其他硫盐矿物中,亦有少量和微量 As 呈类质同象存在。

Bi 主要以铅-铋硫盐系列的独立矿物存在,如辉铅铋矿、斜方辉铅铋矿、含银辉铅铋矿等。其次在部分金属矿物中有微量 Bi 呈类质同象混入物存在。

Co 在毒砂和黄铁矿中含量最高,推测其主要以类质同象形式存在。

In 主要在锡石、铁闪锌矿、黄铜矿中以杂质形式存在,少量赋存于黄铁矿、毒砂中。

Cd 主要在黄铜矿、铁闪锌矿中以类质同象形式存在。

第三章　成矿期次和矿化分带

第一节　成矿阶段划分

成矿期次和成矿阶段是矿床地质特征的重要组成部分。成矿阶段是指某一成矿期内较短的成矿作用过程。成矿阶段的划分首先应基于矿床的实际地质特征，同时亦应考虑矿床主要的矿物组合和组成重要元素组分的载体矿物特征。大井锡-铜多金属矿床属热液脉型矿床，矿脉穿插、破碎复杂，矿物种类繁多（达60余种），为了更直观地反映矿化期次，宜采用主要和常见矿物，特别是肉眼可见矿物作为划分标志。在大井矿区，这些矿石矿物有黄铁矿、胶状黄铁矿、白铁矿、磁黄铁矿、毒砂、锡石、黄铜矿、闪锌矿、方铅矿，脉石矿物为石英、碳酸盐（如菱铁矿、方解石、铁白云石、铁方解石等）、黏土矿物（如水白云母、绢云母等）、绿泥石，镜下常见金属矿物还有黝铜矿、黝锡矿和银黝铜矿。另外，矿化阶段的划分还应考虑与成矿有关的流体活动。

以往大井矿床的研究者，虽多次提到过成矿阶段，但未出示划分的证据，划分方案也不统一（表3.1）。20世纪90年代后，随着矿山的建立和对矿体的采掘，新的地质现象不断被揭露出来，使得这一研究有条件全面深入，并接近客观事实。

表3.1　前人对大井矿床成矿阶段的划分

序号	成矿阶段	文献来源
1	①毒砂-锡石；②黄铁矿-锡石-铁闪锌矿-方铅矿；③黄铜矿-银黝铜矿；④方铅矿-铁闪锌矿	黄世乾等（1986）
2	①无矿石英脉；②锡石-石英-毒砂；③多金属硫化物（黄铜矿-黄铁矿-铁闪锌矿-锡石，少量毒砂、方铅矿、磁黄铁矿）；④闪锌矿-方铅矿-银的硫盐；⑤白铁矿-萤石-碳酸盐	冯建忠（1988）
3	①黄铜矿-石英；②锡石-硫化物；③方铅矿-铁闪锌矿；④无矿化萤石	王伏泉（1989）
4	①高温的锡石-毒砂-石英；②中高温的锡石-硫化物；③中低温的铅锌-碳酸盐	谢玉华和张家荫（1990）
5	①第一次矿化；②第二次矿化	华北有色地质勘查局综合普查大队（1994）
6	①锡石-石英；②硫化物（自早到晚为：a. 毒砂-黄铁矿-黄铜矿-锡石，b. 铁闪锌矿-黄铜矿-磁黄铁矿，c. 黄铜矿-黝铜矿）；③硫化物-硫盐（方铅矿-闪锌矿-银矿物）	张德全（1993c）

续表

序号	成矿阶段	文献来源
7	①锡石-毒砂-石英；②早期硫化物阶段（铁闪锌矿、毒砂、锡石、黄铁矿、磁黄铁矿等）；③晚期硫化物阶段（黄铜矿、闪锌矿、黝铜矿、银黝铜矿、方铅矿等）；④铅锌-碳酸盐阶段（方铅矿、铁闪锌矿、白铁矿、胶状黄铁矿、银矿物等）	艾霞和冯建忠（1992）；冯建忠（1992a）；赵一鸣和张德全（1997）

* 华北有色地质勘查局综合普查大队.1994.内蒙古自治区林西县官地乡大井铜锡多金属矿（普查区）普查地质报告。

从矿体尺度来看，大井矿床为密集分布的脉状矿体群，矿脉之间多呈平行或雁行排列，除老区东部常见铜锡矿脉被铅锌矿脉穿切之外，成矿期的主矿脉之间很少相互交切。本书成矿期次研究将结合矿脉穿插关系，以矿石类型研究为主开展成矿期次划分。

一、主要矿石类型及其分布

根据矿山实际采矿和回收利用情况，大井矿床的主要工业矿石类型有三种，即铜锡银矿石（黄铜矿-锡石型）、铅锌银矿石（方铅矿-闪锌矿-银矿物）及二者复合的铜锡铅锌型，另有少量块状黄铜矿型和锡石-石英-毒砂型。

若以成矿阶段的角度考虑，亦应考虑非工业矿物（包括金属矿物，如黄铁矿等和脉石矿物），由此可分为基本类型和复合类型。

基本类型是指矿区所出现的各种最简单组合的矿石种类，一般为块状、浸染状构造，无网脉、角砾等多期次构造特征，矿物组合一般由单阶段矿物组成。大井矿床的基本矿石类型如表3.2所示，其中黄铜矿-黄铁矿（-菱铁矿-绿泥石）矿石（类型Ⅱ）和闪锌矿-方铅矿-黄铁矿（-菱铁矿-绿泥石）矿石（类型Ⅳ）为大井矿床的常见或普遍矿石类型；锡石-毒砂-石英矿石（类型Ⅰ）可见于北区、老区东部部分矿体，为大井矿床最富锡的矿石类型，锡石含量可达5%~30%；黄铁矿-胶状黄铁矿-白铁矿矿石，即纯硫铁矿矿石（类型Ⅲ），由于不具工业价值，以前并不被重视，该类型也普遍存在于矿区各矿段，特别是老区530m中段可出现独立的硫铁矿矿体。

表3.2 大井矿床的基本矿石类型

类型	主要矿物组合	次要及微量矿物	其他矿物
Ⅰ	锡石-毒砂-石英	萤石、黄铁矿	可有少量碳酸盐矿物、黄铜矿、闪锌矿等沿裂隙贯入和交代
Ⅱ	黄铜矿-黄铁矿-菱铁矿-绿泥石	磁黄铁矿、胶状黄铁矿、石英、绢云母、白铁矿以及少量闪锌矿、方铅矿、黝锡矿、银的硫盐及硫化物	黄铁矿、黄铜矿、菱铁矿为常见组合，黄铜矿中常有闪锌矿的固溶体，其他矿物时有时无
Ⅲ	黄铁矿-胶状黄铁矿-白铁矿	菱铁矿	白铁矿为晚期蚀变矿物，有时含少量后期碳酸盐矿物、黄铜矿等
Ⅳ	闪锌矿-黄铁矿-方铅矿-菱铁矿-绿泥石	复硫盐矿物、白铁矿、银的硫盐及硫化物	闪锌矿中偶有黄铜矿等固溶体

复合类型指两种以上基本类型以不同的组构复合而成，其穿插、交切、包裹等相对关系是划分成矿期次、成矿阶段的重要依据。大井矿床发育多种多样的复合型矿石，按矿石构造类型可分为三大类。

（1）网脉、复脉状、似条带状构造的复合类型矿石。由不同期次的矿脉穿插而成，常见形成：①铜铅锌矿石，即黄铁矿-闪锌矿（-方铅矿）脉（Ⅳ）在黄铜矿-黄铁矿矿石（Ⅲ）与围岩之间生成；②黄铁矿-黄铜矿-白铁矿矿石，即由黄铜矿-黄铁矿矿石（Ⅱ）与硫铁矿矿石（Ⅲ）组成条带；③黄铜矿-锡石-毒砂矿石，即锡石-毒砂-石英矿石（Ⅰ）与黄铜矿-黄铁矿矿石（Ⅲ）的穿插关系。有些地段甚至可见Ⅰ-Ⅱ-Ⅲ（图3.1a）、Ⅰ-Ⅱ-Ⅳ（图3.1b）及Ⅱ-Ⅲ-Ⅳ（图3.1c、d）矿石类型之间的生成关系。

图3.1　大井各种复合矿石类型

a. 老区西部10#矿体（矿石堆）；b. 老区东部12#矿体，565m标高；c. 老区东部55#矿体，530m标高；
d. 老区东部4#矿体，600m标高；Ⅰ～Ⅳ代号同表3.2

（2）角砾状构造的复合类型矿石，详见第二章第二节所述。其中最常见的是黄铜矿-黄铁矿矿石（类型Ⅱ）胶结早期的锡石-毒砂矿石（类型Ⅰ）（图3.2a），可见后者被前者逐渐冲碎、同化的渐变关系（图3.2b、c）。当二者完全混合均匀时，就变成了块状构造的复合型矿石（图3.2d），此时在显微镜下仍可见到锡石-毒砂-石英相对集中的团块（图3.3）。这种锡-铜（-银）复合型矿石是大井老区和北区的主采矿石类型，也是提交大井矿床Sn、Cu主要储量的矿石来源。

（3）块状、团块状构造的复合类型矿石，即组构均匀的复合类型矿石。除常见的铜-锡（-银）矿石（图3.2d）外，还常见有铜-锡-铅锌（-银）矿石、锡-铅锌（-银）矿

图 3.2　矿石类型 I 与类型 II 的关系

a. 角砾胶结（北区 33#矿体，585m 标高）；b. 穿插胶结（老区东部 12#矿体，565m 标高）；c. 斑杂状（北区 33#矿体，585m 标高）；d. 均匀的块状铜锡矿石（老区东部 88#矿体，290m 标高）

图 3.3　锡-铜复合型矿石的显微组构

a. 类型 I 中的锡石（Cst）、毒砂（Apy）等呈相对集中的团块，被类型 II 中的黄铜矿（Ccp）、黄铁矿（Py）、白铁矿（Mrc）等胶结、穿插，反射光；b. 类型 I 中的锡石（Cst）、毒砂（Apy）、石英（Qtz）被类型 II 中的黄铜矿（Ccp）、碳酸盐矿物等溶蚀和交代，反射光

石、铜-铅锌（-银）矿石等。这类矿石比较复杂，从上述角砾构造矿石演化来看，多应属于不同阶段产物，即在晚期的硫化物阶段形成过程中捕虏或同化了早期的锡石-毒砂矿石、黄铜矿-黄铁矿矿石所致。

二、矿化期与矿化阶段划分

根据上述讨论的矿石类型和穿插、胶结关系,将大井锡-铜多金属矿床划分为四个矿化阶段(王玉往等,2001):①锡石-毒砂-石英阶段;②铜多金属阶段(或黄铜矿-黄铁矿成矿阶段);③无矿黄铁矿阶段;④铅锌碳酸盐阶段(或方铅矿-闪锌矿阶段)。各阶段的矿物组合及特征如下。

(1) 锡石-毒砂-石英阶段:该阶段矿物组合简单,基本为锡石、毒砂、石英,有时还可出现黄铁矿,这种黄铁矿一般为粗粒,可被锡石交代。锡石的形成略晚于石英、毒砂、黄铁矿。

(2) 铜多金属阶段:为该矿床最主要,同时又是矿物组合最为复杂的成矿阶段。该阶段又可出现铜-锡-银和铜-铅-锌两种主要组合类型。两种类型的矿石经常共生,矿物重叠,先后顺序亦时早时晚交替出现,因此未分别划分为主成矿阶段。

①铜-锡-银组合:脉石矿物为石英、菱铁矿、方解石、萤石、绿泥石、黏土矿物等,可出现少量的闪锌矿,一般毒砂、锡石、石英、黄铁矿(包括胶状黄铁矿)、闪锌矿、萤石等为先期结晶,而后为白铁矿,之后为黄铜矿和硫盐矿物(黝铜矿、银黝铜矿、黝锡矿)及碳酸盐、绿泥石、黏土矿物,碳酸盐矿物(特别是菱铁矿)在早期亦可出现,与黄铁矿、闪锌矿等共结。该组合矿石主要分布于北区南部、老区的东部和西部。

②铜-铅-锌组合:多产于老区西部(如600m、675m中段)和南区。矿物组合为黄铁矿、磁黄铁矿、白铁矿、黄铜矿、闪锌矿、方铅矿、硫盐矿物,脉石矿物主要为菱铁矿。有时亦可出现少量磁铁矿、石英、毒砂,甚至锡石,矿物的生成顺序与①相似,毒砂、锡石、石英、黄铁矿(包括胶状黄铁矿)、闪锌矿、磁黄铁矿等较早结晶,之后为白铁矿(交代黄铁矿、磁黄铁矿而成),黄铜矿、方铅矿、硫盐矿物(黝铜矿、银黝铜矿、黝锡矿)和碳酸盐结晶较晚。

坑道内可见铜-锡-银组合(①)被铜-铅-锌组合(②)的矿体穿过,常见二者的复脉或条带状矿脉,后者多生长于脉壁。

(3) 无矿黄铁矿阶段:前人并未划分出该阶段,但在实际观察中发现,这一阶段形成的矿石类型非常普遍。其矿物组合为黄铁矿、胶状黄铁矿、白铁矿、菱铁矿,有时含微量黄铜矿、闪锌矿。根据相互穿插、胶结、交代关系,矿物间的生成顺序为胶状黄铁矿→黄铁矿→白铁矿→菱铁矿。该阶段可形成一定强度的 Ag 矿化(43.2×10^{-6})。

(4) 铅锌碳酸盐阶段:形成该矿床主要的 PbZn 矿石,主要分布在矿区外围如东区、北区北部、西区、南区等。一般矿物组合为闪锌矿、方铅矿、黄铁矿(包括胶状黄铁矿)、白铁矿、菱铁矿,有时可出现黄铜矿、磁黄铁矿(二者常以固溶体的形式产于闪锌矿中)、毒砂、石英、方解石、硫盐矿物(黝铜矿、银黝铜矿)、黏土矿物、萤石等。黄铜矿、磁黄铁矿以及硫盐矿物含量极少。白铁矿亦一般与黄铁矿或胶状黄铁矿共生,以交代或胶结黄铁矿形式出现,它们均可被后期的方铅矿、菱铁矿以及黄铜矿、黝铜矿等穿过。该阶段亦可出现早、晚两个亚阶段:早亚阶段方铅矿较少,有时无方铅矿;晚亚阶段以方铅矿为主，一般少见黄铜矿和毒砂。两个亚阶段矿物组合类似，二者的关系在显微镜下表现为，前者破碎被后者穿插、胶结呈角砾、网脉等构造，可见先期形成的毒砂、闪锌矿、黄铁矿、胶状黄铁矿等呈压碎斑状结构，被后期的黄铁矿、方铅矿、碳酸盐、黄铜矿等胶结（图2.21），碳酸盐矿物、黄铁矿等常有两个以上世代共存，在东区坑口580m中段可见二者的穿插关系和条带状矿石。另外，铅锌碳酸盐阶段中后期可见黄铁矿细脉穿插，属次要的、无找矿或成矿意义的矿化亚阶段。

另外，除主成矿阶段之外，矿床中还存在以下流体活动形式：

（1）成矿前的早期石英脉，为本区最早的流体及矿化活动形式。主要矿物为石英，可含微量（<5%）的碳酸盐、黄铁矿、黄铜矿、闪锌矿等。该阶段石英脉可见被铜、锡、铅锌矿脉切过，如矿区中部（老区）和外围（如东区）（图3.4），并常与围岩一起破碎呈角砾状。这种石英脉有时具较强的Ag矿化（可在$2.5\times10^{-6} \sim 18\times10^{-6}$）。

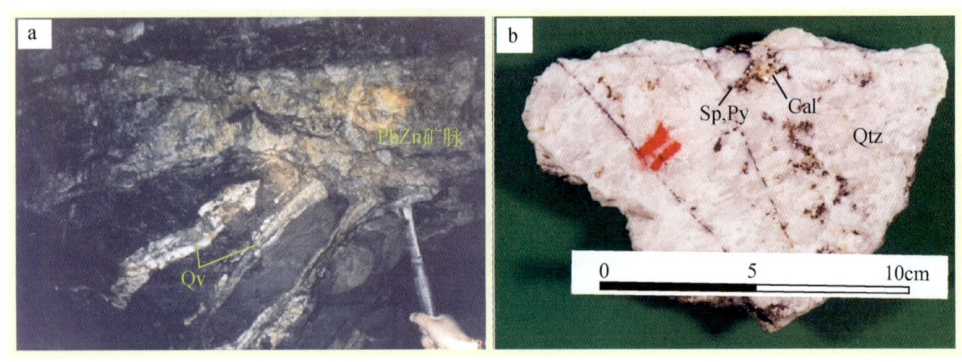

图3.4　早期石英脉

a. 早期石英脉（Qv）被PbZn矿脉截切（东区官地42#矿体，600m标高）；b. 成矿前的石英脉标本（东区官地42#矿体，600m标高），含少量闪锌矿（Sp）、黄铁矿（Py）及方解石（Cal）等，主要为石英（Qtz）

（2）成矿前的韧性变形。可见于老区东部和东区，岩石主要由石英和隐晶状硅质以及糜棱岩化的围岩组成，硅质含量较高，并含少量的硫化物，可能是剪切变质流体活动的产物，Ag亦有一定富集（最高可达48.3×10^{-6}）。如东区官地坑道（600m中段）42#矿体可见，糜棱岩化围岩被主矿脉明显切过（图3.5a），岩石具明显的破碎和揉皱，显微镜下糜棱构造明显（图3.5b），主要由糜棱状似硅质岩、黑色页岩碎粒、硅质团块、碳酸盐细脉、丝脉等组成，并有变形过程中重结晶形成的石英、硫化物。

上述两种流体活动应大致属于同一阶段产物，在韧性剪切（似糜棱岩化）岩石中，常含蚀变围岩的残余物，有时在揉皱的黑色页岩中可见有硅质贯入体，这种硅质贯入体极可能是早期石英脉，即石英脉形成可能略早。

（3）成矿后流体活动阶段，即无矿的石英-方解石（-萤石）阶段。晚期方解石脉和晚期石英脉可错断矿体（图3.6a），亦可见胶结黄铜矿矿石或闪锌矿矿石等角砾，并有白铁矿、毒砂形成（图3.6b）。在显微镜下亦常见碳酸盐细脉、网脉穿过早期所有阶段的矿物，但对早期矿物交代不甚明显，应为低温阶段产物。该种脉体可含轻微Ag矿化（7.2×10^{-6}）。

第三章　成矿期次和矿化分带

图 3.5　东区官地 42#矿体（600m 标高）早期（成矿前）的揉皱变形

a. 铅锌矿脉截切早期揉皱的糜棱岩（My）和黑色页岩（Bs）；b. 显微糜棱组构：糜棱状硅质（Mys）、菱铁矿丝脉（Sv）围绕刚性的石英（Qtz）定向并弯曲，石英两侧有硫化物（黄铁矿 Py）的压力影，含黑色页岩（Bs）残留体

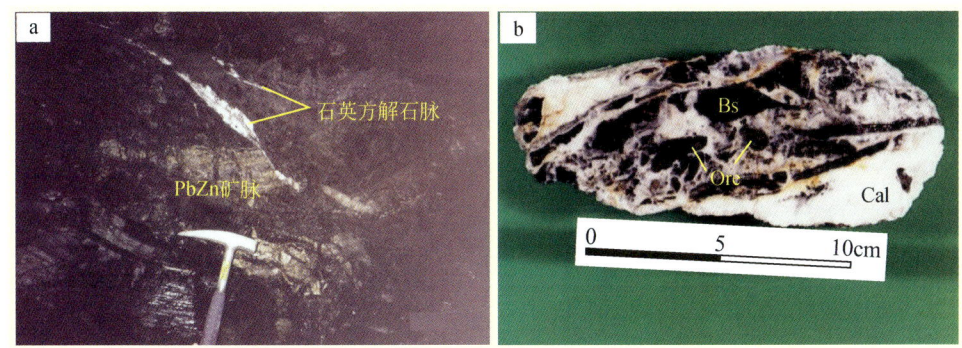

图 3.6　成矿后的流体活动阶段

a. 晚期石英方解石脉穿切 PbZn 黄铁矿体（东区官地 42#矿体，600m 标高）；b. 方解石（Cal）胶结早期矿石（Ore）和围岩（黑色页岩 Bs）（东区官地 42#矿体，600m 标高）

根据上述不同类型矿石（矿体）的相互关系，结合显微镜观察和矿物成分研究，建立大井锡-铜多金属矿床矿化及流体活动阶段及其主要矿物组合如表 3.3 所示。

从上述三个流体及成矿活动阶段可以看出，主成矿期由早到晚形成了 Sn→Cu（Sn）→PbZn 的工业矿体。矿床中另一主要成矿元素 Ag 主要以类质同象产于黝铜矿和银黝铜矿，它们多与黄铜矿和方铅矿伴生出现（前述第二章第二节）。矿化范围首先从矿区中心偏北开始（老区东北至北区南部一带），之后逐渐向外围扩展。上述各阶段矿化常常是高、中、低温矿物重叠或交替出现，每个矿化阶段亦有不同的先后生成顺序，许多矿物常见不同的生成世代。

上述成矿阶段划分的意义一方面在于，将成矿前流体活动期和成矿阶段中无（铜、铅锌）矿黄铁矿阶段划出，但二者均显示有一定强度的银矿化，因此也应注意独立银（金）矿体的出现。另一方面，因为该矿床中锡主要与铜相伴，以前人们很少注意到独立锡矿体的存在，事实上，锡石-毒砂-石英阶段可形成独立富锡矿体（Sn 平均可达 11% 以上），是另一种重要的锡矿类型。

表 3.3 大井矿床各成矿阶段中的主要矿物组合

主要矿物 \ 成矿阶段	成矿前		主成矿阶段				成矿后
	石英脉	韧性变形	锡石-毒砂-石英阶段	铜多金属阶段	黄铁矿阶段	铅锌碳酸盐阶段	无矿石英-碳酸盐阶段
	1	2	3	4	5	6	7
毒砂							
锡石							
黄铁矿							
胶状黄铁矿							
磁黄铁矿							
白铁矿							
磁铁矿							
闪锌矿							
方铅矿							
黄铜矿							
黝铜矿							
银黝铜矿							
黝锡矿							
石英							
碳酸盐							
黏土矿物							
绿泥石							
萤石							

第二节 各阶段主要矿物组合及矿物成分特征

一、金属矿物

前人对大井矿床开展过较多的矿物学研究。谢玉华（1988）首先报道了当时已发现的 40 余种矿物，简述了矿石的结构构造及原生金属矿物的产状和部分化学成分含量。随后，谢玉华和张家荫（1990）又补充了新发现的 7 种含银矿物的初步研究，结合显微组构特征等，计算给出了 11 种含银矿物的分子式，并初步讨论了它们的形成条件。冯建忠等（1990）分别讨论了黄铁矿、方铅矿、闪锌矿和锡石的某些微量元素标型特征及其物理化学条件，艾永富和刘国平（1998）对绿泥石进行了成分和晶胞参数研究，张春华（2004）补充讨论了矿区主要矿石矿物的组构和赋存状态。王玉往等在对 1200 余件样品进行光薄片研究的基础上，对矿区不同地段、不同阶段和不同类型的主要矿石矿物进行了系统的矿物成分和时空演化研究（王玉往等，2002a，2002b，2002c，2003，2006；Wang et al.，2003，2006），等等。现就主要矿物在不同成矿阶段的成分特征总结如下：

(一) 硫铁矿类

包括黄铁矿、胶状黄铁矿和白铁矿，为大井矿床特有的贯通矿物，分布于各个成矿阶段（表3.4）。各阶段硫铁矿的化学成分如表3.4所示，其变化规律（图3.7）如下：

表3.4 大井矿床硫铁矿类矿物的平均化学成分及参数

矿物类型	矿化阶段编号	样品数	化学成分/%							元素比值		原子数比值
			S	Fe	Co	Ni	As	Cu	Se	Co/Ni	S/As	S/Fe (at.)
黄铁矿	1	2	53.12	45.27	0.27	0.77	0.44	0.05	0.07	0.35	119.7	2.04
	2	4	53.24	46.33	0.05	0.02	0.35	0.02	0.00	3.02	152.7	2.00
	3	8	53.79	45.76	0.04	0.01	0.35	0.04	0.03	3.93	155.3	2.05
	4	7	53.19	46.23	0.04	0.02	0.42	0.13	0.03	1.75	127.7	2.00
	5	12	53.16	46.36	0.04	0.02	0.40	0.00	0.00	2.64	127.8	2.00
	6	19	53.44	45.82	0.05	0.03	0.65	0.01	0.01	1.44	82.8	2.03
胶状黄铁矿	4	4	53.04	46.09	0.06	0.03	0.42	0.37	—	2.21	124.9	2.01
	5	2	53.68	45.93	0.05	0.00	0.34	0.01	—		156.6	2.04
白铁矿	5	4	53.00	46.18	0.05	0.11	0.41	0.37		0.42	128.3	2.00
	6	2	52.90	46.55	0.07	0.05	0.45	0.00	0.00	1.43	117.4	1.98
	7	1	52.44	46.72	0.04	0.00	0.76	0.04		—	68.9	1.96

注：数据来源据王玉往等（2002c）统计；成矿阶段编号同表3.3。

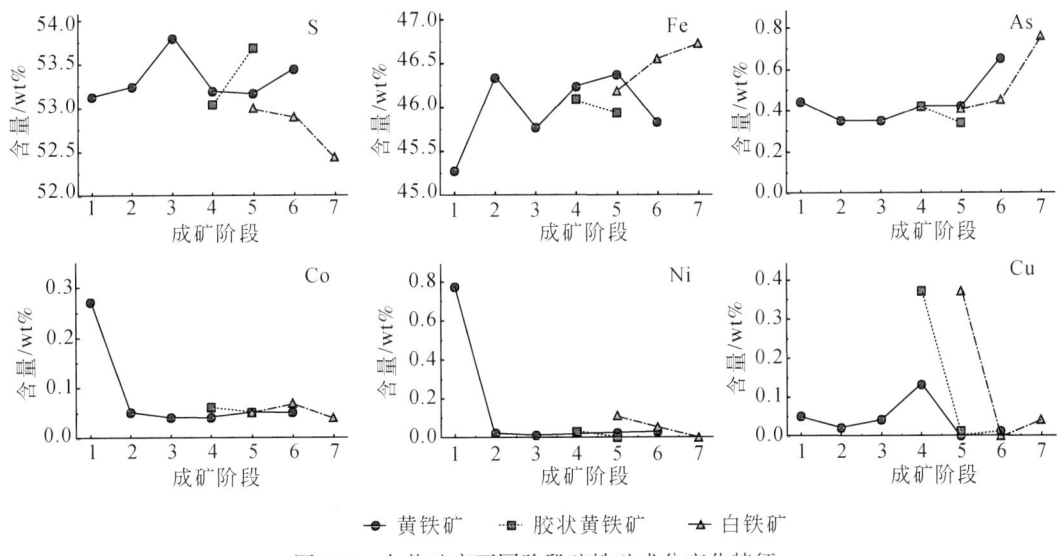

图3.7 大井矿床不同阶段硫铁矿成分变化特征
横坐标成矿阶段编号同表3.3、表3.4

（1）早期石英脉中的黄铁矿Co、Ni含量最高，比其他类型高一个数量级，同时，Co/Ni值为全区各阶段最低，与此同时Se含量也达全区最高，Fe含量最低。黄铁矿中微量元素偏高，尤其是 Co、Ni 偏高，反映出本区最初原始含矿流体中微量元素成分较高。

（2）韧性变形阶段中的黄铁矿与其他阶段相比，各微量元素含量均偏低，推测真正的成矿期可能从韧性变形开始。

（3）铜多金属阶段的黄铁矿和胶状黄铁矿，Co、Ni、As 等含量急剧升高，其显著特征是富 Cu，与本期 Cu 矿化的性质相一致。

（4）块状黄铁矿阶段的黄铁矿、胶状黄铁矿和白铁矿，具有中等或正常含量的 S、Fe、Co、Ni、As，Cu 含量一般极低；白铁矿有时富 Cu，可能与继承黄铜矿化阶段有关。

（5）闪锌矿阶段出现两种黄铁矿：一是与方铅矿和闪锌矿共生；二是形成于铅锌矿石之后的压碎（亚）阶段。其特点是含 As 极高，一般大于 0.6%（而其他类型一般<0.45%），研究发现，这种闪锌矿–黄铁矿组合中常有毒砂产出。

（6）白铁矿多产于晚期阶段，常以交代黄铁矿形式出现，成分变化的规律与黄铁矿类似，即从早到晚，As、Fe 含量以及 Co/Ni 值升高，反映出形成温度、深度逐渐减小的趋势；晚期石英脉中的白铁矿具有较高的 Cu、As 含量，可能是因为胶结了含黄铜矿矿石的角砾所致。

总的来看，大井矿床黄铁矿中 As 含量较高，可从 0.29% 到 2.12%，大多数在 0.3% ~ 1.0%，平均 0.48%，远高于华南锡矿中黄铁矿的 As 含量（如大厂 0% ~ 0.3%，平均 0.19%，据黄民智和唐少华，1988）。黄铁矿颗粒中高的 As 含量（1%±）表明 As 有可能以固溶体形式混入黄铁矿的晶格中（Oliver，1996）。As 含量从早到晚有升高趋势，这是因为这类热液脉状矿床中 As 经常在晚期形成的矿物中富集，即在形成温度相对较低的黄铁矿中含量较高（黄民智和唐少华，1988；Grigore et al.，1999）。

一般认为，黄铁矿的 Co、Ni 含量与矿床的成因类型和形成深度有关，其随深度变化的规律又因矿床不同而异（Hawley and Nichol，1961）。大井矿床黄铁矿的 Co/Ni 值从早到晚呈跳动式变化（表 3.4），反映黄铁矿并非随深度一次递减形成，而是多次脉动成矿的结果。另外，一般认为黄铁矿 Co/Ni 值（和 S/Se 值）能反映黄铁矿的成因，沉积成因的黄铁矿 Co/Ni 值小于 1，而热液成因的黄铁矿 Co/Ni 值较高（多大于 1）（Wolf，1976；Bralia et al.，1979；Campbell and Ethier，1984）。大井矿床黄铁矿的 Co/Ni 值绝大多数大于 1，部分小于 1 的样品又明显产于脉体中，与沉积成因黄铁矿有较大差别。

（二）磁黄铁矿

大井矿床中磁黄铁矿较少，主要见于三个成矿阶段（表 3.5），在各阶段中属次要或微量矿物。铜多金属阶段磁黄铁矿一般包于黄铜矿中，其 S/Fe 值最高，介于 0.66 ~ 0.68；黄铁矿阶段的磁黄铁矿与黄铁矿共结，常被其他矿物交代呈网格状，S/Fe 值为 0.65；在铅锌碳酸盐阶段，磁黄铁矿的 S/Fe 值也较低，为 0.65。总的看来，本区磁黄铁矿 S/Fe（分子）值在 1.12 ~ 1.19，含 As 较高。Fe 原子百分数在 45.11% ~ 46.92%，缺少大于 47.2% 的端元。Nakazawa 和 Morimoto（1971）指出，缺少富 Fe 的磁黄铁矿是低温下有限出溶的特征。又据 Lusk 等（1993）的推测，含 Fe（质量百分数）>47.2% 的磁黄铁矿为六方磁黄铁矿，本区磁黄铁矿显然非典型六方磁黄铁矿。磁黄铁矿的 Co/Ni 值一般随深度增加而减小（Hawley and Nichol，1961），本区个别黄铜矿阶段的磁黄铁矿 Co/Ni 值高于铅锌碳酸盐阶段，与黄铁矿的 Co/Ni 值的规律不一致，可能是因为 EPMA 分析的 Co、Ni 含量较低，误差较大。

表 3.5 各阶段磁黄铁矿的平均化学成分及参数

成矿阶段（编号）	样品号	化学成分/%						原子数	元素比值	
		S	Fe	Co	Ni	As	Cu	Total	Fe/(at.%)	S/Fe	Co/Ni
铜多金属阶段（4）	w174	38.95	59.39	0.06	0.03	0.54	0.00	98.97	46.50	0.66	2.14
	w158	39.65	58.16	0.05	0.00	0.57	1.41	99.84	45.11	0.68	—
黄铁矿阶段（5）	wy30	38.86	59.58	0.08	—	0.53	—	99.05	46.64	0.65	—
铅锌碳酸盐阶段（6）	w165	38.84	60.18	0.07	0.04	0.43	0.03	99.58	46.92	0.65	1.89

注："—"为低于检出限。

（三）毒　　砂

各成矿阶段中毒砂的成分特点如表 3.6、图 3.8 所示。

表 3.6 各阶段毒砂的平均化学成分及参数

类型（成矿阶段编号）	样品数	化学成分/%						元素比值		原子数
		S	As	Fe	Cu	Co	Ni	S/As	Fe/(Cu+Co+Ni)	As/(at.%)
揉皱次生石英岩（2）	2	19.93	45.81	33.96	0.04	0.24	0.03	0.43	110.17	33.12
锡石毒砂矿石（3）	11	19.94	44.80	34.57	0.02	0.36	0.06	0.44	79.09	32.38
铜锡矿石中（4）	11	19.35	46.08	33.98	0.03	0.51	0.05	0.42	56.25	33.48
闪锌矿石中（6）	12	20.66	44.2	34.93	0.02	0.13	0.05	0.47	173.12	31.66
晚期胶结物石英中（7）	1	22.06	41.43	36.43	0.01	0.05	0.02	0.53	494.99	29.18

注：数据来源于王玉往等（2002c）统计。

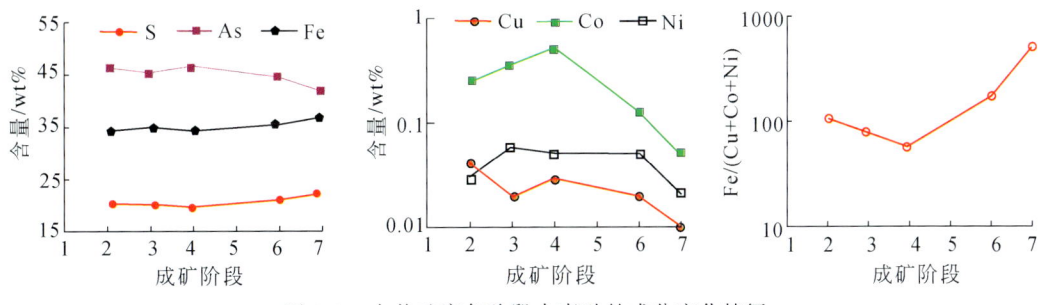

图 3.8 大井矿床各阶段中毒砂的成分变化特征
毒砂的成矿阶段编号同表 3.3、表 3.6

（1）成矿前的揉皱变形阶段，毒砂成分上表现为 S、As 均衡，微量元素中除 Cu 较其他类型偏高外，Co、Ni 含量中等。

（2）毒砂-锡石-石英阶段，是毒砂在矿床中最主要的产出阶段，在矿石中常以粗大的自形晶产出,但在后期的热液活动中常有破碎和被交代现象,后期破碎和被交代的毒砂与前者相比,S/As 值无太大变化,但 Fe 含量降低,Cu、Co、Ni 等含量升高,可见在交代过程中伴随 Fe 被 Cu、Co、Ni 等的替换。

(3) 铜(锡)矿石中,毒砂被后期黄铜矿叠加和改造,常呈溶蚀状,表现出 Fe 含量呈降低趋势,Cu、Co、Ni 则趋于富集。

(4) 铅锌碳酸盐阶段中,毒砂属次要矿物,其成分特征为富 S、Fe,S/As 值高,S、As 原子数比大于 1,微量元素含量变化不稳定,除个别样品点外,大多较低。

(5) 成矿后的晚期石英脉中,毒砂的 S、Fe 含量达全区各阶段最高,而 As 达最低,微量元素 Cu、Co、Ni 也较低。

值得指出的是,毒砂中 S、As 的含量比例是反映其形成温度的重要参数(Clark,1960;Kretschmar and Scott,1976;Sharp et al.,1985)。大井矿床从最早的成矿前揉皱变形阶段→锡石-石英阶段(→铜多金属阶段)→铅锌碳酸盐阶段→成矿期后的石英脉阶段,S/As 值趋于升高,反映与成矿温度降低有关。如果用 Fe/(Cu+Co+Ni)值表示毒砂含杂质的程度,则从早到晚,该值有先降后升的趋势,即早期较纯,随着矿化的进行成分渐趋复杂,而矿化末期再度纯化。

另外,大井矿床的毒砂一般含 Co 较高,在 0.02%~1.94%,且多在 0.1%~1.3%,具工业回收利用价值。但成矿后石英脉和东区闪锌矿矿石中的毒砂 Co 含量最低(0.02%~0.12%,多小于 0.1%)。Cu、Ni 的含量一般较低,Cu 为 0~0.08%(多小于 0.06%),Ni 为 0~0.37%(多小于 0.1%),不具工业回收价值。

(四) 黄 铜 矿

黄铜矿在各阶段和类型中的化学成分如表 3.7、图 3.9 所示。

表 3.7 各阶段黄铜矿的平均化学成分及参数

类型(成矿阶段编号)	样品数	化学成分/%									元素比值	
		S	As	Fe	Cu	Zn	Ag	In	Sb	Sn	Fe/Cu	S/As
石英脉中(1)	1	35.81	0.29	30.49	33.24	0.03	0.14	0.00	0.01	0.00	0.92	1.23
揉皱变形岩石(2)	1	34.93	0.28	30.80	33.85	0.05	0.07	0.00	0.01	0.02	0.91	1.25
含 Cu 石英脉(4a)	4	34.92	0.28	29.86	34.43	0.01	0.09	0.00	0.86	0.01	0.87	1.25
铜锡矿石(4b)	8	34.81	0.30	30.67	34.18	0.02	0.02	0.00	0.00	0.02	0.90	1.14
铜铅锌矿石(4c)	4	34.97	0.29	30.07	34.44	0.00	0.02	0.21	0.00	0.00	0.87	1.21
铜锌矿石(4d)	5	35.07	0.29	30.06	33.95	0.58	0.02	0.00	0.01	0.03	0.89	1.21

注:数据来源于王玉往等(2002c)统计。

(1) 早期石英脉中黄铜矿以富 Ag 为特征,含 Ag 达 0.14%,为全区各阶段中最高,与该期的闪锌矿富 Ag,黄铁矿富 Co、Ni 特点相吻合,可见早期石英脉中 Ag 已初步富集。

(2) 揉皱变形阶段的黄铜矿,与早期石英脉中黄铜矿显示继承特征,Ag 含量虽比之

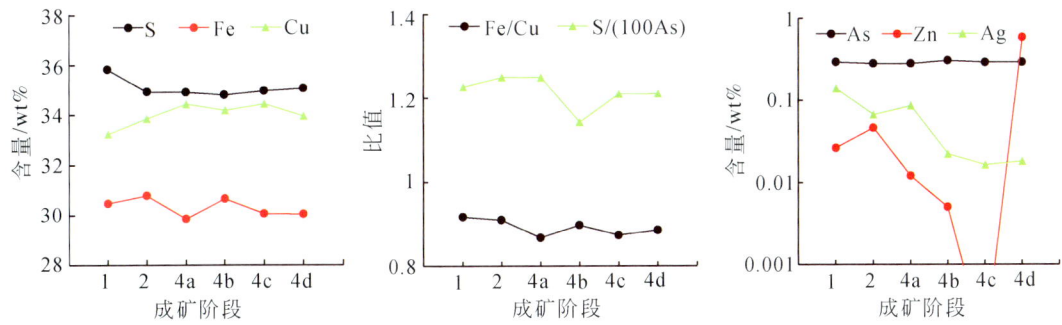

图 3.9 大井矿床不同阶段和矿石类型中黄铜矿的成分变化特征
黄铜矿类型和阶段同表 3.3、表 3.7

降低,但与其他阶段相比仍属富集(0.07%),其他特征亦与早期石英脉中黄铜矿类似,但更趋富 Fe 贫 Cu 和低 As 含量。

(3) 铜多金属阶段是大井矿床中 Cu 的主要形成阶段,又分为两个亚阶段:

① 铜锡多金属亚阶段。黄铜矿的成分变化较大,特别是主成分 S、As、Fe、Cu,可能与包裹或交代黄铁矿、毒砂有一定关系,一般细粒的黄铜矿含 As 较低,富 Fe 而贫 Cu;除个别样品外,As 含量都很低(多小于 0.3%,最低 0.21%,为全区各阶段黄铜矿最低值),可能因为温度较高,As 又抢先与 S、Fe 结合形成毒砂,而使黄铜矿中 As 含量相对较低;含 Cu-Sn-石英(脉)矿石中,黄铜矿富 Ag,与早期石英脉中黄铜矿特征一致;该阶段黄铜矿含 Sb 较高,可能是因为早期溶液中的 Ag、Sb 不易形成银的硫盐矿物而与黄铜矿结合(或机械混入)。

② 铜铅锌亚阶段。黄铜矿在主成分上含量较稳定,Fe/Cu 原子数比近 1∶1,一般相对富 Zn(多大于 0.05%),有时富 In(0.208%~0.213%,平均 0.21%)。

(五) 闪 锌 矿

如表 3.8、图 3.10 所示,各阶段闪锌矿的成分变化特征如下。

表 3.8 各阶段闪锌矿的平均化学成分及参数

类型(成矿阶段编号)	样品数	化学成分/%									分子数/%
		S	As	Fe	Cu	Zn	Ag	Cd	In	Ga	FeS
早期石英脉中 (1)	2	34.03	0.04	7.78	0.00	57.93	0.06	0.16	0.00	0.00	12.93
剪切期及期后细脉 (2)	3	34.29	0.11	11.24	0.34	53.87	0.02	0.13	0.00	0.01	18.66
闪锌矿条带 (4a)	2	33.79	0.11	7.975	6.67	51.20	0.01	0.25	0.00	0.00	13.18
粗粒闪锌矿 (4b)	7	33.88	0.07	8.257	5.67	51.89	0.01	0.16	0.06	0.00	13.69
Cp/Py 中雪花状 (4c)	3	33.22	0.07	6.54	4.17	55.59	0.01	0.41	0.00	0.00	10.60
铅锌矿矿石中 (6)	21	34.04	0.10	9.44	0.14	56.07	0.01	0.17	0.03	0.00	15.60

注:数据来源于王玉往等(2002c)统计。

(1) 早期石英脉中,闪锌矿含 Fe 中等(6%~10%),其显著特点是 Ag 含量高

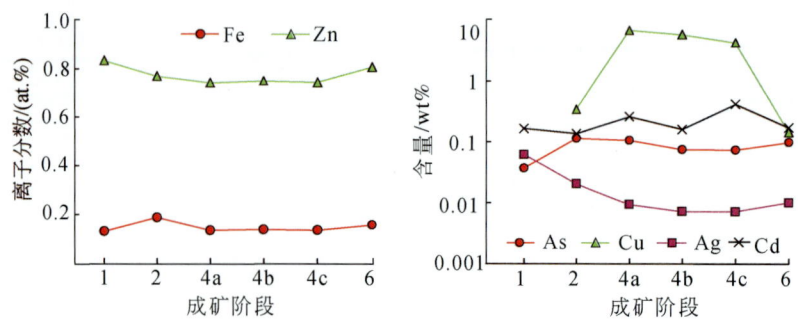

图 3.10　大井矿床不同阶段和矿石类型闪锌矿成分变化特征

闪锌矿类型和阶段同表 3.3、表 3.8

(0.01%~0.11%，平均 0.06%)，As、Cu 含量最低。

（2）揉皱变形阶段，闪锌矿成分含 Fe、As 较高，Cu 亦增高；其富 Fe 特征反映出结晶温度较高和形成压力较小。

（3）铜多金属阶段，铜矿石中闪锌矿与黄铜矿和早期黄铁矿同时生成，多在黄铜矿、黄铁矿中呈星状、雪花状固溶体出溶，颜色偏紫，在矿区中部和北区南部属微量、少量矿物，在西区、南区可形成 Cu-Pb-Zn 矿石。该阶段闪锌矿的成分特点是含 Cu 极高（4%~7%）、Cd 也相对较高（一般为 0.23%~0.46%），相应地，Fe（5.5%~8.5%）、As（0.01%~0.11%）含量较低。

（4）铅锌碳酸盐阶段，形成的铅锌矿石为 Zn 的主要矿石类型和成矿阶段，该阶段闪锌矿含 Fe 为本区各阶段中最高（多在 9.13%~12.72%），而 Cu 极低（一般<0.2%），As 较高，一般>0.1%。据 Lusk 等（1993）研究表明，闪锌矿在 325~150℃，随着 Fe 含量的减少，其形成温度递减而压力递增。由于这种闪锌矿的 FeS 分子含量较高，估算的形成温度也应较其他阶段的闪锌矿要高。

（六）方　铅　矿

大井矿区方铅矿的成分较纯，Pb 的原子数在 0.93~0.98（按 S 原子数 1 计算），除个别样品，如铜多金属阶段富 Ag（0.15%）、晚期碳酸盐阶段富 Ga（0.19%）外，其他微量元素均<0.1%。各阶段方铅矿的（平均）成分变化如表 3.9、图 3.11 所示。

表 3.9　各阶段方铅矿的平均化学成分及参数

类型（成矿阶段编号）	样品数	化学成分/%								质量比值
		S	Fe	Cu	Pb	Zn	Ag	Cd	In	Ga	Pb/Tre
黄铜矿矿石中（4）	6	14.22	0.04	0.02	85.45	0.00	0.16	0.02	0.04	0.05	266.29
闪锌矿矿石中（6）	11	14.01	0.10	0.01	85.66	0.06	0.01	0.04	0.05	0.06	262.55
晚期碳酸盐中（7）	5	14.11	0.07	0.05	84.97	0.55	0.00	0.01	0.07	0.16	92.66

注：数据来源于王玉往等（2002c）统计；Tre 为 Fe+Cu+Zn+Ag+Cd+In+Ga。

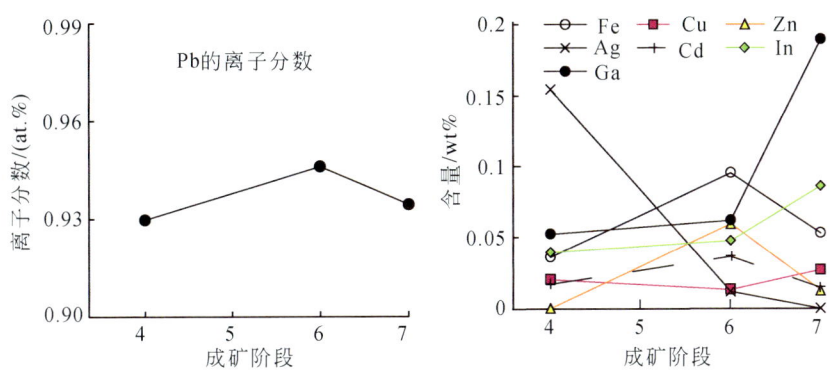

图 3.11 大井矿床不同阶段方铅矿成分变化特征

成矿阶段编号同表 3.3、表 3.9

（七）锡　　石

锡石是大井矿床中主要的含锡矿物，在矿床中可产于三个阶段：韧性变形阶段、锡石-毒砂-石英阶段和铜多金属阶段。王玉往等（2006）识别出大井矿床存在六类锡石：Ⅰ类锡石产于韧性变形阶段，呈细粒（<0.2mm）自形长柱状，包裹于石英中，无色或浅褐色，可见肘状双晶；Ⅱ、Ⅲ类锡石产于锡石-毒砂-石英矿石，其中前者自形、透明、色浅；后者碎粒状，褐棕色或灰褐色，半透明，为前者被交代产物；Ⅳ～Ⅵ类锡石产于铜多金属阶段，锡石为浅褐-灰褐色，半自形、自形或他形粒状，其中Ⅳ类锡石产于条带状黄铁矿-闪锌矿矿石，Ⅴ类锡石产于块状含铜锡的黄铁矿矿石，Ⅵ类锡石产于块状含铜锌锡的黄铁矿矿石。各类锡石化学成分特征如表 3.10 所示。

表 3.10 各阶段锡石的平均化学成分及参数

类型编号	样品数	化学成分/%									质量比值	参数
		SnO_2	FeO	TiO_2	Al_2O_3	NiO	Nb_2O_5	Ta_2O_5	In_2O_5	Ga_2O_5	Nb/In	Σ（Al-Ga）
Ⅰ	3	97.79	1.18	0.84	0.05	0.02	0.00	0.10	0.02	0.00	0.00	0.18
Ⅱ	9	98.77	0.98	0.10	0.01	0.01	0.01	0.07	0.05	0.01	0.26	0.17
Ⅲ	6	98.94	0.91	0.02	0.01	0.01	0.01	0.01	0.01	0.03	0.38	0.13
Ⅳ	2	98.31	1.10	0.42	0.01	0.02	0.00	0.08	0.06	0.00	0.00	0.18
Ⅴ	2	99.28	0.46	0.04	0.01	0.01	0.07	0.07	0.07	0.01	0.17	0.22
Ⅵ	6	99.34	0.41	0.00	0.44	0.02	0.01	0.03	0.05	0.03	0.21	0.58

注：数据来源于王玉往等（2006）统计；Σ（Al-Ga）为 Al、Ni、Nb、Ta、In、Ga 氧化物之和。

总体上，该矿床中锡石成分较纯，SnO_2 均大于 96%，其他微量组分主要为 FeO，其次为 TiO_2，其他组分多小于 1%。其中：

Ⅰ类锡石成分中 SnO_2 含量最低，近于或小于 98%，其他成分中 FeO、TiO_2、Ta_2O_5 含量较高。

Ⅱ、Ⅲ类锡石二者在成分上并无明显区别，SnO_2多大于98%，其他主要成分为Fe，二类锡石的FeO含量分别为0.13%~2.04%和0.40%~1.60%。其他元素含量多小于0.5%。若以0.05%为检出下限，Ⅰ类锡石Ti、Ta、In、Nb可检出样品数较多且含量相应较高，Ⅱ类锡石较少且含量较低：Ti分别为0.31%~0.47%和0.06%；Ta分别为0.08%~0.20%和0.08%；In分别为0.05%~0.17%和0.05%~0.06%；Nb分别为0.10%和0.06%。Ni和Ga正好相反：Ni分别为0%和0.06%~0.08%；Ga分别为0.05%和0.15%。Al均小于0.05%，不具对比意义。两类锡石的平均值也说明了同样的规律。

Ⅳ类锡石成分特点是SnO_2含量较前期锡石（Ⅱ、Ⅲ类）低，而其他成分FeO、TiO_2、Ta_2O_5、In_2O_5均较前者明显偏高；NiO、Ga_2O_5偏低。

Ⅴ类锡石与Ⅳ类锡石相比，SnO_2、NiO、Ga_2O_5含量升高，FeO、TiO_2等成分降低。与无Zn的黄铜矿-锡石-黄铁矿矿石中的锡石相当。

Ⅵ类锡石成分中SnO_2多大于99%，较纯，FeO<1%，为0.02%~0.80%，其他微量元素含量变化较大，总体上除Al_2O_3、Ga_2O_5等外，各氧化物含量较Ⅳ、Ⅴ类锡石偏低。一个样品中Al_2O_3较高可能是因为所测样品粒度较小，而受周围矿物——黏土矿物的成分影响。

从图3.12可以看出，锡石成分的变化与矿化阶段密切相关：从韧性变形→毒砂-锡石-石英阶段→铜多金属阶段，锡石成分呈跳跃式变化。总体上SnO_2含量呈递增趋势，而FeO、TiO_2、Nb_2O_5、Ta_2O_5、In_2O_5逐渐降低，与SnO_2含量呈反相关，NiO、Ga_2O_5则与之呈正相关关系。这种成分上的演化在各阶段内表现得更为明显，特别是SnO_2、Ga_2O_5、FeO、TiO_2、Ta_2O_5变化规律较强，反映出锡石的矿化作用并非是连续的，而是多次脉动形成的。

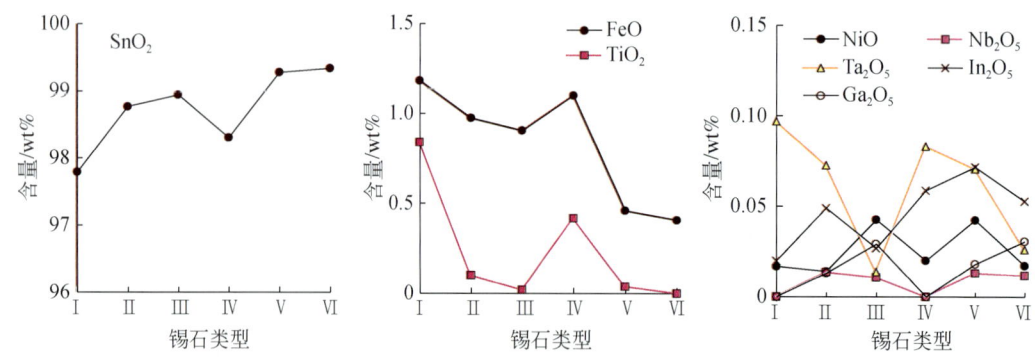

图3.12　大井矿床不同阶段锡石成分变化特征

数据来源于王玉往等，2006；横坐标锡石类型编号见正文及表3.10

据前人研究成果，不同成因类型矿床中锡石的微量元素特征变化较明显。据朱立军和张杰（1994）总结，与基性-超基性岩有关的锡石富Ti、Co、Ni、Cr，而与花岗岩有关的锡石富Nb、Ta。Nb和Ta的含量在与S型花岗岩有关的钨-锡矿床、伟晶岩型矿床、云英岩型矿床中较高（Nb多大于0.5%，Ta亦高于0.07%），其次为斑岩型，而热液型锡石-硫化物中最低（Nb、Ta均小于0.01%）；Ti、Fe、W等含量在斑岩型和热液型矿床中较高，而在喷气沉积矿床中较低（Neiva，1996；韩发等，1997）。韩发等（1997）认为Fe、Ti、W含量是判别层控锡矿和其他类型锡矿的重要标志。大井矿床的矿体虽然为穿层脉状，且矿区内未见花岗质深成岩类，属于典型的热液脉状矿床，但其锡石化学成分较一般脉状矿床明显富 Ta 贫 Ti。从上述特征来看，早期锡石相对富 Ta，晚期更加贫 Ti，甚至贫 Fe，由此可以推论，早期锡石更可能与花岗质岩浆活动有关，而晚期的锡石则不排除可能有地层物质参与。

另外，锡石的微量元素与锡石形成温度和压力有密切关系：一般高温锡石含有较高的 Nb、Ta、Sc 等和相对低的 SnO_2（胡泽宁，1988）；锡石中的 In 作为杂质元素进入锡石晶格的能力主要依赖于压力条件，一般随压力减小其浓度逐渐增大（黄民智和唐少华，1988）。大井矿床从早到晚锡石的成分变化暗示其结晶温度在某一阶段内呈递降特点，而形成压力或深度则可能是起伏和波动的。

（八）黝锡矿

黝锡矿也叫黄锡矿，在大井矿床中仅产于铜多金属硫化物阶段。大井矿床的黝锡矿属 Cu-Fe(Zn)-Sn-S 体系中偏 Fe 的端元矿物，其化学成分为 $(Cu_{1.87\sim2.08} Ag_{0\sim0.01} Zn_{0\sim0.13}) Fe_{0.91\sim1.01}Sn_{0.96\sim1.14}(S_{3.95\sim4.05}As_{0.00\sim0.01})$，基本接近理论分子式。可含 1.01% ~ 2.03% 的 Zn，属富 Zn 的黝锡矿（王玉往等，2006）。与其他地区（如广西大厂，黄民智和唐少华，1988；西班牙的 Barquilla，Pascua et al.，1997；加拿大的 Tanco 等）锡矿相比，大井的黝锡矿明显富 Fe，纯度较高。黝锡矿组矿物具有 A_2BCS_4 的组分，其中 A = Cu 或 Ag，B = Fe、Zn 或 Cd，C = Sn、In 或 Ge，目前黝锡矿组矿物在自然界中除黝锡矿外，已报道至少还有 5 种（Kissin et al.，1978），除此之外，由 Cu-Fe-Sn-S 体系构成的矿物还有似黄锡矿 $[Cu_8(Fe,Zn)_3Sn_2S_{12}]$ 和硫锡铁铜矿 $[Cu_6(Fe,Zn)_2SnS_8]$。此 8 种矿物除黄锡矿和锌黄锡矿外，其他矿物较少见到。它们之间的共存与相互转换被认为是离子之间的置换（Kissin et al.，1978；Cerny and Harris，1978）。大井矿床黝锡矿的共生组合中亦见有铁闪锌矿（富 Cd），为什么黝铜矿中含 Zn、Cd 较低？甚至不出现锌黄锡矿或镉黄锡矿？这可能与其所出现的成矿阶段有关。大井矿床中黝锡矿出现于黄铜矿阶段，其主要组合为黄铜矿和黄铁矿，而闪锌矿仅为次要矿物。

二、脉石矿物和蚀变矿物

大井矿床的脉石矿物和蚀变矿物主要有石英、碳酸盐矿物、绢云母、黑云母、绿泥石、黏土矿物、萤石等。它们在成矿阶段上的组合总体上不很明显，如石英/硅化、碳酸盐、绿泥石、绢云母、黏土矿物等均可出现在各个阶段。相对来讲，早期的锡石-毒砂-石英阶段以石英、绢云母更为普遍，晚期的铅锌碳酸盐阶段主要为碳酸盐矿物，而铜多金属硫化物阶段石英、绢云母、碳酸盐矿物均较普遍。

现将不同成矿阶段的绿泥石、云母、碳酸盐矿物成分特征简介如下。

（一）绿 泥 石

不同矿化阶段绿泥石的化学成分变化不大。从早到晚，绿泥石中 FeO 含量略有降低，MgO 含量略有升高，有由铁质绿泥石向镁质绿泥石演变的趋势（表 3.11）。

表 3.11 不同阶段绿泥石的矿物成分　　　　　　　　　　单位:%

成矿阶段（编号）	样品号	SiO_2	TiO_2	Al_2O_3	FeO	MnO	MgO	CaO	Na_2O	K_2O	总计
锡石-毒砂-石英阶段（3）	226-1-3	26.16	0.04	24.09	42.03	0.35	4.27	0.07	—	—	97.01
	226-1-4	26.91	0.03	22.46	41.80	0.31	4.82	0.06	—	—	96.39
	226-2-3	28.24	0.04	24.56	44.41	0.22	4.57	0.08	—	—	102.12
铜多金属阶段（4）	451-3-2	30.51	0.04	26.39	36.13	0.52	5.81	0.06	0.05	0.65	100.16
	451-3-3	29.18	0.12	26.03	36.70	0.67	7.08	0.00	0.01	0.15	99.94
铅锌碳酸盐阶段（5）	295-1-1	29.59	0.16	22.26	32.20	0.32	13.35	0.04	0.04	0.03	97.99
	295-3-1	29.00	0.04	21.65	34.22	0.30	11.98	0.00	—	0.03	97.23
	295-4-1	30.92	0.04	24.27	31.18	0.16	10.21	0.06	0.01	0.59	97.44
	295-4-2	29.25	0.02	22.30	35.85	0.18	11.18	0.04	0.01	0.02	98.97
成矿后碳酸盐脉（7）	295-2-1	29.07	0.06	21.76	34.97	0.30	11.68	0.06	0.05	0.01	97.96

根据绿泥石分子通式，按表 3.11 的化学成分，对主要离子数进行计算，分析不同矿化阶段其变化特征（图 3.13），可明显看出，从早到晚，绿泥石的 Si^{4+}、Mg^{2+} 整体增高，Al^{3+} 和 Fe^{2+} 递减，有由铁质绿泥石向镁质绿泥石演变的趋势。

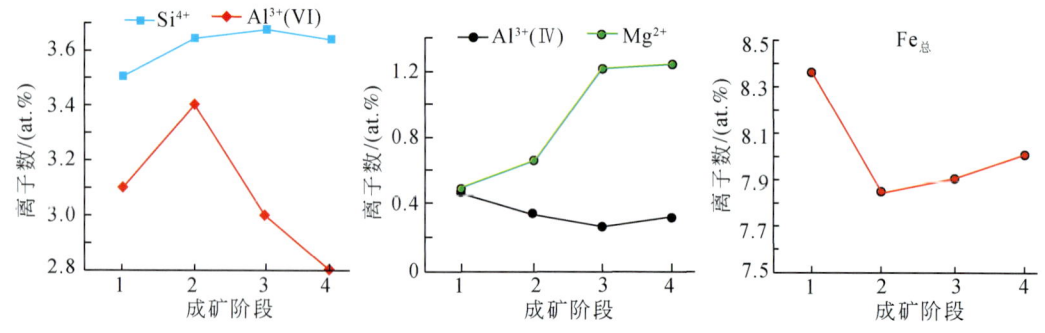

图 3.13　大井矿床不同阶段绿泥石成分变化特征

横坐标成矿阶段编号同表 3.5。绿泥石离子成分计算说明：根据绿泥石分子式 $(R^{2+}R^{3+})^{VI}(Si_{4-x}Al_x)^{IV}O_{10+w}(OH)_{8-w}$ 计算，其中 $\mu+y+z=6$，$Z=(y-w-x)/2$，$w=0$，R^{2+} 为 Mg^{2+}、Fe^{2+}，R^{3+} 为 Al^{3+}、Fe^{3+}；根据本研究实际所测不同阶段绿泥石氧化物百分含量计算各阳离子数以及氧离子数总和，按照实际阳离子数和绿泥石分子式中氧离子数的关系系数，计算分子式中阳离子数

（二）云母类矿物

大井矿床中的云母主要有黑云母和绢云母。黑云母主要见于矿脉旁侧的蚀变围岩中，其次也产于含矿石英脉中，多为蚀变的水黑云母；绢云母则广泛产于蚀变围岩和矿脉中，亦常呈不标准的含水绢-白云母。主要云母类型的化学成分见表 3.12，可以看出，围岩地层中团块状交代蚀变的黑云母比石英脉中黑云母具有较高的 FeO 和较低的 MgO、Al_2O_3；晚期团块状交代的水绢云母比早期交代石英、长石形成的绢云母更富 K_2O 而贫 MgO。

表 3.12 大井矿床不同类型云母类矿物的化学成分 单位:%

序号	产出类型/阶段	样品号	SiO_2	TiO_2	Al_2O_3	FeO	MnO	MgO	CaO	Na_2O	K_2O	总计
1	地层中的团块状蚀变黑云母	295-5-2	39.70	0.03	25.02	18.94	0.00	4.75	0.07	0.02	3.99	92.54
		295-5-1	40.42	0.03	26.22	16.44	0.04	4.53	0.08	0.03	4.53	92.31
2	石英脉中黑云母	410-1-3	38.45	0.16	28.87	14.59	0.06	2.37	0.09	0.09	4.43	89.10
3	交代石英绢云母	451-3-1	52.60	0.03	31.14	2.89	0.07	2.53	0.04	0.05	6.10	95.44
4	晚期的团块状水白云母	380-1-2	53.82	0.03	32.06	3.55	0.06	1.42	0.04	0.10	8.70	99.74
		380-1-3	55.68	0.01	29.87	3.94	0.05	1.92	0.09	0.06	8.73	100.35
		380-2-2	53.43	0.01	29.08	3.26	0.06	1.42	0.13	0.02	6.78	94.19
		380-2-3	52.29	0.00	29.71	3.57	0.03	0.92	0.10	0.03	8.20	94.85

按云母化学通式计算的主要离子数变化图(图 3.14)也明显反映出由早期阶段到晚期阶段,Si^{4+}、Al^{3+}明显增加,Mg^{2+}、Fe^{2+}降低,K^+略有下降。

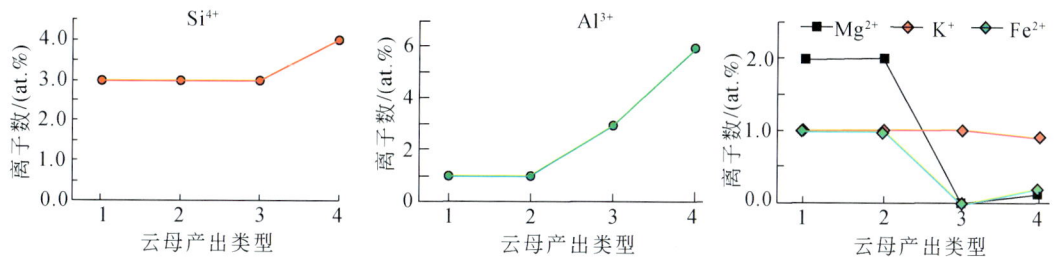

图 3.14 大井矿床云母类矿物的成分变化特征

横坐标云母产出类型编号同表 3.5。云母类离子成分计算说明:根据黑云母分子式 $K(Mg, Fe)_3(AlSi_3O_{10})(OH)_2$、绢云母 $KAl_2(AlSi_3O_{10})$、水绢云母 $K_{0.5\sim1}(Al, Fe, Mg)_2(SiAl)_4O_{10}(OH)_2 \cdot nH_2O$ 计算,根据本研究实际所测不同阶段云母类氧化物百分含量计算各阳离子数以及氧离子数总和,黑云母、绢云母按照实际阳离子数和云母分子式中氧离子数的关系系数计算分子式中阳离子数,水绢云母按照实际阳离子数和云母分子式中硅离子数的关系系数计算分子式中阳离子数;并将所有离子数按照分子式中氧原子个数为 10(不包括 OH^-、H_2O 中 O 原子数)调整计算

(三) 碳酸盐矿物

碳酸盐矿物是大井矿床最常见和最重要的脉石矿物之一,在各成矿阶段均可出现,主要类型为菱铁矿和方解石,偶有锰菱铁矿。不同阶段碳酸盐矿物成分如表 3.13 所示。

表 3.13 大井矿床碳酸盐矿物成分 单位:%

成矿阶段(编号)	矿物类型	样品号	FeO	MgO	CaO	MnO	Al_2O_3	总计
剪切变形阶段(2)	菱铁矿	wy890707-2-1	52.95	2.87	2.03	0.28	0.01	58.17
锡石-毒砂-石英阶段(3)	菱铁矿	Zk969-226-2-4	46.39	5.20	2.73	2.79	0.09	57.21
		Zk969-226-3-5	50.06	5.62	1.46	0.50	0.01	57.68
铜多金属阶段(4)	菱铁矿	Zk669-380-1-1	41.73	0.46	0.02	13.55	0.01	55.78
黄铁矿阶段(5)	菱铁矿	Zk962-379-3-1	46.83	8.93	1.45	0.51	0.02	57.73

续表

成矿阶段（编号）	矿物类型	样品号	FeO	MgO	CaO	MnO	Al_2O_3	总计
铅锌碳酸盐阶段（6）	菱铁矿	Zk12610-187-3-3	46.92	3.18	3.41	4.80	0.00	58.31
		Zk669-380-2-1	48.26	5.34	0.14	2.21	0.02	55.98
		Zk669-380-5-4	55.55	0.85	0.07	2.21	0.04	58.75
		Zk12610-187-2-4	49.06	3.40	1.39	4.66	0.01	58.53
	锰菱铁矿	Zk12610-187-3-2	28.89	1.73	1.38	25.70	0.00	57.70
成矿后阶段（7）	菱铁矿	Zk962-379-2-1	50.14	6.65	0.85	1.21	0.01	58.86
		Zk962-379-2-1	49.43	6.67	0.74	1.22	0.01	58.08
	方解石	Zk962-379-2-2	1.32	0.24	54.65	0.58	0.01	56.80
		Zk12610-187-3-1	1.62	0.54	56.13	3.62	0.00	61.91

各成矿阶段碳酸盐矿物的主要特点如下：

（1）剪切变形阶段，碳酸盐与少量的硫化物一起充填于揉皱的碎粒石英中。碳酸盐成分相当于含 Mg、Ca 的菱铁矿。其 MgO、CaO 含量中等，MnO 含量极低（本区最低）。

（2）锡石-毒砂-石英阶段，菱铁矿一般与石英构成矿物组合。该阶段菱铁矿的化学成分有所不同，虽仍以 FeO 为主，但 MgO 含量较高，成分上较为特殊，与铅锌阶段的碳酸盐明显不同。

（3）铜多金属阶段的菱铁矿，含 MnO 高而 MgO、CaO 较低，局部可见锰菱铁矿。

（4）黄铁矿阶段的菱铁矿，含 MgO 较高（全区最高）；MnO、CaO 含量较低。

（5）铅锌碳酸盐阶段的菱铁矿，与黄铁矿阶段相似，亦为含锰菱铁矿，但 MnO 含量更高，此外 MgO、CaO 含量较高（亦高于铜多金属阶段）；后期低温碳酸盐脉，MnO 含量略低，MgO 及 CaO 含量变化幅度较大。

（6）成矿后的碳酸盐有两种：一种为含 MgO 的菱铁矿，形成较早，可能为成矿期的最晚阶段菱铁矿，其特点是含 MgO 较高，MnO、CaO 含量较低；另一种是后期的方解石脉，其含 FeO 较高而 MgO 较低。

上述各阶段碳酸盐的总体特征是，主要有用元素铜、铅锌、锡成矿阶段的碳酸盐（菱铁矿）有明显富 MnO（均>2%）的特点，甚至出现锰菱铁矿，而成矿前、成矿后和黄铁矿阶段的碳酸盐（菱铁矿），MnO 含量明显较低（<2%）。

第三节　矿化分带

矿化分带是岩浆期后热液型矿床解剖研究的重要内容。与斑岩型铜（钼金）矿床、夕卡岩型矿床的深入研究相比，热液脉型矿床的分带研究目前尚显薄弱。

事实上，近年来这类与岩浆热液作用有关的脉状多金属矿床（或称中低温热液脉状矿床）的矿化分带特征越来越受到矿床学家和经济地质学家的重视。如科迪勒拉山系广泛发育有中低温热液脉状矿床（科迪勒拉型脉状多金属矿带）（Einaudi，1982；Einaudi et al.，2003），代表性典型矿床如秘鲁的柯丘吉尔（Colquijirca）Cu-PbZn 矿床（Bendezú and

Fontboté，2009)、塞罗德帕斯科 (Cerro de Pasco) PbZn-Ag-Cu-Bi 矿床 (Baumgartner et al.，2008)、胡尔卡尼 (Julcani) Cu-Pb-Ag-W-Bi 矿床 (Deen et al.，1994；Sack and Goodell，2002)、圣克里斯托瓦尔 (San Cristobal) PbZn-Cu-W-矿床 (Beuchat et al.，2004)，美国西部的与斑岩矿化有关的比尤特 (Butte) Cu-PbZn-Ag 矿床 (Brimhal，1979；Geissman et al.，1980)、梅恩廷提科 (Main Tintic) PbZn-Cu-Ag 矿床 (Bartos，1989) 等。这类矿床常常表现出明显的矿化分带现象，矿床内部主要为含铜矿石，外侧为铅-锌矿石。主要成矿元素为 Cu、PbZn、Ag 等，在垂直和水平方向上的矿化分带与矿石分带和矿体分带具有一定的对应性。平面上，矿床中部成矿元素以 Cu (Sn、Mo、W) 矿化为主，向外过渡为以 Ag、PbZn 为主；剖面上自下而上依次为 Cu (Mo、Sn)→Cu、Sn、Ag、Pb、Zn→Ag、Pb、Zn。矿石构造由深部向浅部或由矿化中心向外，有从大脉状→细脉状、细网脉状、星点状→浸染状、星点状变化的特征。

我国大兴安岭中南段地区发育大量的脉状多金属矿床，除大井外，还发育有孟恩陶勒盖 PbZn-Ag 多金属矿床 (赵一鸣和张德全，1997)、阿尔哈达 PbZn-Ag 多金属矿床 (陶则熙，2006)、拜仁达坝 PbZn-Ag 多金属矿床 (孙丰月和王力，2008；郭利军等，2009；刘翼飞等，2012)、维拉斯托 Zn-Cu-Ag-W 多金属矿床 (江思宏等，2010)、花熬包特 PbZb-Ag 多金属矿床 (李振祥等，2008) 等。详细研究大井矿床的矿化分带特征对于理解区域脉状多金属矿床的地质特征，开展找矿预测具有重要意义。

一、矿脉的空间分带特点

经统计，矿区范围内计入储量的矿体/矿脉类型主要有：铜锡银矿体、铅锌（银）矿体、铜（铅）锌矿体、铜锡（铅）锌（银）矿体，其次有铜矿体、锡矿体、锡锌矿体、铅银矿体等。根据矿体的集中分布规律可将其大体分为铜锡（银）矿体、铅锌（银）矿体和二者的混合矿体，即铜（锡）铅锌（银）矿体三种类型，与矿床的矿石类型大体对应。

（一）矿脉沿走向上的变化

铜锡矿脉分布于中部（老区和北区南部），铅锌矿脉分布于东西两侧，二者之间有一个过渡区（图 2.8，图 2.9）。对矿区坑道的系统调查进一步证实这一分带规律确实存在，如大井老区西部（二坑口）主要是铜锡矿体，铅锌含量很低，老区东部（一坑口）为铜锡-铅锌过渡区（图 3.15），东区官地坑道所见主要为单一的铅锌矿脉，铜锡不具工业利用价值。

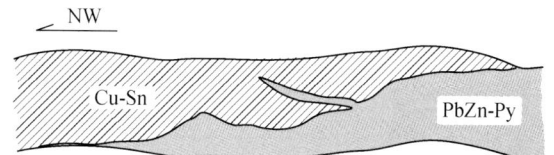

图 3.15 老区东部 600m 中段 Cu-Sn 矿体与 PbZn-Py 矿体变化示意图

二者之间在走向上呈一定的渐变关系，如富源坑道和老区东部的 CuSn 矿体中均可见铅锌矿体，铅锌矿脉多见于脉壁一侧或两侧（图 3.16a），随铜锡矿脉逐渐变细尖灭，铅锌矿脉相应变宽，最终取代了铜锡矿脉（图 3.16b）。

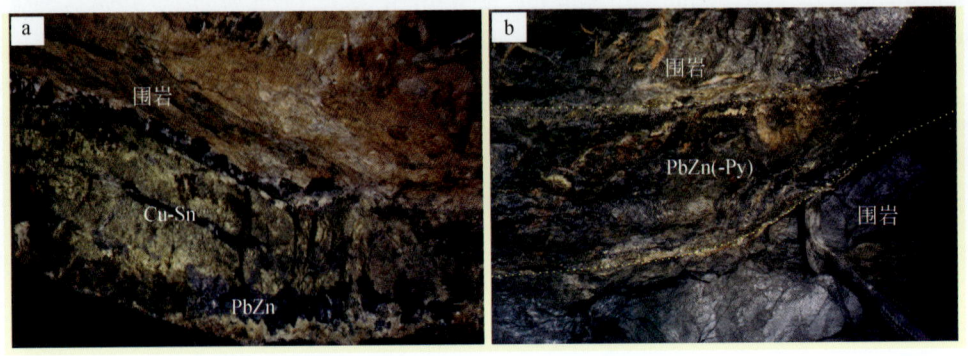

图 3.16 大井矿床老区东部 600m 标高 4#矿体 Sn-Cu 矿脉与 PnZn-Py 矿脉在走向上的变化

（二）矿脉沿倾向上的变化

矿脉在倾向上表现为平行分带。前已述及，大井矿床的矿体/矿脉总体呈 NW 或 NWW 向平行排列，矿区往往出现相邻两条矿体分别为不同的类型，如北区北部兰家沟，10#矿体以北均为铅锌矿体，但向南相邻的 11#矿体突然变成了铜锡矿体，10#与 11#矿体近平行排列，二者相距仅 40m。再往南即为北区南部的铜锡矿体群。从 600m 标高矿体分布图看，铜、锡矿体主要分布于矿区中部，而南北两侧则为铅锌矿体，与其在走向上的变化相似，两种类型之间也存在过渡区，只是表现形式不同：过渡区既可出现铜锡-铅锌的混合矿体，也可为两个单类矿体交替出现。

（三）矿脉在延伸方向的变化

通过系统的坑道观测和室内研究发现，矿体在垂直方向上的分带并不明显。采矿中也已证实，同一铜锡矿脉从近地表直至深部尖灭部位均是铜锡矿脉，铅锌矿脉也是如此，尚未见上部铅锌、下部铜锡的矿脉。

二、金属矿物的空间分带

（一）矿物组合的空间分布特征

通过对大井矿床近 300 余件矿石的光片、光薄片鉴定并进行统计，结果如表 3.14 所示。总体来看，金属矿物的分带呈现以北区南部-老区东部为中心向外的三个环带。

表 3.14 大井各区段主要金属矿物出现频率

矿物 分布区	黄铁矿	胶状黄铁矿	白铁矿	磁黄铁矿	磁铁矿	黄铜矿	闪锌矿	方铅矿	毒砂	锡石	黝锡矿
北区北部	++		++			+	+++	+			
北区南部	+++	+	+++	+		+++	++	+	+++	++	+

续表

矿物 分布区	黄铁矿	胶状黄铁矿	白铁矿	磁黄铁矿	磁铁矿	黄铜矿	闪锌矿	方铅矿	毒砂	锡石	黝锡矿
东区	+++	+	++	+	+	+	+++	++	+	+	
老区东部	+++	++	++	+		+++	++	++	+++	++	+
老区西部	+++	+++	++	+	++	+++	+++	++	++	++	+
西区	+++	+	++	+	+	++	++	++	++	++	+
南区	++		+			+++	+++	++	++	++	

注：北区北部指兰家沟矿区，北区南部指富源矿区；+++. 主要（>20%），++. 次要（5%~20%），+. 微量（<5%）。

（1）内部带：为锡石、毒砂矿物的高频率带。

（2）过渡带：以黄铁矿-胶状黄铁矿-黄铜矿为主，其次为毒砂、锡石、磁黄铁矿、磁铁矿、闪锌矿、白铁矿，可叠置或超覆于（1）带，但分布范围要比（1）带大得多，如老区各段、北区南部、西区和南区。

（3）外部带：为黄铁矿-白铁矿-闪锌矿-方铅矿的高频分布带，遍布整个大井矿区，其范围又比过渡带大了许多，如北区北部和东区。

可以看出，上述矿物分带特征恰与主要成矿期的矿化阶段相对应，这是该矿床最主要的特点之一。

另外，同一矿体上下不同标高的分带变化不大，如同一矿段区域内钻孔400±20m和600±20m两个标高的对比见表3.15。

表3.15 大井各区段主要金属矿物出现频率

矿物 分布地区		黄铁矿	胶状黄铁矿	白铁矿	磁黄铁矿	磁铁矿	黄铜矿	闪锌矿	方铅矿	毒砂	锡石	黝锡矿
北区南部	400m	+++		++	+	+	+++	++	+	++	+	+
	600m	+++			+		++	+		++	++	+
东区	400m	+++	+	++		+	+	+++	+++			
	600m	+++		++	+		++	+++	+++	+		
西区	400m	+++	+	++	+	+	+++	++	++	++	+	+
	600m	++	+	+			+	++	+			
南区	400m	++			+		+	+++	+	+++	++	
	600m	+		+				++	++		+	

注：北区南部指富源矿区；+++. 主要（>20%），++. 次要（5%~20%），+. 微量（<5%）。

（二）矿物成分的空间变化

对于同一矿化阶段或某一阶段为主的同一矿物，可以探讨其空间上的变化。例如黄铜矿主要形成于黄铜矿-黄铁矿阶段、方铅矿主要形成于方铅矿-闪锌矿阶段，其他阶段较为次要。金属矿物的化学成分在空间上分带性明显，具体表现如下：

(1) 毒砂：平面上（如600m标高）由西向东S、Fe渐高，As降低。S/As值在西区达到最大，表明该处可能为温度最高；在400m标高亦有相似的变化。在同一地区不同深度上，如老区东部，由深部到浅部，由0m→565m→600m标高，S、Fe升高而As降低，S/As值增大；北区由400m→600m的变化类似（表3.16；图3.17）。

表3.16 不同矿段和标高毒砂的平均化学成分

序号	样品位置	样品数	化学成分/%						元素比值	
			S	As	Fe	Cu	Co	Ni	S/As	Fe/(Cu+Co+Ni)
1	695m标高，北区北部	2	20.73	44.67	33.78	—	0.78	0.05	0.46	40.72
2	600m标高，老区西部	3	19.26	46.29	34.37	0.01	0.04	0.03	0.42	424.39
3	600m标高，北区南部	2	20.92	44.06	34.66	0.04	0.22	0.10	0.48	96.54
4	600m标高，老区东部	5	21.35	42.92	34.6	0.02	0.44	0.10	0.50	61.55
5	600m标高，东区中部	6	21.10	43.92	34.88	0.02	0.06	0.02	0.48	330.96
6	600m标高，东区东部	4	21.01	43.34	35.48	0.03	0.05	0.10	0.49	200.33
7	565~530m标高，老区东部	5	19.28	45.76	34.58	0.01	0.36	0.02	0.42	89.46
8	400m标高，西区	5	17.59	47.98	33.63	0.04	0.71	0.06	0.37	42.18
9	400m标高，北区（剪切期）	2	19.93	45.81	33.96	0.04	0.24	0.03	0.44	110.17
10	0m标高，老区东部（最深部）	2	18.66	46.78	34.02	0.00	0.51	0.03	0.40	63.25
11	晚期胶结物中（老区西部）	1	22.06	41.43	36.44	0.01	0.05	0.02	0.53	494.99

注：据王玉往等（2002c）资料整理。

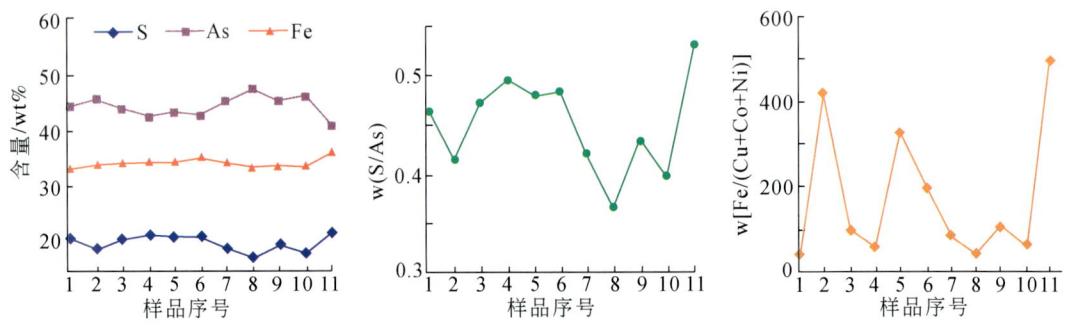

图3.17 毒砂化学成分在空间上的变化
样品序号同表3.16

(2) 黄铜矿：铜锡矿石中的黄铜矿，深部与浅部（如同在老区西部和同在北区南部）相比（表3.17），深部As、Fe高而Cu低。

表3.17 不同位置铜锡矿石中黄铜矿的平均化学成分

序号	样品位置	样品数	化学成分/%									元素比值	
			S	As	Fe	Cu	Zn	Ag	In	Sb	Sn	Fe/Cu	S/As
1	老区西部675m	2	35.11	0.30	30.55	33.97	0.00	0.04	0.00	0.00	0.02	0.90	118.52
2	老区西部595m	2	33.97	0.32	32.25	33.43	0.00	0.02	0.00	0.00	—	0.97	107.11

续表

序号	样品位置	样品数	化学成分/%								元素比值	
			S	As	Fe	Cu	Zn	Ag	In	Sb	Sn	Fe/Cu	S/As
3	北区南部585m	1	34.90	0.23	29.00	35.88	—	0.00		0.00	—	0.81	151.29
4	北区南部400m	3	35.15	0.33	30.23	34.28	0.00	0.01	0.01	—		0.88	107.54

注：据王玉往等（2002c）资料整理。

（3）闪锌矿：在大井东区分别选择600m（坑道为主，结合钻孔）和400±10m（钻孔）两个标高，系统采样分析，结果如表3.18所示。统计分析发现自西向东、从浅部向深部，闪锌矿成分出现有规律地变化：As和Fe含量减小，Zn、Cd、In含量增高，表明靠近西部和浅部压力较小而温度较高；Cu、Ag含量跳动较大（图3.18）。

表3.18 东区闪锌矿的平均化学成分

序号	采样位置		样品数	化学成分/%							
				S	As	Fe	Cu	Zn	Ag	Cd	In
1	600m 标高	西↓东	4	32.57	0.14	11.63	0.06	55.45	0.01	0.15	0.00
2			6	34.79	0.11	11.08	0.06	53.89	0.02	0.06	0.00
3			2	34.16	0.15	10.58	0.01	54.82	0.00	0.28	0.00
4			1	33.86	0.13	12.83	0.21	52.95	0.01		
5	400m 标高	西↓东	1	34.54	0.08	10.09	0.11	54.96	0.00	0.22	
6			2	34.41	0.05	6.12	0.72	58.33		0.27	
7			4	33.97	0.02	4.12	0.14	61.41	0.01	0.25	0.08

注：据王玉往等（2002c）资料整理。

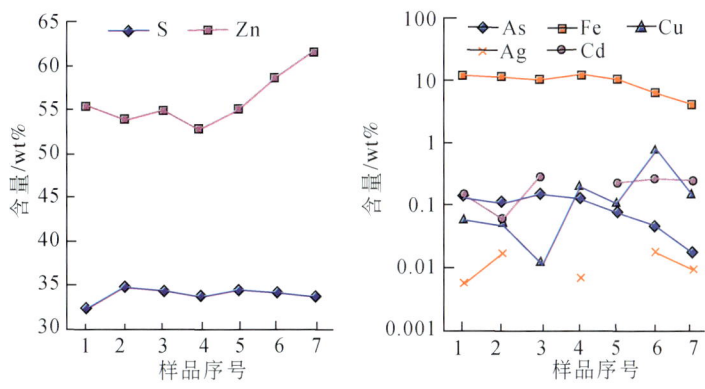

图3.18 东区闪锌矿成分在空间上的变化

x轴 1~4 分别为600m 标高从西向东的4个位置；5~7 分别为400m 标高从西向东的3个位置（同表3.18）

（4）方铅矿：方铅矿中Pb的含量在空间上表现为，平面上由西向东趋于降低（表3.19，图3.19），用Pb/Tre值［Pb/（Fe+Cu+Zn+Ag+Cd+In+Ga）值］来表示方铅矿中含杂质的程度，由西向东相应地Pb/Tre值也趋于降低，即含杂质程度增高。本区方铅矿中的微量元素含量较低，一般小于0.5%，仅650m中段老区南部的样品（序号2）含Zn较高（2.68%），但因颗粒较小，很可能受周围矿物（闪锌矿）的影响而造成分析上的干扰。

表 3.19　不同位置方铅矿的平均化学成分

序号	标高和位置	样品数	化学成分/%									元素比值
			S	Fe	Cu	Pb	Zn	Ag	Cd	In	Ga	Pb/Tre
1	675m，老区西部	5	14.24	0.02	0.02	85.48	0.00	0.16	0.01	0.00	0.06	306.70
2	650m，老区南部	1	13.95	0.16	0.15	83.01	2.68	0.00	0.00	0.00	0.06	27.21
3	600m，东区东部	1	13.45	0.11	0.00	86.11	0.22	0.05	0.00	0.00	0.06	194.82
4	600m，东区中部	3	14.17	0.05	0.00	85.50	0.01	0.03	0.10	0.00	0.15	255.81
5	600m，东区西部	2	14.05	0.15	0.04	85.50	0.13	0.00	0.00	0.09	0.03	190.44
6	600m，老区西部	1	14.12	0.03	0.02	85.23	0.04	0.00	0.06	0.17	0.31	133.31
7	400m，老区东部	2	14.05	0.03	0.07	85.77	0.04	0.00	0.00	0.00	0.02	553.57
8	400m，东区东部	2	14.12	0.01	0.00	85.59	0.00	0.00	0.00	0.09	0.19	295.16
9	400m，东区最东	4	14.06	0.15	0.00	85.63	0.00	0.00	0.03	0.09	0.03	273.68
10	400m，南区	1	14.15	0.09	0.00	85.32	0.00	0.12	0.06	0.23	0.02	160.42

注：Tre 为 Fe+Cu+Zn+Ag+Cd+In+Ga；数据据王玉往等（2002c）。

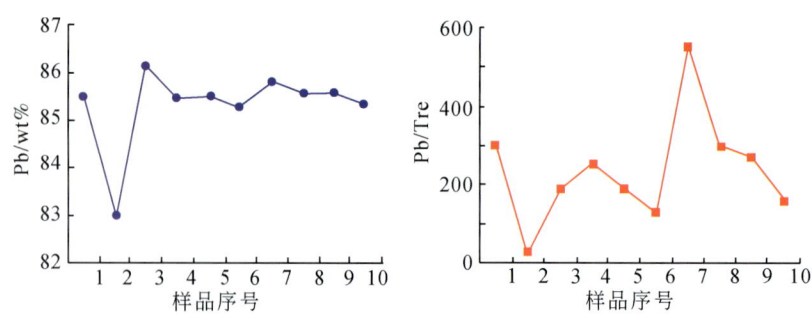

图 3.19　不同空间位置方铅矿中 Pb 含量及 Pb/Tre 值的变化

x 轴序号同表 3.19

（三）矿物温度压力条件的空间变化

根据毒砂和闪锌矿的化学成分制作的矿物温度计和压力计被广泛用于矿床研究中。毒砂的地质温度计是根据毒砂中 As 的原子百分数与温度的平衡相图计算的（Clark，1960；Kretschmar and Scott，1976；Sharp et al.，1985），简单认为，温度（T）与 As 原子百分数为正相关关系，即 $T\propto As$（at.%）。闪锌矿地质压力计是用于计算成矿压力的最广泛有效的方法，可用多种公式表示，但压力（P）与闪锌矿 FeS 摩尔数呈反比，即 $P\propto 1/FeS(mol\%)$。

尽管大井矿床中毒砂、闪锌矿的化学成分受诸多因素（如共生组合或产出特征）影响，不宜作为地质温度计和压力计直接精确获得成矿温度和压力，但在此不妨作为粗略的相对值，即用毒砂中 As 的原子百分数和闪锌矿中 FeS 的摩尔数来表示，以比较其在空间上的变化规律。

如图 3.20 所示，从已有数据来看，高温区［即 As（at.%）的高值区］出现于北区南部-老区东部一带和西区北部两个区域,向外温度降低,至最外缘最低(东区东部),向下温度递增。高压区[即低 FeS(mol%)值区]出现了四个,即老区西部(下部比上部压力大)、老区东部-北区南部、南区西部和东区的东端。上述成矿温度与压力的高值区并不一致。温度从高到低的方向可代表矿液的大致流向;而压力则与结晶深度、受力性质等有关,甚至与闪锌矿中 CuS 的分子数有关,上述四个低 FeS(mol%)值区的闪锌矿多有高的 Cu 含量。

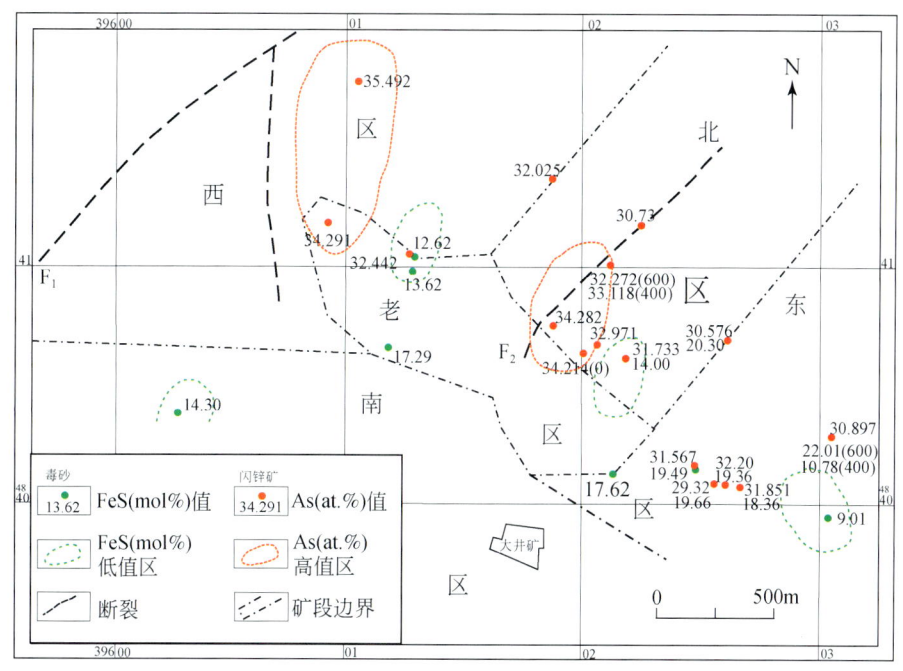

图 3.20 毒砂中 As 原子百分数的空间变化

结合前述其他金属矿物的化学成分特征,总的来看,老区东部-北区南部的金属矿物成分特征显示其形成温度较高,可能是本区的矿化中心;而南区和西区亦可能存在另外的矿化中心。同一区域,深部较浅部压力大、温度高。

三、元素分带研究

前人对大井矿床成矿元素分带的认识较早,并进行过不同程度的研究(李国华,1986,1988;冯建忠等,1990;艾霞和冯建忠,1992;张德全,1993a;等等)。普遍看法是,平面上由中心向外、垂向上由下往上依次出现 Sn、Cu→Cu、Sn、Pb、Zn→Pb、Zn 的分带。通过对矿区大量的勘查资料重新统计、核实,确定前人所做成矿元素平面分布规律图基本是可靠的。然而具体到不同矿体、不同地段,元素的分带性则更为复杂。

(一)元素相关分析

前人曾对元素的相关分析作过报道。黄世乾等(1986)列出了 Cu、Pb、Zn、Sn、Ag、

As 六个元素的相关统计图，但原文未作叙述和讨论。从其图可见，Cu、Sn、As、Ag 之间，Zn 与 Pb，以及 Pb 与 Ag 的相关性较好，而 Cu、Sn、As 与 PbZn，Ag 与 Zn 的相关性较差。冯建忠等（1990）对矿石的 19 个微量元素 Cu、Pb、Zn、Fe、Cr、Mn、Co、Ni、V、Ti、As、Sb、Bi、W、Sn、Mo、Au、Ag、Be 进行了相关分析、R 型聚类分析和因子分析统计。尽管其统计样品数较少，但其关于主要矿化元素的分析统计与黄世乾等（1986）的研究结果基本一致，并发现在聚类分析图上，Pb、Zn、Sn、Ag 各自分开，而 Cu、Ag 则出现于同一群体；因子分析则表明，Cu 和 Sn，Pb、Zn 和 Ag，As 和 Co 分别出现于三个因子之中。

对 46 线、74 线、106 线三个剖面 2750 个样品的 Cu、Pb、Zn、Sn、Ag 五个元素进行相关分析验证（表 3.20），确证该五个主要成矿元素的相关结果与前人的结论基本一致，但存在两点明显不同：一是 Zn 与 Ag 呈部分相关关系，特别是靠东部的铅锌矿化区二者的相关系数可达 0.59，不同剖面之间略有差异；二是 Cu、Ag 与 Sn 的相关性，在 74 线二者显著相关，相关系数为 0.60、0.59，而向东明显变小（西部 46 线为 0.18、0.19，东部 106 线为 0.11、0.12）。

表 3.20　大井矿床 46、74、106 线矿化元素的相关系数

	46 线					74 线					106 线				
	Cu	Pb	Zn	Sn	Ag	Cu	Pb	Zn	Sn	Ag	Cu	Pb	Zn	Sn	Ag
Cu	1.00	—				1.00	—				1.00	—			
Pb	0.09	1.00	—			0.14	1.00	—			0.10	1.00	—		
Zn	0.03	0.55	1.00	—		0.12	0.41	1.00	—		0.28	0.47	1.00	—	
Sn	0.18	0.10	0.11	1.00	—	0.60	0.17	0.20	1.00	—	0.11	0.03	0.10	1.00	—
Ag	0.64	0.46	0.25	0.19	1.00	0.76	0.32	0.29	0.59	1.00	0.69	0.59	0.59	0.12	1.00

这种相关性的差异正是矿化分带性的表现之一。前文曾讨论了 Zn 的载体矿物闪锌矿的矿物学特征，东区的闪锌矿与老区闪锌矿形成于不同的矿化阶段。Zn 与 Ag 的相关关系表明，东区的共生矿化组合为 Pb-Zn-Ag，而老区的 Ag 矿化主要与黄铜矿化有关，而可能与该阶段的闪锌矿化无关。Cu、Ag 与 Sn 的相关关系则表明，中部 74 线附近（正是所谓老区东部-北区南部的 Sn 富集区中心，详见下述元素品位变化）与外围的 Sn 矿化分别是两个矿化阶段的产物，影响相关系数差异的主要因素可能是因为东西两侧的 Sn 品位值总体较低。

（二）主元素品位等值线

通过对 400 多个钻孔 200 多条矿体品位资料的收集，对 1 万余件样品的 Cu、Pb、Zn、Sn、Ag 等元素建立包括地理坐标在内的品位及厚度数据库，其中各元素的品位为相隔 10cm 的钻孔长度内取平均值计算所得。以品位×厚度（d 值）为数据点对五个元素利用 Sufer 软件进行网格化处理，分别绘制了 700m、600m、500m、400m、300m 五个中段和西部（1 线）、中部（46 线）、东部（116 线）三个剖面以及沿矿体走向的纵剖面等值线图。通过对上述元素品位等值线图的综合分析，各元素在空间的分布规律以及品位变化趋势如下。

（1）矿化在平面上大致表现为，Cu 与 Sn，Pb 与 Zn 的富集区大致相同，且 Cu、Sn 富集区与 Pb、Zn 富集区呈现互补，此消彼长、此高彼低；Ag 的分布范围则大致与这两个富集区复合重叠。这一规律与矿体的分带以及金属矿物的分带基本一致。Cu 或/和 Sn 基本呈现两个富集区，在 600m 和 400m 标高平面上显示，一个在矿区中央的老区东部-北区南部一带；另一个为矿区西南部（图 3.21，图 3.22）。这两个高值区应大体代表了两个主要的矿化中心地区。PbZn 的富集主要在矿区的东南部和西北部。

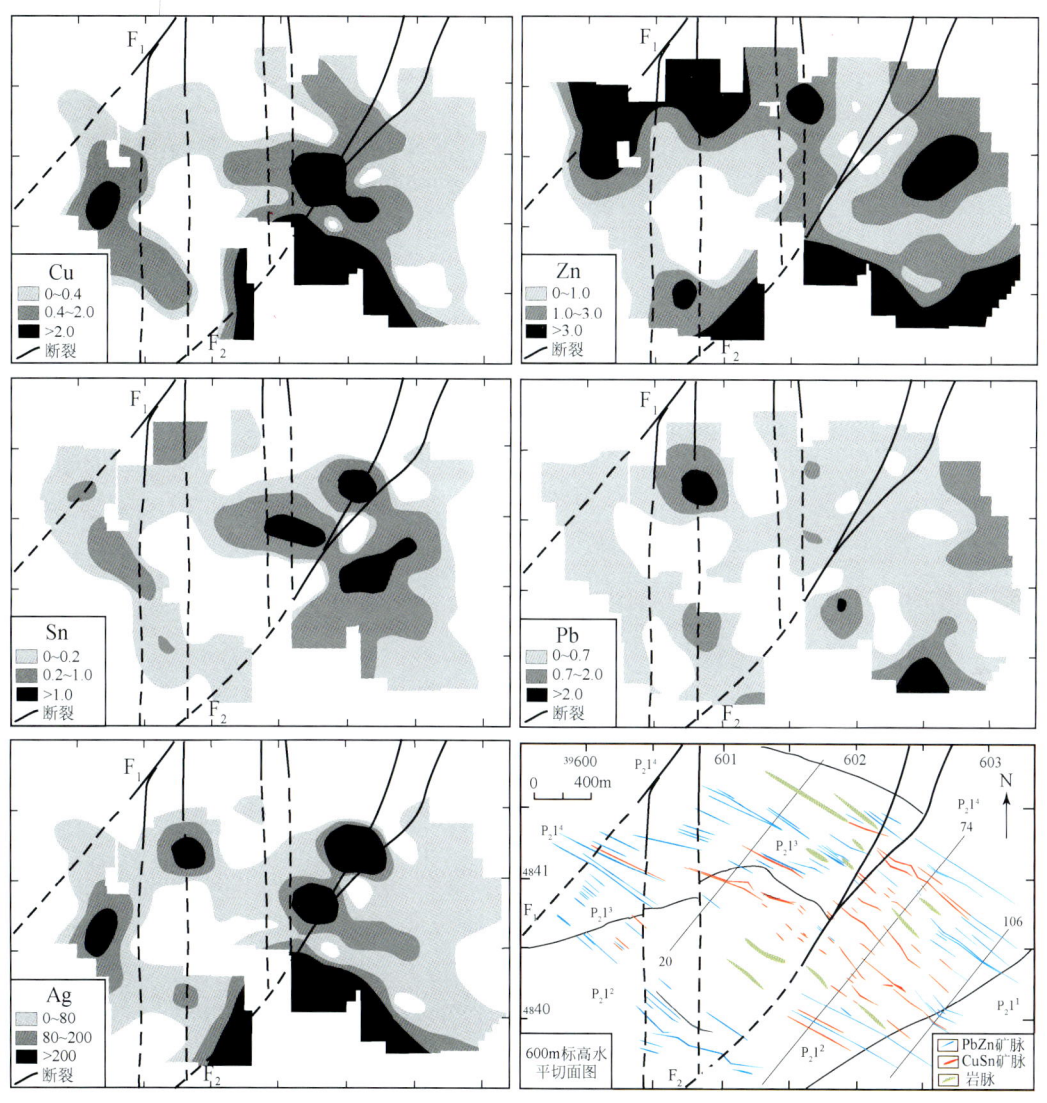

图 3.21　600m 标高元素等值线图

（2）在垂向上，对比 600m 和 400m 两个标高的品位等值线平面图可见，矿区西南部的 Sn、Cu 富集中心，有从上部标高（600m）到下部标高（400m）向西北偏移的趋势。同时，Cu、Sn 的富集区向下收敛，但未圈闭，表明深部仍具有找矿前景；Pb、Zn 的富集区在深部亦向西北偏移，与 Cu、Sn 的变化趋势相似，反映出二者的矿源区可能是相同的。

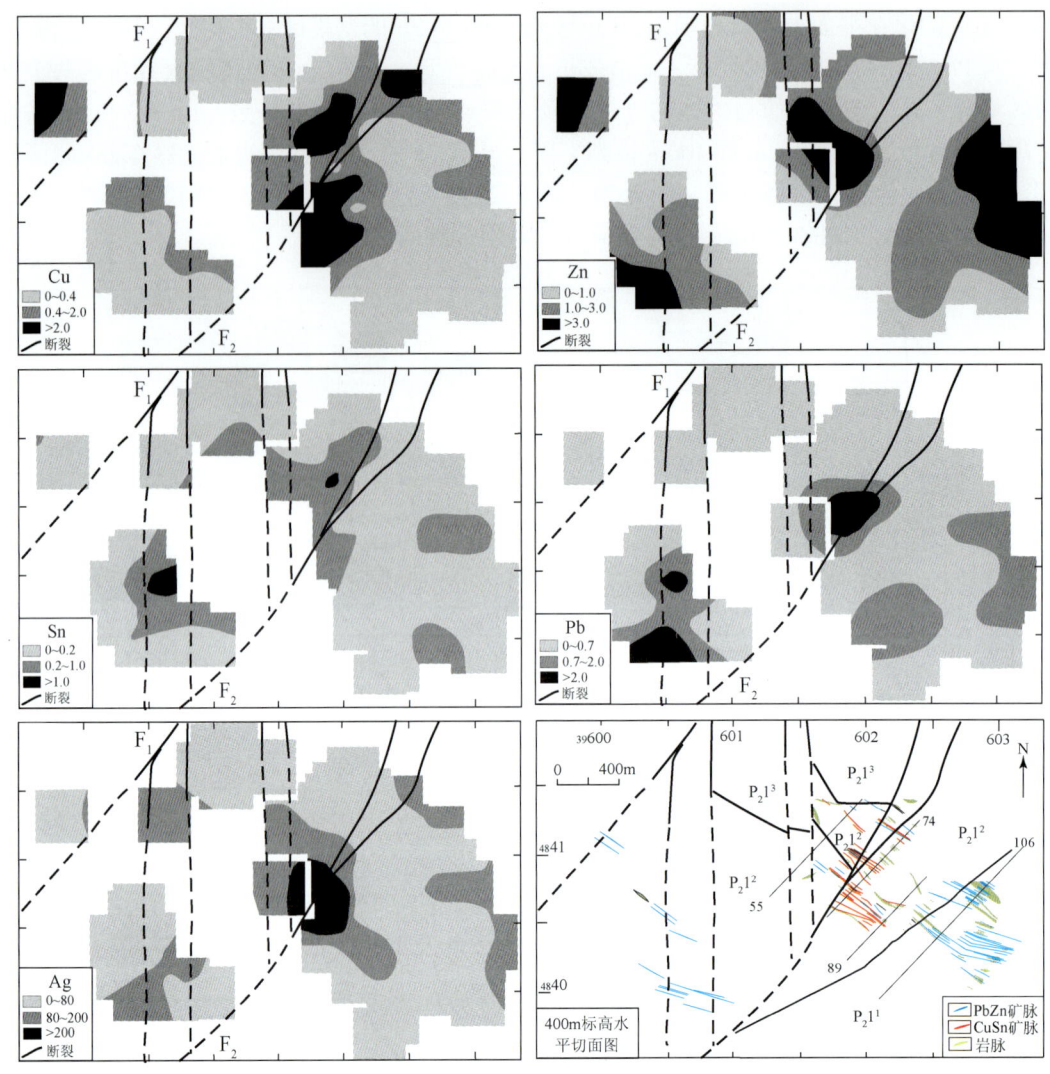

图 3.22 400m 标高元素等值线图

从矿区中部 46 线的剖面图（图 3.23）也可以看出，主要矿化富集中心可分为南、北两段，中部连续性较差，而且矿区内五个元素的浓集深度和位置是不同的。

（3）不论沿走向还是倾向，各成矿元素的浓集部位总是与 NE 向的 F_2 断裂及其派生的 SN 向断裂密切相伴，远离这些断裂则基本为成矿空白区，NE 向及 SN 向断裂有可能是成矿的导矿断裂或矿液运移的通道。

四、矿化分带与矿化中心的讨论

从上述的讨论中可以看出矿区主要的矿化中心有两个（图 3.24）：一个为矿区中央，即老区东部—北区南部一带，在成矿的物理化学条件上表现出成矿温度的高值区，矿体、矿物及元素变化呈现出自内向外的分带变化规律；另一个矿化中心在矿区的西部，尽管该

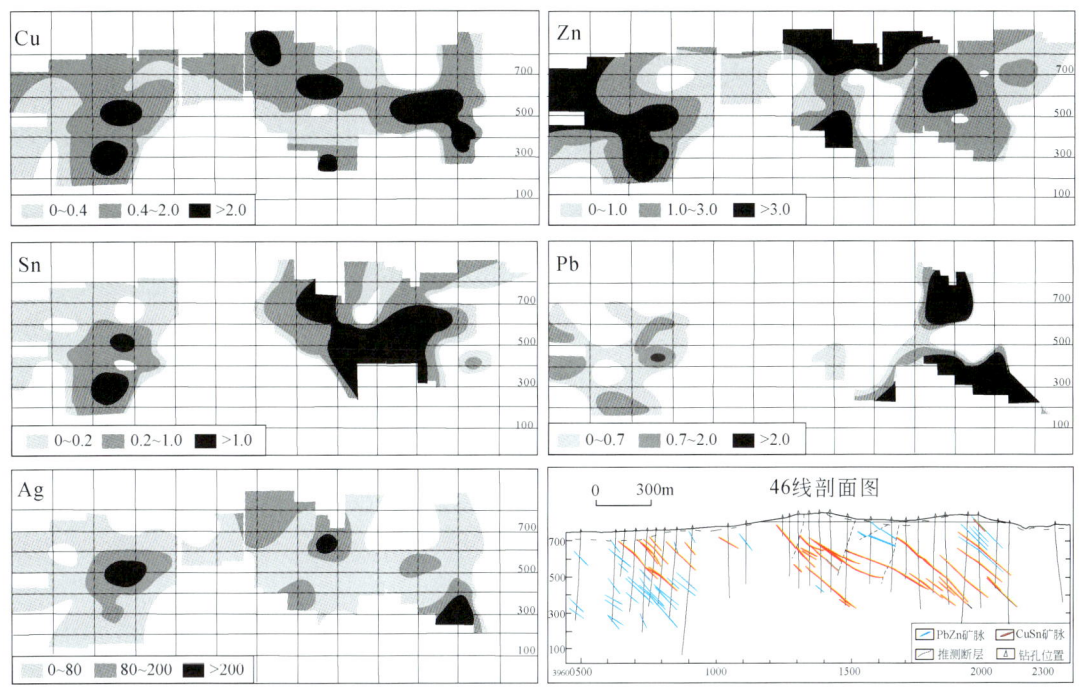

图 3.23 46 线剖面元素等值线图

区的现有资料不多，但其元素分带的特征初步表明，该矿化中心与矿区中部的矿化中心极为相似。这两个矿化中心分别位于 NE 向的 F_2 和 F_1 断裂附近，表明将这两条 NE 向断裂作为矿区导矿构造的推断（Wang et al.，2001）是合理的。

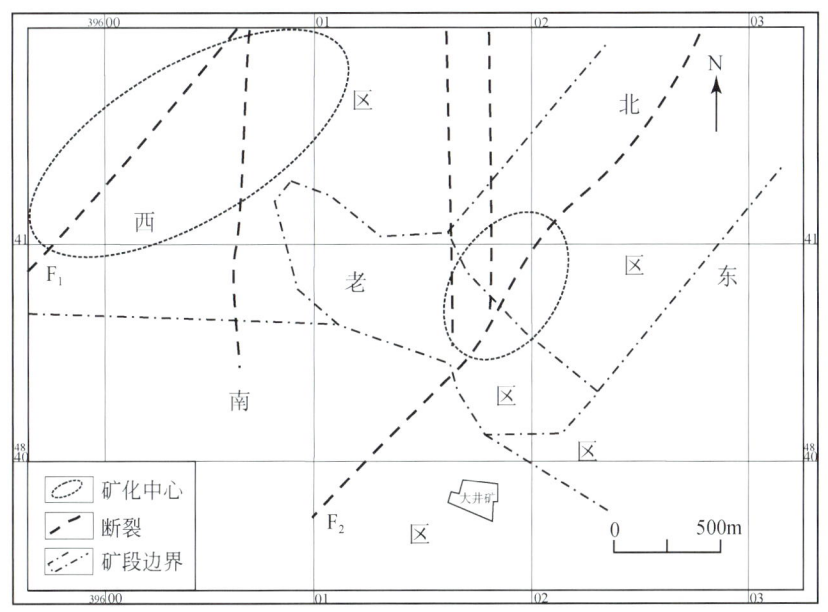

图 3.24 大井矿床矿化中心位置示意图

另外，据物探及数学地质计算结果推测，矿区深部可能存在两个隐伏岩株（黄世乾等，1986）。值得注意的是，这两个隐伏岩体分别位于矿区的两条 NE 向断裂 F_2 和 F_1 上，为矿区导矿构造的推论提供了热源证据。矿化中心的讨论是建立该矿床成矿模式的重要依据，亦将为矿区找矿预测工作提供可靠的证据。

第四章 成矿地质作用及成矿地质体

成矿地质作用即形成矿床主要矿产主成矿阶段空间定位的地质作用。成矿地质作用的实物载体称为"成矿地质体"（Ore-forming Geological Body），系指相关构造及其岩石组合体。成矿地质体的概念是叶天竺教授级高工在我国找矿资源潜力评价、危机矿山接替资源找矿专项（2004~2010年）等一系列国家找矿工程中总结提出的。成矿地质作用和成矿地质体研究是矿床地质研究的重要内容，也是构建矿床"三位一体"找矿预测地质模型的主要组成部分。

大井锡-铜多金属矿床位于大兴安岭南段黄岗-甘珠尔庙（大兴安岭）锡多金属成矿带内，该成矿带产有黄岗梁、安乐、毛登、宝盖沟等锡矿，闹牛山、莲花山、布敦花等铜矿以及白音诺、浩布高、拜仁达坝等铅锌（银）矿等，这些矿床在成因上都与花岗岩类有关系（张德全和赵一鸣，1993；王国政，1997，2002；王湘云，1997；王莉娟等，2004；江思宏等，2010；翟德高等，2012；白令安，2013；张巧梅等，2013）。从前文所述大井矿床的矿体和矿石特征、矿物组合来看，大井矿床也应属于与侵入岩浆作用有关的热液脉状矿床。按照成矿地质体理论，这类矿床的成矿地质作用为侵入岩浆地质作用，成矿地质体一般为中-酸性侵入岩浆岩。

大井矿区内岩浆活动强烈，但主要表现为大量的浅成（脉岩）侵入活动，而未见深成岩体出露。距离矿区最近的深成侵入岩是矿区西北的马鞍子钾长花岗岩体，其边部与大井矿床直线距离为9km，北部龙头山花岗闪长岩体与矿区直线距离为20km。

第一节 矿区岩浆岩（脉岩）地质地球化学特征

矿区脉岩成群成带出现，呈脉状形态侵入于林西组地层的断裂和破碎带中，主要类型有霏细岩、闪长岩、中酸性次火山岩（英安斑岩、流纹斑岩等）、中基性次火山岩（安山玢岩、玄武玢岩）、煌斑岩等。各类脉岩有相对集中的趋势，产状各不相同，以NE向、NNE向和NW向走向为主，并与矿脉在空间分布上有着一定的关系（图4.1）。脉岩密集产出部位，可以作为大井矿区内找矿的重要标志。

一、脉岩的岩石学特征

大井矿区范围内主要脉岩类型分布及岩石学特征如下：

（1）霏细岩：主要分布于老区西部，并与1#、10#矿体密切相伴，可产于矿体的上盘和下盘，被铜锡矿体切过（图4.2a）。岩脉走向NW-NWW，倾向NE-NNE，倾角45°左右；脉宽可从0.3m至几米，最宽达十余米；脉长数十米至一百多米。

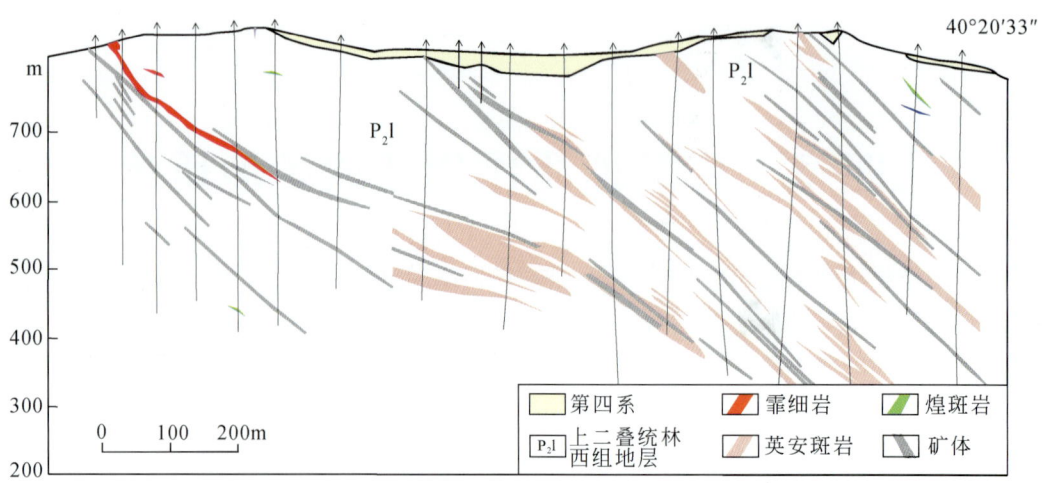

图 4.1　大井矿区 46 线剖面示意图

图 4.2　霏细岩的野外标本及显微照片

a. 650m 中段 1#矿体及上盘的霏细岩；b. 霏细岩标本；c. 霏细岩显微照片，岩石由斜长石（Pl）、黑云母（Bi）、石英（Qtz）及蚀变矿物（菱铁矿 Sd）等组成，正交偏光；d. 西区 Zk-14-3 钻孔霏细岩，含浸染状毒砂；e. 含浸染状毒砂（Apy）和石英（Qtz）细脉的霏细岩显微照片，正交偏光；f. 同 e，反射光照片霏细岩岩石为乳白色（图4.2b），由于含黑云母等，风化后常呈淡黄色，细粒致密。显微镜下一般呈<0.1mm的霏细结构，常见球粒结构（可达5%~10%），粒度在0.1~0.2mm（图4.2c），偶见斜长石斑晶。主要矿物由约50%的斜长石、约10%~25%的石英及25%~40%的其他矿物（主要由黑云母和角闪石以及绢云母、碳酸盐矿物等）组成，常蚀变较强，主要为碳酸盐化。

值得注意的是在西区14线Zk-14-3钻孔中可见一种含硫化物-石英细脉浸染状的霏细岩（图4.2d），类似斑岩矿床中的流体出溶结构，但硫化物为毒砂（图4.2e、f）。

（2）酸性-中酸性次火山岩，为矿区最发育的脉岩类型。以英安斑岩为主，并有流纹斑岩、花岗斑岩等（有的文献中也命名为次流纹岩、霏细斑岩、闪长玢岩等），在结构和成分上相互过渡。主要分布于矿区中西部（多在61线以西），见两组走向：一组为NE 40°左右，另一组为NW-NNW，长10~800m，宽2~20m。

英安斑岩一般为灰色、灰白色或土黄色，块状，有时具似流纹构造、杏仁构造（图4.3a、b）。显微镜下呈斑状、聚斑状结构，斑晶可占5%~35%，大小可在0.2~3.0mm，主要为半自形的中-更长石，有时可见环带，常具较强绢云母化、泥化；另有少量石英，常被溶蚀成浑圆状、港湾状（图4.3c）；偶见暗色矿物斑晶假象，由显微鳞片状集合体组成，表面吸附有较多铁质，保留有一定的颗粒外形（疑为黑云母或角闪石）（图4.3d）。

图4.3 英安斑岩的标本及显微照片

a. Zk55-1钻孔7m处英安斑岩，可见长石及浑圆状石英（Qtz）斑晶；b. Lz 46-1钻孔402m处英安斑岩；
c. a的正交偏光照片，可见斜长石（Pl）和石英（Qtz）斑晶，以及碳酸盐（Cb）化和绢云母（Ser）化；
d. b的正交偏光照片，可见斜长石（Pl）斑晶的绢云母化（Ser），暗色矿物角闪石（Hb?）的
斑晶假象，已蚀变，可变为黑云母（Bi）等

基质具霏细结构、球粒结构等,主要由绢云母化的粒状和少量柱粒状微晶长英质组成,副矿物有少量磷灰石、锆石和不透明矿物等。岩石均受到不同程度的热液蚀变,包括硅化、绢云母化、绿泥石化、黝帘石化、碳酸盐化等。

(3)中基性次火山岩,主要岩石类型有石英安山玢岩、安山玢岩、玄武安山玢岩、安山玄武玢岩等,在结构和成分上相互过渡。分布于矿区东部、西北部和南部。走向有 NW、NNW、NE 及 NNE,以走向 NW,倾向 NE,倾角 35°~65°者为主。脉宽十厘米至数米;长数米至数十米,可大于 600m。

中基性次火山岩类岩石可呈灰绿色、灰黑色、褐黄色,块状构造、杏仁构造,可发育角砾状构造。显微镜下为斑状、似斑状结构。斑晶约占 20%~50%(大小为 0.5~3mm),主要有假象角闪石或辉石(长条状,长多在 0.5~1mm,最长可达 2mm,由绿泥石、黏土矿物组成,可见 Fe 质析出),板条状蚀变或残留斜长石(中-更长石,绢云母化、帘石化、硅化)(图 4.4a、b),有时含少量石英,构成石英安山玢岩(图 4.4c、d)。基质一般为交织状结构、间粒间隐结构,常显定向排列,以板条状斜长石(长<0.3mm)、柱粒状长石、绿泥石等为主,并有较多铁质,偶有石英、碳酸盐等。副矿物有磷灰石、金红石、尘粒状磁铁矿、白钛矿等。蚀变较强,主要有碳酸盐化、绢云母化、绿泥石化、硅化、黝帘石化等。杏仁中充填物为石英和碳酸盐。

图 4.4 中基性次火山岩的标本及显微照片

a. Lz46-1 钻孔 158m 处安山玢岩;b. 安山玢岩的正交偏光照片,可见绢云母化板条状斜长石(Ser-Pl)斑晶似定向,基质为交织状,可见碳酸盐化辉石(Cb-Px)假象;c. 545m 中段采集的安山玢岩;d. c 的单偏光显微照片,可见含石英(Qtz)及蚀变角闪石(Alt-Hb)的斑晶,基质中可见长条状的斜长石(Pl)

（4）煌斑岩类：主要见于矿区西南部，走向 NE、近 SN 和 NW，以近 SN 向为主，西倾，倾角 70°~80°。脉宽一般数厘米至数米，脉长数米至数十米。是最晚期的脉岩种类。

该类岩石宏观特点是暗色矿物斑晶明显，有斑晶无杏仁。根据暗色矿物斑晶的成分，可分为闪斜煌斑岩、云斜煌斑岩、辉石煌斑岩等。以闪斜煌斑岩为主，岩石一般为灰绿色、深灰色；显微镜下为细粒斑状结构，斑晶以柱状普通角闪石为主，常具有强蚀变（阳起石化、绿泥石化、碳酸盐化等，并析出磁铁矿），基质为细粒、似交织状结构，主要有角闪石、黑云母、斜长石、绿泥石以及磷灰石、磁铁矿等副矿物（图4.5）。

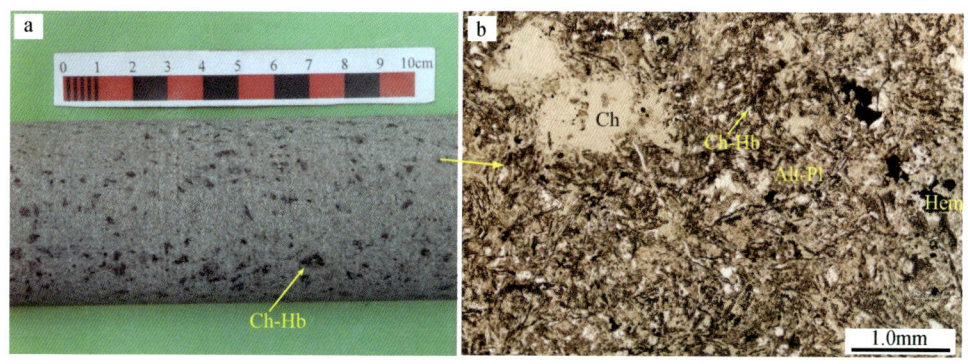

图 4.5 闪斜煌斑岩的标本及显微照片
a. Zk25-5 钻孔 473m 煌斑岩，可见绿泥石化角闪石（Ch-Hb）斑晶；b. a 的单偏光显微照片，可见斑晶已绿泥石（Ch）化，基质中绿泥石化角闪石（Ch-Hb）和蚀变斜长石（Alt-Pl）交织，含少量赤铁矿（Hem）

（5）辉绿岩类：见于老区西部和南区，岩石为灰绿色、黄绿色，细粒块状，无斑晶无杏仁。显微镜下呈蚀变辉绿结构（图4.6），蚀变较强，暗色矿物已强绿泥石化、绿帘石化，隐约可见半自形板条状基性斜长石交织，其间隙充填有绿泥石、磁铁矿等。由于受到后期矿化蚀变影响，可见硅质、硫化物、碳酸盐等细脉、网脉穿插。

图 4.6 辉绿岩的标本及显微照片
a. Zk25-5 钻孔 217m 处辉绿岩，细粒无斑；b. a 的单偏光显微照片，大部蚀变为绿泥石（Ch）、碳酸盐（Cb）和石英（Qtz）等，可见残留的斜长石（Pl）

（6）闪长岩：见于老区东部 Zk56-1 钻孔。岩石为中细粒灰白色块状，显微镜下呈变余细粒结构（粒径 0.2~1mm），蚀变较强。原岩主要由斜长石和角闪石等暗色矿物组成，斜长石已多蚀变为碳酸盐、绿泥石、石英，少量残余，暗色矿物多蚀变为碳酸盐矿物、绿泥石以及绿帘石、黑云母、白云母和磁铁矿等。其中含少量磷灰石、钛铁矿、榍石等副矿物。值得注意的是，该闪长岩脉中有"细脉浸染状"硫化物发育（图4.7），显微镜下可见，这些硫化物主要为黄铜矿，其次为闪锌矿和少量黄铁矿、方铅矿，它们与石英一起呈不规则细脉状穿插于闪长岩中，并渗透交代，从矿物组合来看，其与闪长岩差别较大，应为后期硫化物矿化引起，即闪长岩早于矿化形成。

图 4.7　闪长岩的标本及显微照片

a. Zk56-1 钻孔 146m 处含硫化物脉的闪长岩；b. a 的正交偏光照片，可见含黄铜矿（Ccp）石英（Qtz）脉穿插，闪长岩已强烈蚀变，有碳酸盐（Cb）化、黑云母（Bi）化等，有残留板柱状斜长石（Pl）；c. 同 b，单偏光；d. 同 b，反射光

二、地球化学特征

（一）主元素特征

大井矿区脉岩发育，从基性→中性→酸性岩类均有发育，在 SiO_2-全碱（K_2O+Na_2O）

图中样品点在玄武岩→流纹岩区间均有分布,岩石类型主要为亚碱性(表4.1,图4.8a)。从图4.8b、c、d中可看出,研究区脉岩从基性→酸性,从煌斑岩→辉绿岩→安山玢岩→英安斑岩→闪长岩→霏细岩,地球化学特征有从拉斑玄武岩系列向高钾钙碱性系列、从镁质向铁质再到富碱性、从钠质到钾质、从偏铝质到过铝质的变化趋势。

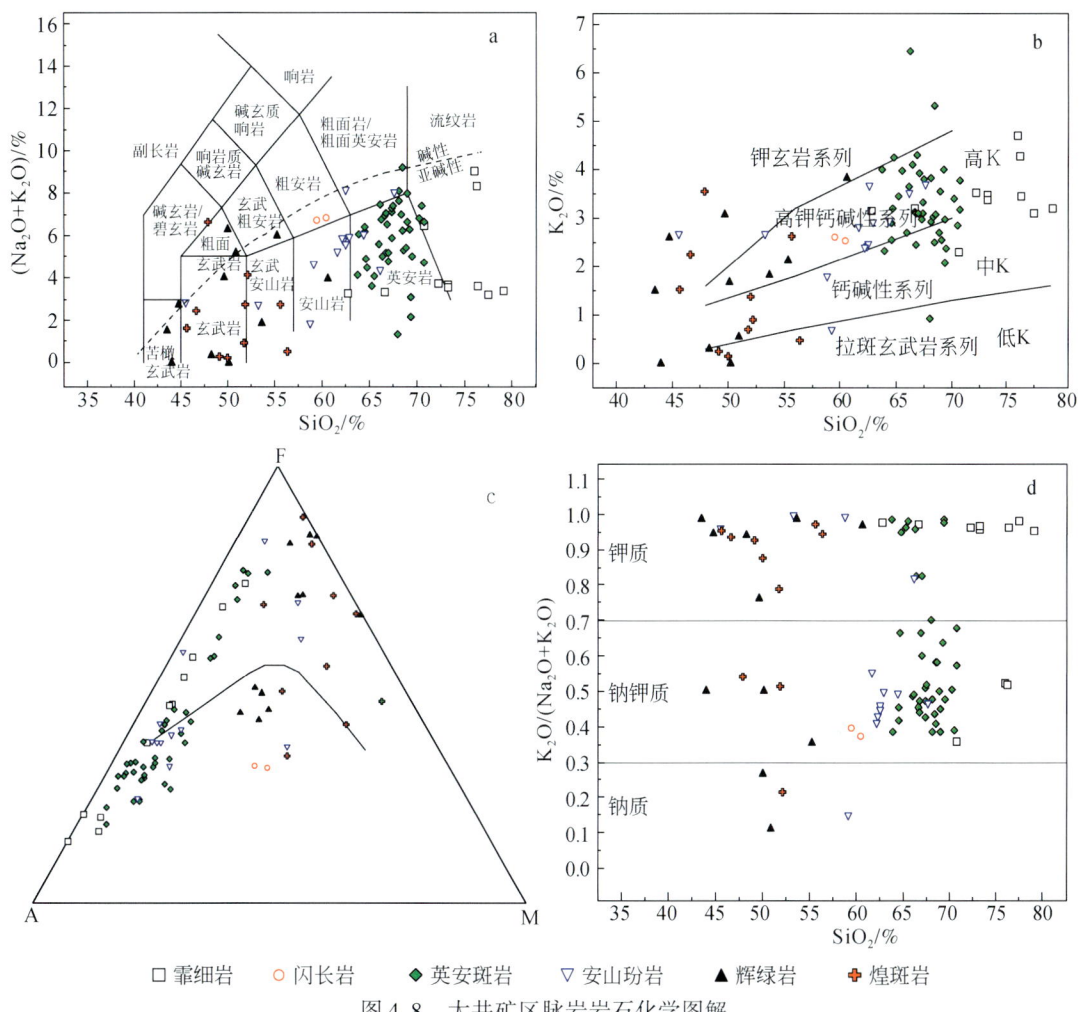

图4.8 大井矿区脉岩岩石化学图解

a. 全碱-硅(TAS)图(据LeBas et al., 1986;虚线据Irvine and Baragar, 1971);b. FAM图解(据Irvine and Baragar, 1971);c. K_2O-SiO_2图解(据Peccerillo and Taylor, 1976);d. K_2O/全碱-SiO_2图解

煌斑岩类SiO_2含量为45.7%~56.44%,属于基性-中基性岩范畴,相当于玄武质-玄武安山质岩石组合(图4.8a);TiO_2含量为0.81%~1.36%,为低钛煌斑岩;K_2O含量为0.14%~3.53%,Na_2O含量为0.02%~3.24%,K_2O/Na_2O值为0.27%~32.75%,全碱(K_2O+Na_2O)含量较低,为0.16%~6.58%,Al_2O_3含量为10.95%~16.32%,K/Al(mol)值为0.01~0.47,K/(K+Na)(mol)值为0.15~0.96,在K/Al-K/(K+Na)分类图中(路凤香等,1991;Rock et al., 1991)(图4.9),研究区煌斑岩主要为超钾质煌斑岩,有从弱钾质向钾质、超钾质过渡的趋势。MgO含量为1.87%~12.70%,变化较大,$Mg^{\#}$为

37.20~74.59（表4.1），表明其岩浆可能来自于地幔（邓晋福，1987）。

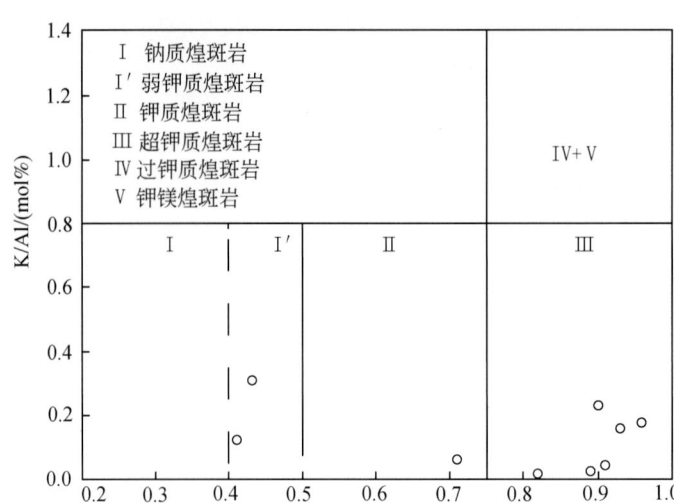

图4.9 大井矿区煌斑岩 K/Al-K/(K+Na) 图解（据路凤香等，1991）

辉绿岩类 SiO_2 含量为 43.5%~60.63%，全碱（K_2O+Na_2O）含量为 0.04%~6.30%，K_2O/Na_2O 值为 0.12~92.00，Al_2O_3 含量为 12.50%~18.99%，FeO^T 含量为 6.61%~25.73%，MgO 含量为 2.70%~8.60%，CaO 含量为 0.20%~8.64%，$Mg^\#$ 为 27.77~73.79，σ 为 0~5.60（表4.1）。在 SiO_2-(K_2O+Na_2O) 图解上（图4.8a），岩石主要落在玄武-玄武安山岩区。

安山玢岩 SiO_2 含量为 45.59%~67.68%，Al_2O_3 含量为 13.66%~18.58%，K_2O 含量为 0.66%~3.66%，Na_2O 含量为 0.02%~4.41%，FeO^T 含量为 2.82%~16.36%，MgO 含量为 0.20%~5.12%，CaO 含量为 0.20%~5.00%。K_2O/Na_2O 值为 0.17~132，全碱（K_2O+Na_2O）含量为 1.78%~8.04%，铝饱和指数 A/CNK 为 0.87~4.69，σ 为 0.20~3.30，均小于或等于 3.3，主要为偏铝质-过铝质高钾钙碱性岩石（图4.8）。在 SiO_2-(K_2O+Na_2O) 图解上（图4.8a），岩石主要落在安山岩区，这与岩石学特征吻合。

英安斑岩类 SiO_2 含量为 63.83%~70.80%，Al_2O_3 含量为 10.48%~16.30%，K_2O 含量为 0.91%~4.68%，Na_2O 含量为 0.04%~4.68%，FeO^T 含量为 1.75%~16.38%，MgO 含量为 0.30%~1.37%，CaO 含量为 0.14%~3.64%。K_2O/Na_2O 值为 0.62~57.14，全碱（K_2O+Na_2O）含量为 1.30%~9.18%，铝饱和指数 A/CNK 为 1.01~3.41，σ 为 0.07~3.30，均小于或等于 3.3，为过铝质钙碱性-高钾钙碱性岩石（图4.8）。在 SiO_2-(K_2O+Na_2O) 图解上（图4.8a），岩石主要落在英安岩区，与岩石学特征吻合。

闪长岩类 SiO_2 含量为 59.62%~60.5%，Al_2O_3 含量为 14.26%~14.44%，K_2O 含量为 2.51%~2.60%，Na_2O 含量为 0.07%~4.33%，FeO^T 含量为 0.70%~11.72%，MgO 含量为 0.02%~1.07%，CaO 含量为 0.06%~2.40%。K_2O/Na_2O 值为 0.55~44.14，全碱（K_2O+Na_2O）含量为 3.16%~9.02%，铝饱和指数 A/CNK 为 0.95~3.44，σ 为 0.29~2.46，均小于 3.3，主要为偏铝质高钾钙碱性岩石（图4.8）。

表 4.1 大井矿区岩脉主元素分析结果表

岩石类型	样品编号	SiO$_2$	TiO$_2$	Al$_2$O$_3$	Fe$_2$O$_3$	FeO	MnO	MgO	CaO	Na$_2$O	K$_2$O	P$_2$O$_5$	Fe$_2$O$_3^T$	FeO^T	LOI	Total	Na$_2$O+K$_2$O	K$_2$O/Na$_2$O	σ	A/CNK	A/NK	备注
	DJ14	66.69	0.06	13.82	0.03	8.12	0.20	0.57	0.22	0.10	3.19	0.01	9.05	8.14	6.31	99.32	3.29	31.90	0.46	3.44	3.82	②
	Q931	70.76	0.29	14.65	0.92	0.83	0.02	0.33	2.40	4.15	2.30	0.09	1.75	1.66		96.74	6.45	0.55	1.50	1.07	1.57	①
	Q204	73.36	0.09	12.81	2.40	2.16	0.08	0.41	0.11	0.16	3.46	0.01	4.56	4.32		95.05	3.62	21.63	0.43	3.04	3.20	①
霏细岩	1	76.09	0.21	12.13	0.96	0.61	0.05	0.02	0.31	4.33	4.69	0.05	1.64	1.47	0.44	99.89	9.02	1.08	2.46	0.95	0.99	③
	5	76.25	0.32	12.40	1.05	1.16	0.05	0.02	0.22	4.02	4.26	0.03	2.34	2.10	0.36	100.14	8.28	1.06	2.06	1.07	1.10	③
	Q205	77.53	0.09	11.38	1.64	1.47	0.06	0.37	0.12	0.07	3.09	0.03	3.11	2.95		95.85	3.16	44.14	0.29	3.09	3.29	①
	Q401	79.24	0.09	12.74	0.39	0.35	0.02	0.22	0.06	0.16	3.19	0.01	0.74	0.70		96.47	3.35	19.94	0.31	3.33	3.43	①
	DJ12	62.81	0.38	13.50	0.05	11.68	0.16	1.07	0.24	0.08	3.14	0.11	13.03	11.72	5.59	98.81	3.22	39.25	0.52	3.40	3.82	②
	DJ91	73.34	0.08	14.01	0.23	3.00	0.11	0.37	0.86	0.13	3.37	0.02	3.56	3.20	4.00	99.52	3.50	25.92	0.40	2.58	3.63	②
	DJ1	76.39	0.09	13.73	0.27	2.00	0.07	0.30	0.19	0.15	3.43	0.02	2.49	2.24	3.25	99.89	3.58	22.87	0.38	3.19	3.47	⑤
	DJ3	72.25	0.08	13.13	0.74	4.60	0.08	0.42	0.14	0.15	3.52	0.02	5.85	5.27	4.74	99.87	3.67	23.47	0.46	3.05	3.24	⑤
闪长岩	DJA8	59.62	0.80	14.44	3.73	2.25	0.10	5.90	3.15	4.07	2.60	0.19	6.23	5.61	2.86	99.71	6.67	0.64	2.68	0.95	1.52	⑤
	DJA9	60.50	0.78	14.26	3.46	2.40	0.10	5.18	3.48	4.29	2.51	0.18	6.13	5.51	2.58	99.72	6.80	0.59	2.64	0.89	1.46	⑤
	W04	63.83	0.44	13.83	9.11	8.18	0.12	1.04	0.40	0.07	4.00	0.15	18.20	16.38		101.17	4.07	57.14	0.80	2.67	3.11	①
	Q803	63.98	0.78	15.50	2.44	2.19	0.06	0.72	3.64	3.69	2.31	0.30	4.63	4.39		95.61	6.00	0.63	1.72	1.02	1.81	①
	Q203	64.82	0.46	15.09	3.89	3.50	0.14	1.00	0.33	0.23	4.23	0.14	7.39	7.00		93.83	4.46	18.39	0.91	2.72	3.04	①
	W03	65.30	0.48	15.89	5.92	5.31	0.04	1.05	0.52	0.14	3.45	0.15	11.82	10.64	4.68	98.25	3.59	24.64	0.58	3.24	4.01	②
	Y15	65.59	0.40	15.16	0.03	7.79	0.13	0.96	0.28	0.09	3.96	0.15	8.69	7.82	4.93	99.22	4.05	44.00	0.73	3.07	3.42	①
英安岩	Y203	66.03	0.74	16.29	5.04	4.52	0.04	1.37	0.35	2.88	2.69	0.15	10.06	9.05	5.07	100.10	5.57	0.93	1.35	1.97	2.13	②
	17	66.29	0.35	14.57	0.03	5.22	0.12	0.82	0.27	0.29	6.45	0.16	5.83	5.24		99.50	6.74	22.24	1.95	1.83	1.95	②
	Y18	66.49	0.42	16.30	0.02	4.61	0.14	1.01	0.33	0.89	4.10	0.18	5.15	4.63		99.56	4.99	4.61	1.06	2.51	2.76	①
	Q110	66.73	0.51	15.37	1.73	1.55	0.06	0.41	2.73	3.78	3.12	0.14	3.28	3.11		96.13	6.90	0.83	2.01	1.06	1.60	①
	Q113	67.12	0.49	15.42	1.21	1.08	0.04	0.63	2.40	0.84	3.92	0.14	2.29	2.17		93.29	4.76	4.67	0.94	1.54	2.74	①
	Q901	67.43	0.46	15.13	1.85	1.66	0.05	0.90	2.10	3.78	3.32	0.13	3.51	3.32		96.81	7.10	0.88	2.06	1.11	1.54	①

续表

岩石类型	样品编号	SiO$_2$	TiO$_2$	Al$_2$O$_3$	Fe$_2$O$_3$	FeO	MnO	MgO	CaO	Na$_2$O	K$_2$O	P$_2$O$_5$	Fe$_2$O$_3^T$	FeO^T	LOI	Total	Na$_2$O+K$_2$O	K$_2$O/Na$_2$O	σ	A/CNK	A/NK	备注
英安岩	Q814	68.12	1.12	12.88	3.83	3.45	0.08	0.90	1.18	0.39	0.91	0.77	7.28	6.90		93.63	1.30	2.33	0.07	3.41	7.92	①
	3	68.14	0.57	15.61	2.86	0.87	0.07	0.32	0.68	4.23	3.81	0.12	3.83	3.44	2.27	99.55	8.04	0.90	2.57	1.27	1.41	③
	7	68.39	0.47	15.06	1.55	1.66	0.06	0.87	1.64	3.93	3.01	0.13	3.39	3.05	4.28	101.05	6.94	0.77	1.90	1.19	1.55	③
	Q707	68.53	0.49	15.45	2.03	1.82	0.02	1.25	0.97	3.68	2.50	0.13	3.85	3.65		96.87	6.18	0.68	1.50	1.47	1.76	①
	Y20	68.53	0.41	14.47	0.01	3.14	0.04	1.19	0.42	3.87	5.31	0.14	3.50	3.15	2.12	99.65	9.18	1.37	3.30	1.12	1.19	②
	Q305	69.42	0.48	10.48	4.83	4.34	0.14	0.72	0.84	0.04	2.07	0.44	9.17	8.69		93.80	2.11	51.75	0.17	2.73	4.54	①
	Q206	69.43	0.07	11.04	5.51	4.96	0.17	0.67	0.14	0.08	2.96	0.01	10.47	9.92		95.04	3.04	37.00	0.35	3.08	3.31	①
	DJ97	66.95	0.47	14.88	0.53	2.90	0.04	0.96	1.70	2.18	4.28	0.17	3.75	3.37	4.37	99.42	6.46	1.96	1.74	1.32	1.81	②
	D-47	66.78	0.44	13.99	0.67	1.68	0.05	1.31	3.18	2.74	2.43	0.14	2.54	2.28	6.47	99.88	5.17	0.89	1.12	1.08	1.96	④
	DZ22	68.64	0.51	14.92	1.14	2.80	0.09	1.32	1.26	2.20	3.06	0.19	4.25	3.83	4.00	100.13	5.26	1.39	1.08	1.62	2.15	④
	DZ09	67.48	0.46	14.96	1.32	1.40	0.03	1.07	2.21	4.17	3.08	0.13	2.88	2.59	3.50	99.81	7.25	0.74	2.15	1.05	1.47	④
	D-10	69.09	0.49	15.46	2.45	0.30	0.03	0.36	1.78	4.08	2.53	0.13	2.78	2.50	3.41	100.12	6.61	0.62	1.67	1.22	1.64	④
	D-9	70.58	0.50	15.73	1.56	0.35	0.02	0.56	1.01	4.53	2.84	0.14	1.95	1.75	2.30	100.12	7.37	0.63	1.97	1.27	1.49	④
	D-1	69.01	0.49	15.35	1.03	1.85	0.04	1.20	1.00	4.40	3.54	0.15	3.09	2.78	1.81	99.87	7.94	0.80	2.42	1.19	1.39	④
	D-48	64.61	0.46	14.70	0.71	2.18	0.09	1.35	3.23	3.60	2.54	0.14	3.13	2.82	6.14	99.75	6.14	0.71	1.74	1.01	1.70	④
	D-3	68.23	0.48	15.28	2.23	0.25	0.02	0.40	2.11	4.68	2.92	0.14	2.51	2.26	3.24	99.98	7.60	0.62	2.29	1.04	1.41	④
	L209	66.80	0.45	14.90	2.44	1.07	0.10	0.60	2.00	3.96	3.08	0.11	3.63	3.27	3.87	99.38	7.04	0.78	2.08	1.10	1.51	④
	L317	64.60	0.55	15.00	2.17	1.70	0.10	0.90	2.90	3.52	2.88	0.13	4.06	3.65	4.78	99.23	6.40	0.82	1.90	1.06	1.68	④
	L801	69.60	0.46	14.30	0.70	3.77	0.10	1.20	1.40	2.60	2.36	0.18	4.89	4.40	3.90	100.57	4.96	0.91	0.92	1.53	2.09	④
	L802	66.20	0.43	14.75	1.33	2.83	0.12	1.10	2.10	3.80	3.64	0.10	4.47	4.03	3.50	99.90	7.44	0.96	2.39	1.05	1.45	④
	L529	64.70	0.45	14.85	2.30	1.83	0.18	0.60	3.10	1.64	3.20	0.10	4.33	3.90	6.05	99.00	4.84	1.95	1.08	1.26	2.41	④
	L539	67.40	0.45	15.10	2.24	1.63	0.12	0.40	2.50	2.88	2.96	0.12	4.05	3.65	4.50	100.30	5.84	1.03	1.40	1.21	1.90	④
	L537	67.00	0.45	14.80	1.40	3.40	0.16	0.70	2.20	2.08	3.08	0.11	5.18	4.66	4.41	99.79	5.16	1.48	1.11	1.38	2.19	④
	L6-1	70.80	0.46	15.25	1.80	1.70	0.12	0.40	0.40	2.84	3.76	0.16	3.69	3.32	3.02	100.71	6.60	1.32	1.57	1.61	1.74	④

续表

岩石类型	样品编号	SiO_2	TiO_2	Al_2O_3	Fe_2O_3	FeO	MnO	MgO	CaO	Na_2O	K_2O	P_2O_5	$Fe_2O_3^T$	FeO^T	LOI	Total	Na_2O+K_2O	K_2O/Na_2O	σ	A/CNK	A/NK	备注
英安岩	L621	67.60	0.40	14.35	1.19	2.64	0.08	0.80	1.90	3.56	3.80	0.11	4.12	3.71	3.27	99.70	7.36	1.07	2.20	1.07	1.44	④
	1518	70.80	0.48	15.15	0.99	2.70	0.12	1.00	0.46	1.50	3.16	0.12	3.99	3.59	3.29	99.77	4.66	2.11	0.78	2.25	2.57	④
	L-5-1	69.30	0.40	15.95	2.32	1.00	0.12	0.30	0.40	2.28	4.00	0.14	3.43	3.09	3.43	99.64	6.28	1.75	1.50	1.81	1.97	④
	L601	68.90	0.37	14.65	1.53	1.39	0.12	0.40	2.70	2.72	2.68	0.13	3.07	2.77	4.62	100.21	5.40	0.99	1.13	1.19	1.99	④
	L1-1	70.30	0.43	15.40	1.89	1.26	0.06	0.40	0.50	3.40	3.40	0.16	3.29	2.96	2.79	99.99	6.80	1.00	1.69	1.51	1.66	④
	Q314	59.24	0.65	13.66	2.98	2.68	0.11	5.12	4.70	3.92	0.66	0.16	5.66	5.36		93.88	4.58	0.17	1.29	0.87	1.91	①
	6	62.37	0.67	15.35	2.51	1.86	0.08	0.97	3.96	3.26	2.39	0.14	4.58	4.12	6.12	99.68	5.65	0.73	1.65	1.01	1.93	③
	2	62.61	0.91	15.98	3.14	2.45	0.10	1.10	3.48	4.41	3.63	0.49	5.86	5.28	2.45	100.75	8.04	0.82	3.30	0.91	1.43	③
	Q501	67.68	0.52	15.27	1.57	1.41	0.03	1.11	1.98	4.27	3.66	0.15	2.98	2.82		97.65	7.93	0.86	2.55	1.05	1.39	①
	Q105	62.93	0.68	15.17	1.78	1.61	0.05	1.26	4.41	2.95	2.88	0.21	3.39	3.21		93.93	5.83	0.98	1.71	0.95	1.90	①
	DJ92	45.59	1.27	18.58	2.96	13.70	0.11	4.71	1.50	0.12	2.63	0.37	18.18	16.36	6.56	98.10	2.75	21.92	2.92	3.22	6.10	②
安山玢岩	D-42	62.54	0.60	15.34	2.78	1.85	0.04	1.14	3.82	3.08	2.43	0.18	4.84	4.35	5.95	99.75	5.51	0.79	1.55	1.05	1.99	④
	1501	62.20	0.73	15.35	2.23	1.76	0.12	0.70	4.10	3.44	2.36	0.20	4.19	3.77	5.95	99.14	5.80	0.69	1.75	0.98	1.87	④
	L551	64.40	0.58	15.20	2.30	1.76	0.12	0.60	3.90	3.04	2.92	0.13	4.26	3.83	5.39	100.34	5.96	0.96	1.66	1.00	1.86	④
	L811	58.80	0.63	14.20	11.32	2.77	0.12	0.90	0.60	0.02	1.76	0.16	14.40	12.96	7.82	99.10	1.78	88.00	0.20	4.69	7.33	④
	L720	61.70	0.67	15.40	2.67	1.50	0.12	0.50	5.00	2.32	2.80	0.28	4.34	3.90	6.95	99.89	5.12	1.21	1.40	0.97	2.25	④
	1981	66.20	0.53	16.20	5.51	1.07	0.14	0.20	0.20	0.80	3.48	0.16	6.70	6.03	4.68	99.17	4.28	4.35	0.79	2.97	3.19	④
	1653	53.30	1.08	15.55	0.90	9.82	0.42	4.30	1.70	0.02	2.64	0.34	11.81	10.63	8.93	99.00	2.66	132.00	0.69	2.60	5.38	④
	Q501	50.09	1.10	15.50	5.22	4.69	0.13	5.47	5.58	4.61	1.69	0.40	9.91	9.39		94.48	6.30	0.37	5.60	0.79	1.65	①
	8	50.98	0.76	17.89	4.64	2.50	0.12	3.95	8.64	4.61	0.57	0.26	7.42	6.68	4.49	99.41	5.18	0.12	3.36	0.75	2.18	③
	4	55.35	0.98	16.86	3.59	4.16	0.12	3.46	6.04	3.88	2.14	0.22	8.21	7.39	2.99	99.79	6.02	0.55	2.93	0.86	1.94	③
辉绿岩	W02	60.63	0.53	18.99	0.03	6.59	0.06	2.75	0.45	0.13	3.85	0.22	7.35	6.61	4.94	99.17	3.98	29.62	0.90	3.65	4.33	②
	DJ98	44.81	1.46	13.28	6.34	14.50	0.33	5.59	3.03	0.15	2.61	0.82	22.45	20.20	5.03	97.95	2.76	17.40	4.21	1.55	4.32	②
	L022	44.00	1.00	14.35	1.96	23.97	0.16	4.80	0.20	0.02	0.02	0.18	28.60	25.73	9.46	100.12	0.04	1.00	0.00	34.32	263.07	④

续表

岩石类型	样品编号	SiO$_2$	TiO$_2$	Al$_2$O$_3$	Fe$_2$O$_3$	FeO	MnO	MgO	CaO	Na$_2$O	K$_2$O	P$_2$O$_5$	Fe$_2$O$_3^T$	FeO^T	LOI	Total	Na$_2$O+K$_2$O	K$_2$O/Na$_2$O	σ	A/CNK	A/NK	备注
辉绿岩	L955	43.50	1.25	17.50	19.37	2.64	0.34	2.70	0.60	0.02	1.52	0.28	22.30	20.07	10.42	100.14	1.54	76.00	4.74	6.32	10.43	④
	L301	53.70	0.95	15.30	3.56	9.19	0.36	3.30	0.50	0.02	1.84	0.16	13.77	12.39	5.64	94.52	1.86	92.00	0.32	5.22	7.56	④
	L811	50.20	0.81	12.50	2.66	14.46	0.24	8.60	0.60	0.02	0.02	0.56	18.73	16.85	8.10	98.77	0.04	1.00	0.00	10.91	229.15	④
	L931	48.30	0.94	15.45	5.59	17.61	0.24	3.80	0.40	0.02	0.32	0.37	25.16	22.64	8.15	101.19	0.34	16.00	0.02	13.96	40.74	④
	L1514	49.70	1.06	16.90	1.88	4.97	0.18	3.10	6.50	0.96	3.08	0.33	7.40	6.66	12.30	100.96	4.04	3.21	2.44	1.01	3.44	④
	Q403	55.68	0.98	16.32	5.47	4.92	0.05	1.87	0.75	0.08	2.62	0.37	10.39	9.84		89.11	2.70	32.75	0.57	3.77	5.50	①
	Q101	56.44	1.12	12.56	11.14	10.03	0.12	3.85	1.05	0.03	0.47	0.73	21.17	20.05		97.54	0.50	15.67	0.02	5.09	22.51	①
	9	51.86	0.93	12.49	4.45	13.04	0.25	6.26	1.10	0.19	0.70	0.63	18.94	17.04	7.56	99.46	0.89	3.68	0.09	4.07	11.67	③
	DJ99	51.99	1.36	12.54	3.98	7.45	0.27	6.63	3.61	1.31	1.36	0.68	12.26	11.04	6.64	97.82	2.67	1.04	0.79	1.23	3.46	②
煌斑岩	D-20	47.88	0.90	12.55	2.90	4.48	0.13	7.38	6.50	3.05	3.53	0.55	7.88	7.09	11.00	100.85	6.58	1.16	8.87	0.61	1.42	④
	D-21	46.71	0.84	10.95	1.93	4.43	0.15	6.53	9.55	0.16	2.23	0.50	6.85	6.17	15.99	99.97	2.39	13.94	1.54	0.55	4.09	④
	L352	52.20	1.00	14.10	3.91	4.53	0.16	4.40	6.50	3.24	0.88	0.36	8.94	8.05	8.80	100.08	4.12	0.27	1.85	0.78	2.24	④
	L191	49.20	1.13	13.80	4.53	13.21	0.36	8.50	1.10	0.02	0.24	0.50	19.21	17.29	8.27	100.86	0.26	12.00	0.01	6.02	47.15	④
	L945	50.00	0.94	12.15	15.44	8.12	0.38	8.50	0.80	0.02	0.14	0.70	24.46	22.01	8.67	100.06	0.16	7.00	0.00	7.41	65.88	④
	L2-2	45.70	0.81	10.95	1.11	11.26	0.06	12.70	4.40	0.08	1.52	0.55	13.62	12.26	10.55	99.69	1.60	19.00	0.95	1.12	6.16	④

注：①据王永争（2001）；②本书测试；③据张德全等（1994）；④据北京矿产地质研究所（1989）[1]；⑤据有色金属矿产地质调查中心（2013）[2]。部分辉绿岩样品原文为玄武岩。

---

[1] 北京矿产地质研究所. 1989. 内蒙古林西县大井锡多金属硫化物矿床地质环境成矿模式及找矿预测. 154.
[2] 有色金属矿产地质调查中心. 2013. 大兴安岭中南段有色金属成矿远景区划. 150-156.

霏细岩类 SiO_2 含量为 62.81%～79.24%，Al_2O_3 含量为 11.38%～14.65%，K_2O 含量为 2.30%～4.69%，Na_2O 含量为 4.07%～4.29%，FeO^T 含量为 5.51%～5.61%，MgO 含量为 5.18%～5.9%，CaO 含量为 3.15%～3.48%。K_2O/Na_2O 值为 0.59～0.64，全碱（K_2O+Na_2O）含量为 6.67%～6.80%，铝饱和指数 A/CNK 为 0.89～0.95，σ 为 2.64～2.68，均小于或等于 3.3，主要为偏铝质高钾钙碱性岩石（图 4.8）。在 SiO_2-（K_2O+Na_2O）图解上（图 4.8a），投点主要落在流纹岩范围内。

（二）稀土微量元素特征

研究区脉岩稀土元素组成见表 4.2。从表 4.2 和图 4.10 中可以看出，不同岩类总的稀土特征相似，均表现为轻稀土富集、重稀土相对亏损的右倾型配分模式。但稀土元素总量、轻重稀土分异程度、Eu 异常等特征略有差异。

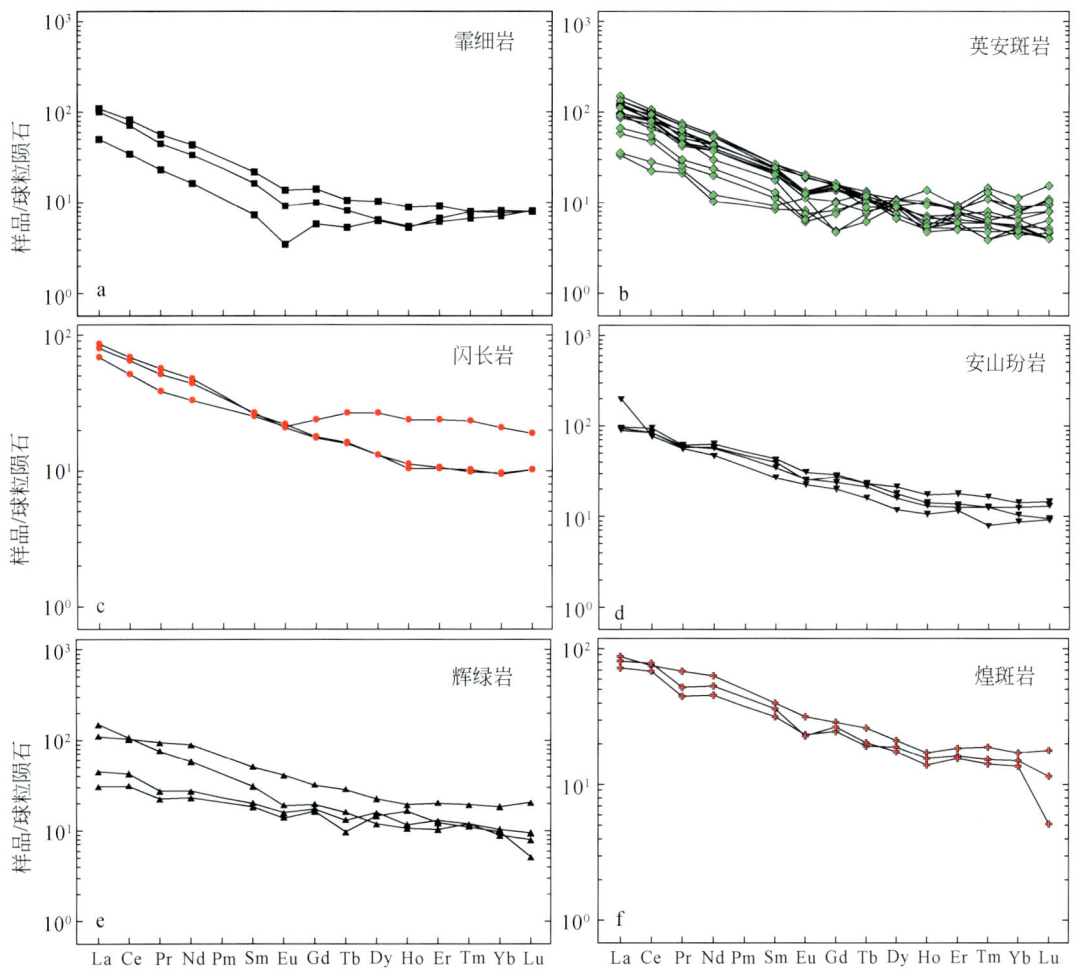

图 4.10 大井矿脉岩稀土元素球粒陨石标准化图

球粒陨石标准化值引自 Sun and McDonough，1989

表 4.2 大井矿床岩脉稀土元素特征参数表

岩石类型	样品编号	La	Ce	Pr	Nd	Sm	Eu	Gd	Tb	Dy	Ho	Er	Tm	Yb	Lu	ΣREE	LREE	HREE	LREE/HREE	(La/Yb)$_N$	δEu	备注
霏细岩	DJ1-4	12.00	21.00	2.20	7.70	1.10	0.20	1.20	0.20	1.60	0.30	1.10	0.20	1.30	0.20	50.30	44.20	6.10	7.25	6.62	0.53	①
	DJ1-12	26.00	50.00	5.40	20.00	3.30	0.80	2.90	0.40	2.60	0.50	1.50	0.20	1.40	0.20	115.20	105.50	9.70	10.88	13.32	0.77	①
	DJ09-1	23.80	42.90	4.25	15.70	2.50	0.53	2.08	0.30	1.67	0.31	1.01	0.17	1.22	0.21	96.65	89.68	6.96	12.88	13.99	0.70	①
	YX-10	16.20	31.10	3.64	15.20	3.84	1.22	4.87	0.99	6.75	1.33	3.96	0.59	3.52	0.48	93.69	71.20	22.49	3.17	3.30	0.86	①
闪长岩	DJA8	18.70	39.50	4.90	20.60	4.11	1.21	3.56	0.59	3.30	0.59	1.72	0.26	1.60	0.26	100.90	89.02	11.88	7.49	8.38	0.94	④
	DJA9	20.30	41.40	5.34	22.30	3.96	1.27	3.65	0.60	3.30	0.63	1.75	0.25	1.65	0.26	106.66	94.57	12.09	7.82	8.82	1.00	④
	YX-15	32.00	61.00	6.80	25.00	4.10	1.10	3.30	0.50	2.20	0.40	1.00	0.10	0.80	0.10	138.40	130.00	8.40	15.48	28.69	0.89	①
	YX-17	35.00	65.00	7.10	26.00	4.10	1.20	3.40	0.40	2.20	0.40	1.00	0.10	0.90	0.10	146.90	138.40	8.50	16.28	27.89	0.95	①
	YX-18	29.00	54.00	5.90	21.00	3.60	0.70	2.80	0.40	1.90	0.30	1.00	0.10	0.90	0.10	121.70	114.20	7.50	15.23	23.11	0.65	①
	YX-20	28.00	50.00	5.40	21.00	3.60	0.70	3.00	0.40	2.20	0.40	1.20	0.20	1.10	0.20	117.40	108.70	8.70	12.49	18.26	0.63	①
	YW-1	22.80	50.00	4.41	18.50	3.40	0.76	3.24	0.38	2.41	0.38	1.09	0.15	0.93	0.13	108.58	99.87	8.71	11.47	17.59	0.69	②
	DJ9-7	31.70	60.30	6.69	24.60	3.71	1.11	3.15	0.43	1.92	0.30	0.86	0.14	0.74	0.12	135.77	128.11	7.66	16.73	30.69	0.97	①
英安斑岩	J1-1-7	8.00	13.70	2.00	4.80	1.30	0.48	1.01	0.23	2.30	0.57	1.40	0.28	1.30	0.28	37.65	30.28	7.37	4.11	4.41	1.23	③
	J1-8-4	8.40	17.30	2.20	5.70	1.40	0.65	0.97	0.28	2.80	0.59	1.40	0.28	1.50	0.24	43.71	35.65	8.06	4.42	4.02	1.62	③
	Zk-4	22.20	39.70	4.80	14.00	2.70	0.43	1.70	0.39	2.70	0.77	1.50	0.37	1.90	0.39	93.55	83.83	9.72	8.62	8.38	0.57	③
	J1-1-5	27.60	49.80	6.00	17.60	3.10	0.65	2.10	0.47	2.80	0.58	1.30	0.33	1.40	0.26	113.99	104.75	9.24	11.34	14.14	0.74	③
	DR-1	13.70	28.94	2.49	9.41	1.71	0.36	1.56	0.42	1.71	0.28	1.23	0.15	0.95	0.10	63.01	56.61	6.40	8.85	10.34	0.66	③
	DR-7	20.31	44.72	4.01	17.52	3.31	0.77	3.31	0.38	2.66	0.54	1.45	0.18	1.11	0.12	100.39	90.64	9.75	9.30	13.12	0.70	③

第四章 成矿地质作用及成矿地质体

续表

岩石类型	样品编号	La	Ce	Pr	Nd	Sm	Eu	Gd	Tb	Dy	Ho	Er	Tm	Yb	Lu	ΣREE	LREE	HREE	LREE/HREE	(La/Yb)$_N$	δEu	备注
英安斑岩	DR-8	26.53	57.02	4.96	20.48	3.71	0.78	3.35	0.44	2.32	0.34	0.99	0.15	0.87	0.16	122.10	113.48	8.62	13.16	21.87	0.66	③
	DR-9	15.88	33.41	2.81	11.08	1.99	0.38	2.07	0.30	2.42	0.31	1.30	0.16	1.29	0.20	73.60	65.55	8.05	8.14	8.82	1.00	③
	DR-11	21.66	48.07	4.25	17.52	3.18	0.73	3.07	0.33	2.25	0.27	0.83	0.12	0.82	0.10	103.20	95.41	7.79	12.25	18.95	0.70	③
	Zk-7	47.00	47.00	5.30	22.00	4.10	1.30	4.10	0.60	3.00	0.60	1.90	0.20	1.48	0.23	138.81	126.70	12.11	10.46	22.78	0.96	②
安山玢岩	DJ-2	22.10	51.50	5.66	26.60	5.31	1.48	4.87	0.80	4.05	0.74	2.11	0.32	2.13	0.33	128.00	112.65	15.35	7.34	7.44	0.87	①
	DR-4	21.28	51.96	5.43	26.86	6.05	1.46	5.64	0.85	4.57	0.80	2.24	0.32	1.76	0.24	129.46	113.04	16.42	6.88	8.67	0.75	③
	DR-6	22.86	58.18	5.89	29.45	6.57	1.79	5.93	0.87	5.42	0.99	2.95	0.42	2.43	0.37	144.12	124.74	19.38	6.44	6.75	0.86	③
	WT-2	35.00	65.00	7.20	27.00	4.70	1.10	4.00	0.60	3.00	0.60	1.70	0.30	1.50	0.20	151.90	140.00	11.90	11.76	16.74	0.76	①
	DJ9-8	26.10	62.30	8.88	41.10	7.73	2.35	6.52	1.06	5.69	1.09	3.33	0.49	3.11	0.52	170.27	148.46	21.81	6.81	6.02	0.99	①
辉绿岩	DR-3	10.55	25.76	2.57	12.61	3.07	0.91	3.59	0.49	3.99	0.66	2.13	0.30	1.75	0.24	68.62	55.47	13.15	4.22	4.32	0.84	③
	DR-5	7.23	19.06	2.10	10.66	2.79	0.80	3.36	0.36	3.64	0.93	2.01	0.28	1.65	0.13	55.00	42.64	12.36	3.45	3.14	0.80	③
	DJ9-9	20.70	46.10	6.50	29.70	6.13	1.84	5.87	0.98	5.37	0.97	3.03	0.48	2.93	0.46	131.06	110.97	20.09	5.52	5.07	0.92	①
煌斑岩	DR-2	17.21	42.00	4.25	21.25	4.80	1.34	5.03	0.72	4.75	0.88	2.67	0.39	2.53	0.29	108.11	90.85	17.26	5.26	4.88	0.83	③
	DR-10	19.04	47.94	4.96	24.96	5.55	1.33	5.46	0.76	4.44	0.79	2.58	0.36	2.31	0.13	120.61	103.78	16.83	6.17	5.91	0.73	③

注：①本书测试数据；②据王玉往等（2006）；③据北京矿产地质研究所（1989）①；④据有色金属矿产地质调查中心（2013）②。(La/Yb)$_N$为球粒陨石标准化值，标准化值引自 Sun and McDonough, 1989。

① 北京矿产地质研究所. 1989. 内蒙古林西县大井锡多金属硫化物矿床地质环境成矿模式及找矿预测. 154.
② 有色金属矿产地质调查中心. 2013. 大兴安岭中南段有色金属成矿远景区划. 150~156.

煌斑岩类稀土总量 ΣREE 为 $108.11×10^{-6} \sim 131.06×10^{-6}$，$(La/Yb)_N$ 为 $4.88 \sim 5.91$，δEu 为 $0.73 \sim 0.92$，表现为弱的 Eu 负异常。辉绿岩类稀土总量 ΣREE 为 $55.00×10^{-6} \sim 170.27×10^{-6}$，变化较大，$(La/Yb)_N$ 为 $3.14 \sim 16.74$，δEu 为 $0.76 \sim 0.99$，表现为微弱的 Eu 负异常。安山玢岩稀土总量 ΣREE 为 $128.00×10^{-6} \sim 144.12×10^{-6}$，$(La/Yb)_N$ 为 $6.75 \sim 22.78$，δEu 为 $0.75 \sim 0.96$，表现为弱的 Eu 负异常。闪长岩稀土总量 ΣREE 为 $93.69×10^{-6} \sim 106.66×10^{-6}$，$(La/Yb)_N$ 为 $3.30 \sim 8.82$，δEu 为 $0.86 \sim 1.00$，表现为弱 Eu 负异常或无异常。英安斑岩稀土总量 ΣREE 为 $37.65×10^{-6} \sim 146.90×10^{-6}$，$(La/Yb)_N$ 为 $4.02 \sim 30.69$，δEu 为 $0.57 \sim 1.00$，同样表现为弱的 Eu 负异常或无异常。霏细岩稀土总量 ΣREE 为 $50.30×10^{-6} \sim 115.20×10^{-6}$，$(La/Yb)_N$ 为 $6.62 \sim 13.99$，δEu 为 $0.53 \sim 0.77$，具相对较强的 Eu 负异常。

综合分析对比来看，研究区不同脉岩稀土元素具有各自的特征（图4.10），从偏基性→偏酸性的岩石，其轻重稀土分异增强、Eu 负异常略加大，但整体来看差异不大，除霏细岩外其他各岩类稀土配分模式均较相似。

（三）微量元素特征

脉岩微量元素分析结果见表4.3。不同脉岩之间微量元素具有与稀土元素类似的特征（图4.11），各脉岩总的配分模式类似。总的来看，Cs、Rb、U、K 含量相对较高，高场强元素 Th、Zr、Hf 较为富集，而 Nb、Ta 相对亏损，Ti 含量较低。

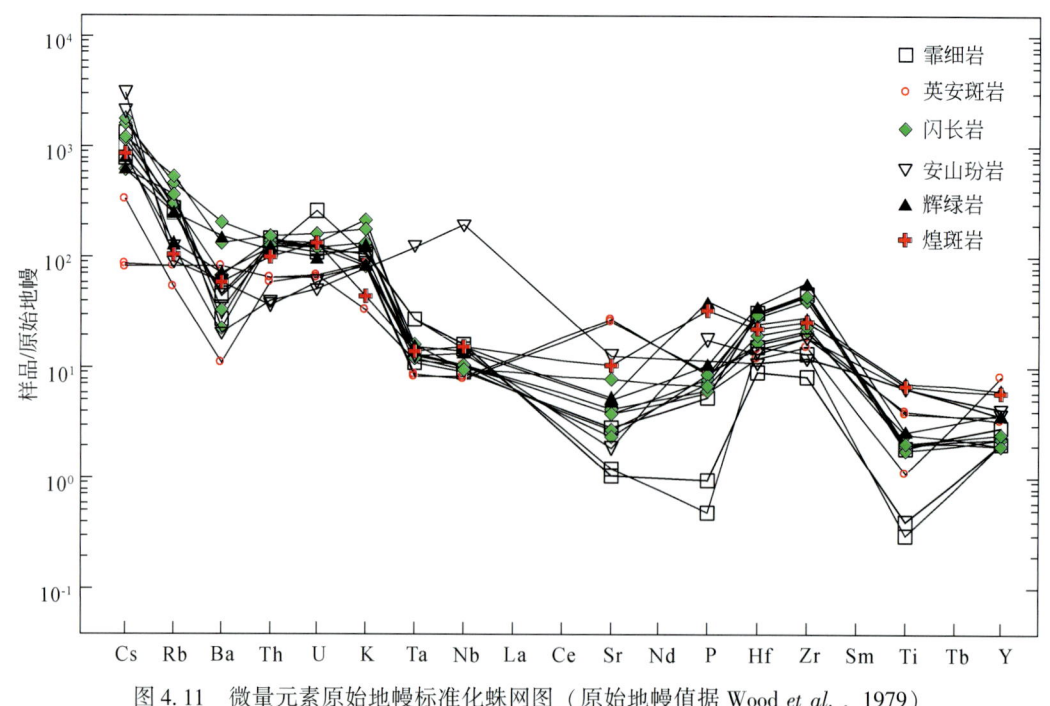

图4.11 微量元素原始地幔标准化蛛网图（原始地幔值据 Wood et al., 1979）

表 4.3 岩脉微量元素分析结果表

岩石类型	霏细岩			闪长岩			英安斑岩					安山玢岩		辉绿岩		煌斑岩
样品编号	DJ9-1	DJ1-4	DJ1-12	YX-10	DJA8*	DJA9*	DJ9-7	YX-15	YX-17	YX-18	YX-20	DJ9-2	Zk126-7	DJ9-8	WT-2	DJ9-9
Li	19.70	23.30	83.70	110.00			15.40	57.40	92.10	64.80	43.90	206.00	121.79	108.00	103.00	90.60
Be	6.43	14.20	30.40	1.78			2.02	7.50	7.05	11.10	4.49	10.20	1.35	4.50	5.22	4.75
Sc	2.08	1.79	6.15	5.03			5.43	4.73	5.18	4.13	7.07	12.60	11.34	24.00	7.98	21.50
V	4.26	5.04	47.80	31.00			48.10	53.20	45.70	45.50	56.30	173.00	107.74	212.00	67.20	186.00
Cr	5.33	0.09	16.40	100.00			21.10	17.80	16.70	17.10	23.10	9.56	10.57	196.00	27.80	408.00
Co	0.24	0.59	2.26	7.78			2.44	2.41	3.77	2.02	2.79	21.30	14.44	7.77	2.18	33.30
Ni	0.88	0.87	9.16	11.80			6.27	6.33	7.33	6.43	8.49	3.46	7.74	31.70	15.80	159.00
Cu	9.65	4.15	8.32	7514.00			16.30	5.46	5.20	5.41	4.60	34.00	9.61	41.60	7.38	375.00
Zn	73.80	54.70	134.00	4134.00			138.00	92.60	94.50	53.00	40.50	140.00	85.40	339.00	130.00	5468.00
Ga	12.00	16.40	22.90	24.60			14.60	19.40	20.00	20.40	20.00	16.80	17.83	19.00	21.20	16.00
As		5.80	4.42	31.70	72.70	70.80		13.70	4.77	4.47	36.10		0.09		3.84	
Se		0.08	0.10	0.47				0.16	0.26	0.25	0.08		0.76		0.25	
Rb	226.00	211.00	240.00	46.40	590.00	636.00	265.00	310.00	402.00	311.00	462.00	77.50	105.89	115.00	219.00	91.00
Sr	23.90	28.20	65.60	88.70			98.10	61.80	88.30	53.30	177.00	42.80	291.32	123.00	116.00	238.00
Y	9.68	10.00	14.00	38.90	16.10	17.10	9.52	11.00	10.70	9.54	11.70	20.00	17.61	29.90	17.90	28.10
Zr	89.80	146.00	508.00	168.00	204.00	224.00	240.00	440.00	476.00	486.00	258.00	204.00	131.59	309.00	634.00	287.00
Nb	10.10	9.17	5.59	6.38	4.81	5.12	6.55	5.99	6.35	6.51	6.04	8.46	118.99	9.38	8.48	9.52
Mo	1.13	1.99	1.69	0.47			1.67	1.74	1.52	1.44	1.51	0.42	0.94	0.30	1.76	0.17
Cd	0.20	0.65	1.29	17.50			0.50	3.04	1.14	1.36	0.24	0.30	0.36	0.80	0.89	18.20
In	0.25	0.17	0.30	12.10			0.13	0.79	0.27	0.35	0.06	0.06		0.52	0.20	3.52

续表

岩石类型	霏细岩			闪长岩			英安斑岩				安山玢岩		辉绿岩		煌斑岩
样品编号	DJ9-1	DJ1-4	DJ1-12	YX-10	DJA8*	DJA9*	DJ9-7	YX-15	YX-17	YX-18	YX-20	DJ9-2	Zk126-7	DJ9-8	WT-2	DJ9-9
Sn	4.22	43.40	77.10	177.00				198.00	67.50	83.50	12.70	21.50	2.39		50.50	
Sb	15.00	3.51	3.56	7.95			1.92	3.62	2.81	3.00	0.93		5.39	8.37	1.80	2.97
Cs	352.00	19.80	25.20	6.24			22.40	11.70	30.10	33.20	22.90	57.30	39.18	15.40	12.00	16.40
Ba	3.12	338.00	211.00	83.90	618.00	629.00	518.00	174.00	1577.00	254.00	991.00	455.00	151.69	540.00	1148.00	440.00
Hf	1.18	5.50	11.10	4.15	5.24	5.65	6.00	9.88	11.00	10.80	6.81	4.78	3.78	8.54	12.70	7.79
Ta	3.30	1.15	0.47	0.50	0.37	0.35	0.55	0.51	0.58	0.56	0.68	0.55	5.30	0.61	0.68	0.61
W	0.00	2.76	13.60	26.40			1.56	7.32	4.95	13.80	12.80	11.50	5.35	15.30	17.00	4.25
Re	3.45	0.00	0.00	0.01			0.00	未检出	0.00	0.00	0.00	0.00		0.00	0.00	0.00
Tl	2.56	4.16	3.42	0.84			3.73	4.47	6.72	5.06	6.26	2.49		1.83	3.50	1.07
Pb	0.02	1.82	5.80	286.00			14.10	3.08	45.50	5.22	12.80	8.38	18.34	33.70	20.10	21.40
Bi	12.30	0.02	0.05	2.59			0.15	0.09	0.22	0.03	5.60	0.09	0.06	0.14	0.10	0.79
Th	2.95	11.30	14.00	5.77	6.16	6.36	13.40	13.00	13.70	12.10	14.60	3.52	3.83	11.90	11.10	9.80
U		6.93	3.21	1.83	1.80	1.76	3.25	3.34	3.54	3.26	4.38	1.60	1.36	3.62	2.67	3.61

*数据来自有色金属矿产地质调查中心（2013）[①]。

① 有色金属矿产地质调查中心. 2013. 大兴安岭中南段有色金属成矿远景区划. 150～156.

(四) Sr-Nb-Pb 同位素地球化学特征

1. Sr-Nd 同位素特征

大井矿区霏细岩、闪长岩、英安斑岩、安山玢岩、辉绿岩及煌斑岩 Sr-Nd 同位素组成特征见表 4.4。由于部分样品受到后期的岩浆作用、热液蚀变等影响,其 Sr 同位素组成遭到破坏,导致计算这部分样品的 $^{87}Sr/^{86}Sr$ 初始值小于一般认为代表地球形成时期玄武质无球粒陨石的 $^{87}Sr/^{86}Sr$ 初始值 (0.69897±0.0003,Faure,1977),本书对这部分 Sr 同位素特征不进行讨论,仅供参考。

从表 4.4 可看出霏细岩 Sr 含量为 $21.7\times10^{-6} \sim 57.2\times10^{-6}$,$^{87}Sr/^{86}Sr$ 值为 $0.732082 \sim 0.766645$,Nd 含量为 $6\times10^{-6} \sim 16.5\times10^{-6}$,$\varepsilon_{Nd}(t)$ 为 $-3.78 \sim +2.62$,$T_{DM}=747 \sim 1279Ma$。闪长岩 Sr 含量为 83.1×10^{-6},$^{87}Sr/^{86}Sr$ 为 0.711823,Nd 含量为 13.9×10^{-6},$\varepsilon_{Nd}(t)$ 为 -0.57,$t_{DM}=1018Ma$。英安斑岩 Sr 含量为 107×10^{-6},$^{87}Sr/^{86}Sr$ 值为 0.702195,Nd 含量为 $17.1\times10^{-6} \sim 22.1\times10^{-6}$,$\varepsilon_{Nd}(t)$ 为 $-1.03 \sim +4.42$,$T_{DM}=661 \sim 1114Ma$。安山玢岩 Nd 含量为 $19.9\times10^{-6} \sim 27.9\times10^{-6}$,$\varepsilon_{Nd}(t)$ 为 $-3.20 \sim +3.46$,$T_{DM}=751 \sim 1348Ma$。辉绿岩 Sr 含量为 118×10^{-6},$^{87}Sr/^{86}Sr$ 值为 0.708224,Nd 含量为 35.9×10^{-6},$\varepsilon_{Nd}(t)$ 为 $+0.46$,$T_{DM}=919Ma$。霏细岩 Sr 含量为 236×10^{-6},$^{87}Sr/^{86}Sr$ 值为 0.708776,Nd 含量为 26.3×10^{-6},$\varepsilon_{Nd}(t)$ 为 -1.47,$T_{DM}=1185Ma$。

上述数据显示,除英安斑岩外其他脉岩具有相对较高的 $^{87}Sr/^{86}Sr$ 初始值,但也低于现今大陆壳 $^{87}Sr/^{86}Sr$ 初始值 (一般为 0.719),表明该区脉岩的岩浆源区可能为壳幔混合源区或新生地壳物质熔融而来,而英安斑岩和霏细岩的个别数据显示(图 4.12)幔源岩浆对其形成非常重要。结合 $\varepsilon_{Nd}(t)$ ($-3.78 \sim +4.42$) 来看,均分布于球粒陨石 0 值线附近(图 4.12),同样表明脉岩形成过程中有地幔物质的加入。

在 Sr-Nd 相关图解中(图 4.12)可直观看出研究区同位素数据主要落在地幔演化线的右侧、$\varepsilon_{Nd}(t)$ 零线上下,反映了其壳幔混源的岩浆特征。脉岩的 Nd 模式年龄介于 $661 \sim 1348Ma$,远老于岩石的形成年龄($104 \sim 252Ma$),反映出古老陆壳基底的贡献。华北克拉通存在 1.85Ga 结晶基底(赵国春等,2002;Zhai and Liu,2003;翟明国,2004),发育于华北克拉通北缘大井矿区的脉岩在形成过程中,可能既有这些老的地壳物质加入,同时又有新的幔源物质加入,从而形成了混源岩浆,经过演化形成不同类型的脉岩。

2. Pb 同位素特征

大井矿区霏细斑岩、英安斑岩、玄武玢岩、煌斑岩 Pb 同位素数据见表 4.5。从表中可看出,大部分脉岩样品具有较为接近的 $^{206}Pb/^{204}Pb$ 值,介于 $18.2490 \sim 18.7878$。仅有两个煌斑岩样品值偏高,可能是因为煌斑岩有较高的放射性成因铅,致使它具有比其他样品高的 $^{206}Pb/^{204}Pb$ 值。

运用 Zartman 和 Doe (1981) 的铅构造模式图可以推断岩浆源区的构造位置,在 $^{206}Pb/^{204}Pb$-$^{207}Pb/^{204}Pb$ 图中(图 4.13b)可以看到,大井矿区不同脉岩的铅同位素数据主要落在上地壳和造山带附近,同时也有部分落在地幔线附近,这反映了各脉岩岩浆来源并非单一来源,而是一个混源岩浆。同样,在 $^{206}Pb/^{204}Pb$-$^{208}Pb/^{204}Pb$ 图解中(图 4.13a),不同脉

表 4.4 大井矿区脉岩 Sr-Nd 同位素组成

样品号	岩石类型	年龄/Ma	Rb/10^{-6}	Sr/10^{-6}	^{87}Rb/^{86}Sr	^{87}Sr/^{86}Sr	2σ	(^{87}Sr/^{86}Sr)$_i$	$\varepsilon_{Sr}(t)$
DJ1-4	霏细岩	162	206	25.1	23.7394	0.752425	0.000019	0.697752	-93.11
DJ1-12	霏细岩	162	231	57.2	11.7024	0.732082	0.000013	0.705131	11.66
DJ9-1b	霏细岩	162	189	21.7	25.1444	0.766645	0.00001	0.708736	62.85
YX-10	闪长岩	252*	42.6	83.1	1.4829	0.711823	0.000016	0.706507	32.71
YX-15	闪长岩	240	318	55.3	16.6109	0.738526	0.000009	0.681819	-318.06
YX-17	闪长岩	240	395	73.8	15.4799	0.736615	0.00001	0.68377	-290.37
YX-18	英安斑岩	240	345	48.2	20.7142	0.741031	0.00001	0.670317	-481.40
YX-20	英安斑岩	240	467	159.0	8.5132	0.723193	0.000013	0.694131	-143.24
DJ9-7d	英安斑岩	240	238	94.6	7.2917	0.724653	0.00001	0.69976	-63.29
YX-14	英安斑岩	240	237	107.0	6.3828	0.723985	0.00001	0.702195	-28.72
WT-20	安山玢岩	252*	219	99.5	6.3710	0.718302	0.000012	0.695463	-124.12
DJ9-2	安山玢岩	252*	176	43.3	11.7562	0.728937	0.000011	0.686793	-247.23
DJ9-8	辉绿岩	122**	94.9	118	2.3257	0.712257	0.000007	0.708224	54.91
DJ9-9	煌斑岩	104***	66.3	236	0.8135	0.709978	0.000018	0.708776	62.44

样品号	岩石类型	年龄/Ma	Sm/10^{-6}	Nd/10^{-6}	^{147}Sm/^{144}Nd	^{143}Nd/^{144}Nd	2σ	$f_{Sm/Nd}$	$\varepsilon_{Nd}(t)$	T_{DM}
DJ1-4	霏细岩	162	0.76	6.0	0.0755	0.512316	0.000022	-0.62	-3.78	1279
DJ1-12	霏细岩	162	2.16	16.5	0.0794	0.512576	0.000017	-0.60	1.22	864
DJ9-1	霏细岩	162	2.16	14.1	0.0925	0.512662	0.000009	-0.53	2.62	747
YX-10	闪长岩	252*	2.56	13.9	0.1118	0.512469	0.000008	-0.43	-0.57	1018
YX-15	闪长岩	240	2.49	19.0	0.0789	0.512522	0.000029	-0.60	1.35	917
YX-17	闪长岩	240	2.45	19.3	0.0768	0.512676	0.000012	-0.61	4.42	661
YX-18	英安斑岩	240	2.30	17.1	0.0812	0.512404	0.000025	-0.59	-1.03	1114
DJ9-7	英安斑岩	240	3.59	22.1	0.0985	0.512685	0.000015	-0.50	3.93	702
YX-14	英安斑岩	240	3.21	18.2	0.1065	0.512647	0.000008	-0.46	2.94	716

续表

样品号	岩石类型	年龄/Ma	Sm/10^{-6}	Nd/10^{-6}	^{147}Sm/^{144}Nd	^{143}Nd/^{144}Nd	2σ	$f_{Sm/Nd}$	$\varepsilon_{Nd}(t)$	T_{DM}
WT-20	安山玢岩	252*	2.80	19.9	0.0851	0.512631	0.000015	-0.57	3.46	751
DJ9-2	安山玢岩	252*	5.72	27.9	0.1238	0.512354	0.000008	-0.37	-3.20	1348
DJ9-8	辉绿岩	122**	7.31	35.9	0.123	0.512603	0.000008	-0.37	0.46	919
DJ9-9	煌斑岩	104***	5.76	26.3	0.1326	0.512519	0.000014	-0.33	-1.47	1185

* 年龄数据引自江思宏等，2012。
** 年龄数据引自王忠森和朱洪森，1999。
*** 年龄数据引自储雪蕾等，2002。
其他见本书（见后述同位素年代学）。

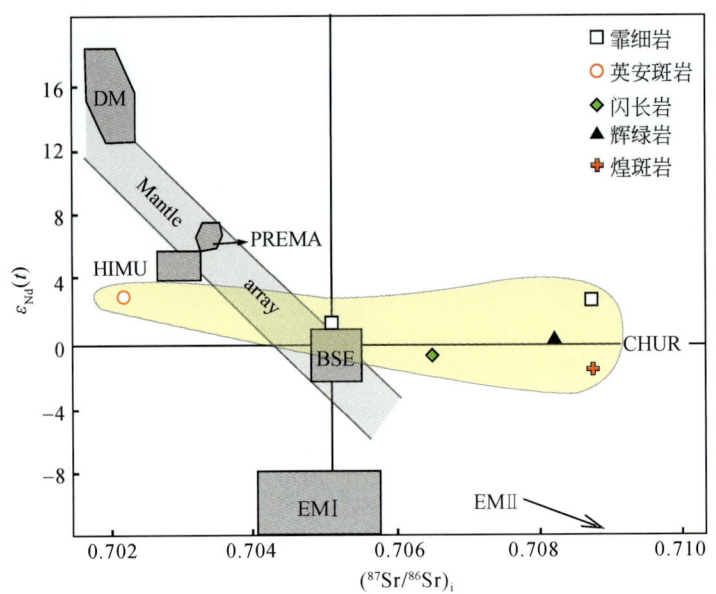

图 4.12 大井矿区脉岩（$^{87}Sr/^{86}Sr$）$_i$-$\varepsilon_{Nd}(t)$ 同位素相关图（据 Zindler and Hart, 1986）

DM. 亏损地幔；PREMA. 原始地幔；BSE. 大硅质地球；HIMU. 高 U/Pb 值地幔；EMI.
Ⅰ型富集地幔；EMⅡ. Ⅱ型富集地幔；CHUR. 球粒陨石均一库

表 4.5 大井矿区脉岩的 Pb 同位素特征表

样品名称	样品号	$^{206}Pb/^{204}Pb$	$^{207}Pb/^{204}Pb$	$^{208}Pb/^{204}Pb$	资料来源
霏细斑岩	QG972205	18.5626	15.7037	38.5602	①
	QG972401	18.4154	15.7273	38.5630	①
	QG972403	18.5539	15.8712	39.0393	①
英安斑岩	QG852931	18.5743	15.6690	38.5789	①
	QG870707	18.7878	15.7355	38.8624	①
玄武玢岩	QG972501	18.5665	15.6617	38.5277	①
	FL870201	18.2620	15.4610	37.8700	②
煌斑岩	FL870308A	18.2490	15.4570	37.8650	②
	W0031403	19.2711	15.7517	39.2513	①
	QG860101	19.3792	15.7286	39.3741	①

注：①据王永争（2001）；②据储雪蕾等（2002）。

岩均落在造山带和地幔演化线附近，也反映了研究区 Pb 为造山带和地幔的混合来源。不同脉岩同位素数据落在图中的位置较为类似，反映了它们的岩浆源区相似或相同。大井矿区经历了华北板块北缘古生代中亚造山带的构造演化，从 Pb 同位素特征来看，各类脉岩的岩浆源区极可能为深部地壳的造山带物质重熔，且有幔源岩浆加入到该岩浆房中。

综合研究区脉岩 Sr-Nd-Pb 同位素组成，总体反映了壳幔混源的特征。它们可能为华北板块北缘古生代造山带产生的增生地壳物质重融，新生幔源岩浆的加入，古老结晶基底不同程度的混染，最终形成混合岩浆，在晚古生代及中生代构造岩浆事件中侵位，从而形成不同类型的脉岩。

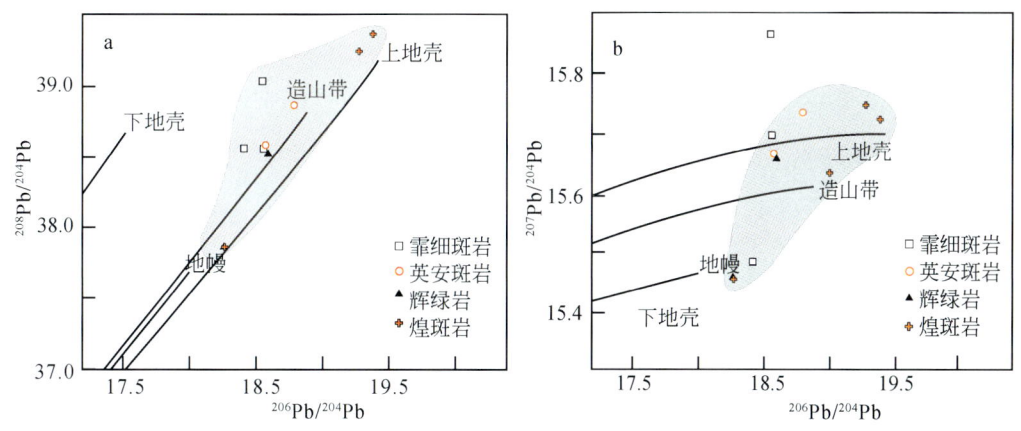

图 4.13　大井矿区脉岩 ^{206}Pb/^{204}Pb-^{207}Pb/^{204}Pb、^{206}Pb/^{204}Pb-^{208}Pb/^{204}Pb 铅同位素组成模式图（据 Zartman and Doe，1981）

三、脉岩的同位素年代学

由于矿区岩脉与矿脉空间关系密切，局部构成矿脉的顶、底板，因此该矿床的成因以前普遍被认为属于与次火山岩脉有关的热液脉型矿床（王汉生，1991，1992；艾霞和冯建忠，1992；张德全，1993c；冯建忠等，1994；任耀武和曹倩雯，1996；储雪蕾等，2002；赵利青等，2002；张春华，2004；张会琼等，2011）。前人对矿区脉岩进行了大量的 K-Ar 年代学研究，其结果主要集中在 110~177Ma（张德全，1993a；冯建忠等，1994；赵一鸣等，1994；赵一鸣和张德全，1997），与艾永富和张晓辉（1996）通过近矿蚀变绢云母 ^{40}Ar/^{39}Ar 法获得的成矿年龄 138Ma 一致，同为燕山中晚期岩浆活动的产物。鉴于 K-Ar 定年方法可信度不高，并且其年龄结果（110~177Ma）也太宽泛。为进一步探讨大井脉岩与矿床成因的关系，准确厘定矿床的成矿地质体，本书采用精度较高的 LA-ICP-MS 锆石 U-Pb 测年方法对矿区脉岩年龄进行了重新测定，结果如下。

（一）样品采集及岩石学特征

在众多岩脉中，英安斑岩和霏细岩是矿区分布最广的两类岩脉，且与矿床成矿关系最密切。本书选取这两类岩脉共七个样品进行 LA-ICP-MS 锆石 U-Pb 定年分析，样品位置及样品手标本和显微照片、岩性特征见表 4.6。

表 4.6 大井矿区脉岩采样位置及岩石特征表

序号	岩石类型	样品编号	样品位置	标本照片	显微照片	样品描述
1	霏细岩	DJ-1	650m 中段 1#矿体底板			灰黄色块状，显微镜下呈霏细结构和球粒结构。球粒含量为 5%～10%，为主要由脱玻化作用形成的长石和石英等矿物组成的集合体。样品蚀变较强，以铁碳酸盐化、黏土矿化、绢云母化为主
2		DJ-7	ZK25-5 钻孔，362m			灰色块状构造，变余斑状-多斑状结构，斑晶>50%，0.5～1mm，以斜长石为主，少量石英，基质主要为细长柱状长石和粒状石英，具铁碳酸盐化、黏土矿化、绢云母化及硅化
3	英安斑岩	YX-13	ZK55-1 钻孔，8m			灰黄色块状，多斑状结构，斑晶为蚀变斜长石，基质细粒（多在 0.1～0.2mm），主要为长英质，蚀变矿物为菱铁矿、绿泥石、绢云母等
4		YX-14	ZK55-1 钻孔，7m	见图 4.3a	见图 4.3c	详见前文图 4.3a，c 有关的描述，灰白色块状，斑晶含 5% 的石英

第四章 成矿地质作用及成矿地质体

续表

序号	岩石类型	样品编号	样品位置	标本照片	显微照片	样品描述
5	英安斑岩	YX-15	Zk55-1钻孔，9m			灰白色块状，斑晶中以蚀变斜长石和角闪石为主，可在0.5~1.5mm，基质细粒或霏细似辉绿结构，蚀变较强，主要矿物有变余斜长石以及绿泥石、菱铁矿、绢云母、黑云母等
6		YX-18	Lc46-1钻孔，170m			灰白色块状，斑晶多<1mm，主要为蚀变的斜长石和角闪石假像，少量石英，基质霏细-似交织状，蚀变较强，主要矿物有变余斜长石以及绢云母、绿泥石、菱铁矿、黑云母等
7		YX-20	Zk46-1钻孔，402m	见图4.3b	见图4.3d	多斑结构，斑晶较粗，粒度在2~10mm，详见前文图4.3b，d有关的描述

(二) 分析结果

采用通用的 LA-ICP-MS 锆石 U-Pb 测年方法和流程（详见廖震等，2012），获得七件脉岩样品的锆石 U-Pb 同位素分析结果如下。

(1) 样品 DJ-1（霏细岩）：锆石主要呈粒状或柱状晶形，锆石颗粒约 50~200μm，以 100μm 左右者居多，长宽比为 1~4，主要在 2~3。锆石岩相学特征以及 $^{206}Pb/^{238}U$ 年龄分析结果（表 4.7，图 4.14）显示锆石可以分为两类：第一类锆石的晶形主要呈短柱状或粒状，或以核-幔构造锆石的核存在，CL 图像显示其边部常可见明显的溶蚀面。该类锆石的年龄主要有 231~265Ma、406Ma、416Ma 和 514Ma，其中 231~265Ma 可以划分两组：一组为 231~250Ma，包括 7 个点，平均值为 242±6Ma，与样品 DJ-7 和 YX-20 的形成年龄相似；另一组为 255~265Ma，包括 9 个点，平均值为 261±3Ma，该年龄与样品 YX-20 中获得的继承锆石年龄（258Ma 和 260Ma）相似。第二类锆石主要呈柱状或长柱状，或属于核-缘结构锆石的缘存在，该类锆石的 CL 图像比较亮，而且振荡环带或扇形环带也更为发育，锆石的生长连续性较好，不见明显的溶蚀边。去除偏离谐和线的点 DJ-1.12 和 DJ-1.13 后，该类锆石 23 个测点的 $^{206}Pb/^{238}U$ 年龄分布范围为 158~167Ma，加权平均年龄为

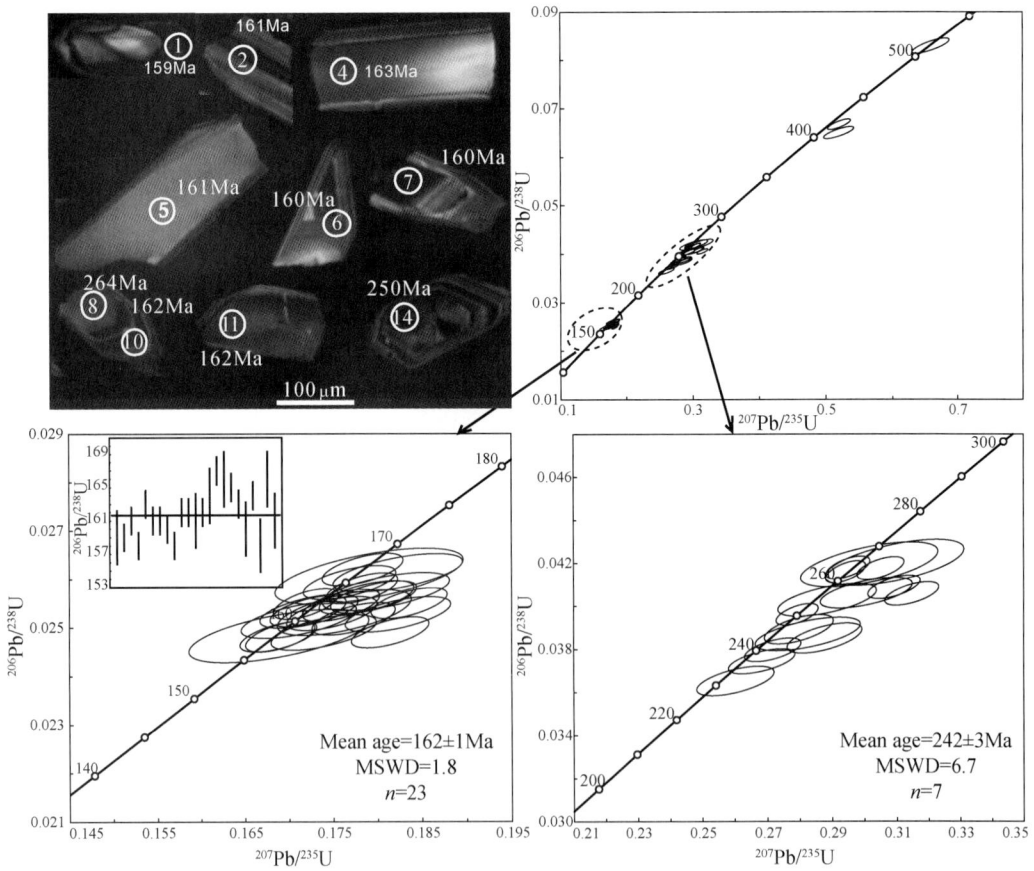

图 4.14 样品 DJ-1（霏细岩）的锆石 U-Pb 谐和年龄图及典型锆石阴极发光（CL）照片

第四章 成矿地质作用及成矿地质体

表 4.7 样品 DJ-1（霏细岩）的 LA-ICP-MS 锆石 U-Pb 定年分析结果

测点号	含量/10^{-6}		Th/U	同位素比值						年龄/Ma			
	Th	U		$^{207}Pb/^{206}Pb$	1σ	$^{207}Pb/^{235}U$	1σ	$^{206}Pb/^{238}U$	1σ	$^{207}Pb/^{235}U$	1σ	$^{206}Pb/^{238}U$	1σ
DJ-1.1	661	785	0.84	0.0529	0.0009	0.1814	0.0029	0.0249	0.0002	169	2	159	1
DJ-1.2	332	650	0.51	0.0493	0.0009	0.1722	0.0029	0.0253	0.0002	161	2	161	1
DJ-1.3	176	640	0.28	0.0493	0.0009	0.1688	0.0029	0.0248	0.0002	158	2	158	1
DJ-1.4	430	557	0.77	0.0508	0.0010	0.1796	0.0032	0.0256	0.0002	168	3	163	1
DJ-1.5	87	340	0.26	0.0493	0.0011	0.1723	0.0037	0.0253	0.0002	161	3	161	1
DJ-1.6	219	533	0.41	0.0502	0.0010	0.1748	0.0034	0.0253	0.0002	164	3	161	1
DJ-1.7	1844	875	2.11	0.0511	0.0010	0.1773	0.0031	0.0252	0.0002	166	3	160	1
DJ-1.9	317	774	0.41	0.0494	0.0008	0.1690	0.0026	0.0248	0.0002	159	2	158	1
DJ-1.10	447	690	0.65	0.0522	0.0009	0.1835	0.0028	0.0255	0.0002	171	2	162	1
DJ-1.11	680	658	1.03	0.0489	0.0007	0.1719	0.0024	0.0255	0.0002	161	2	162	1
DJ-1.12	626	740	0.85	0.0599	0.0010	0.1982	0.0031	0.0240	0.0002	184	3	153	1
DJ-1.13				0.0330	0.0235	0.1135	0.0794	0.0249	0.0033	109	72	159	21
DJ-1.15	557	421	1.32	0.0523	0.0012	0.1823	0.0039	0.0253	0.0002	170	3	161	2
DJ-1.19	632	790	0.80	0.0501	0.0009	0.1759	0.0029	0.0255	0.0002	164	2	162	1
DJ-1.21	70	298	0.23	0.0510	0.0014	0.1810	0.0047	0.0257	0.0003	169	4	164	2
DJ-1.23	687	819	0.84	0.0494	0.0009	0.1783	0.0030	0.0262	0.0002	167	3	167	1
DJ-1.25	269	600	0.45	0.0506	0.0014	0.1823	0.0048	0.0261	0.0003	170	4	166	2
DJ-1.26	321	469	0.68	0.0495	0.0010	0.1768	0.0035	0.0259	0.0002	165	3	165	1
DJ-1.28	408	475	0.86	0.0506	0.0011	0.1788	0.0035	0.0256	0.0002	167	3	163	1
DJ-1.29	200	328	0.61	0.0493	0.0013	0.1711	0.0043	0.0252	0.0003	160	4	160	2
DJ-1.30	143	461	0.31	0.0507	0.0012	0.1739	0.0039	0.0249	0.0002	163	3	159	2
DJ-1.31	923	972	0.95	0.0501	0.0008	0.1783	0.0027	0.0258	0.0002	167	2	164	1

续表

测点号	含量/10⁻⁶		Th/U	同位素比值						年龄/Ma				
	Th	U		$^{207}Pb/^{206}Pb$	1σ	$^{207}Pb/^{235}U$	1σ	$^{206}Pb/^{238}U$	1σ	$^{207}Pb/^{235}U$	1σ	$^{206}Pb/^{238}U$	1σ
DJ-1.39	1082	1232	0.88	0.0505	0.0015	0.1762	0.0050	0.0253	0.0003	165	4	161	2
DJ-1.40	367	481	0.76	0.0493	0.0020	0.1688	0.0067	0.0248	0.0004	158	6	158	2
DJ-1.41	155	393	0.39	0.0498	0.0020	0.1790	0.0070	0.0261	0.0004	167	6	166	2
DJ-1.37	201	820	0.25	0.0542	0.0015	0.2877	0.0076	0.0385	0.0005	257	6	244	3
DJ-1.14	105	448	0.23	0.0512	0.0008	0.2793	0.0043	0.0396	0.0003	250	3	250	2
DJ-1.24	144	271	0.53	0.0520	0.0014	0.2684	0.0068	0.0374	0.0004	241	5	237	2
DJ-1.27	141	597	0.24	0.0519	0.0012	0.2718	0.0058	0.0380	0.0004	244	5	240	2
DJ-1.33	199	528	0.38	0.0517	0.0016	0.2602	0.0079	0.0365	0.0005	235	6	231	3
DJ-1.35	398	844	0.47	0.0522	0.0014	0.2798	0.0070	0.0389	0.0005	250	6	246	3
DJ-1.36	215	657	0.33	0.0530	0.0021	0.2826	0.0107	0.0387	0.0005	253	8	245	3
DJ-1.8	236	383	0.62	0.0530	0.0009	0.3050	0.0048	0.0418	0.0004	270	4	264	2
DJ-1.38	691	682	1.01	0.0520	0.0019	0.2885	0.0101	0.0403	0.0005	257	8	255	3
DJ-1.16	198	365	0.54	0.0563	0.0011	0.3148	0.0056	0.0406	0.0004	278	4	256	2
DJ-1.17	146	317	0.46	0.0549	0.0010	0.3092	0.0054	0.0409	0.0004	274	4	258	2
DJ-1.18	88	135	0.65	0.0537	0.0018	0.3007	0.0094	0.0406	0.0005	267	7	257	3
DJ-1.20	155	499	0.31	0.0512	0.0008	0.2950	0.0045	0.0418	0.0004	262	4	264	2
DJ-1.22	366	701	0.52	0.0513	0.0008	0.2942	0.0041	0.0416	0.0003	262	3	263	2
DJ-1.43	481	443	1.09	0.0522	0.0025	0.3017	0.0141	0.0419	0.0007	268	11	265	4
DJ-1.44	1457	846	1.72	0.0535	0.0026	0.3096	0.0143	0.0420	0.0007	274	11	265	4
DJ-1.32	351	881	0.40	0.0580	0.0018	0.5202	0.0150	0.0650	0.0008	425	10	406	5
DJ-1.34	563	867	0.65	0.0566	0.0013	0.5208	0.0114	0.0667	0.0007	426	8	416	4
DJ-1.42	237	350	0.68	0.0577	0.0017	0.6597	0.0188	0.0829	0.0011	514	11	514	6

162±1Ma，该年龄代表了霏细岩的形成年龄，与江思宏等（2012）所测的霏细岩锆石 LA-ICP-MS 结果 171Ma 相近，均属中侏罗世。

（2）样品 DJ-7（英安斑岩）：锆石晶形均呈半自形-自形粒状或柱状，粒径约 50～200μm，长宽比主要集中于 1～2。CL 图像中，该样品锆石大多具明暗相间的条带或韵律环带，具岩浆锆石特征（图 4.15）。样品 DJ-7 共分析了 27 个点，结果显示 $^{206}Pb/^{238}U$ 年龄主要分布在 235～245Ma（图 4.15，表 4.8），去除偏离谐和线的点 DJ-7.2、DJ-7.5 和 DJ-7.24 后，剩余 24 个点的加权平均年龄为 240±1Ma。

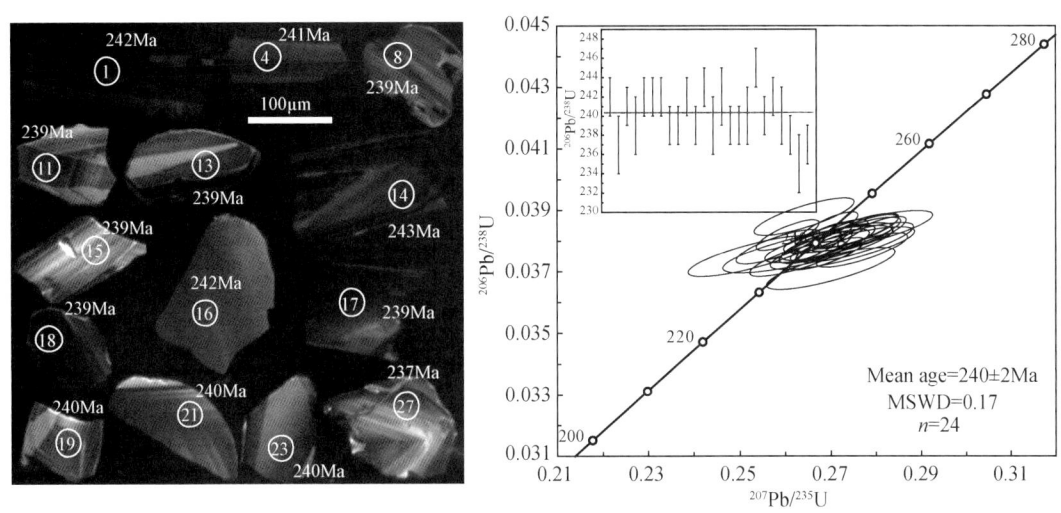

图 4.15　样品 DJ-7（英安斑岩）的锆石 U-Pb 谐和年龄图及典型锆石阴极发光（CL）照片

（3）样品 YX-13（英安斑岩）：锆石颗粒多为柱状或粒状，大小为 30～100μm，以 50～60μm 居多，长宽比为 1～5，以 2 居多。CL 图像中，锆石中均可观察到明暗相间的韵律环带，部分锆石具老的核（图 4.16）。本次测试主要选择锆石韵律环带发育的部分（避开老的核部）进行测试，测试结果见表 4.9。测试结果显示，除获得 1 个锆石 $^{206}Pb/^{238}U$ 年龄为 280Ma（图 4.16）外，其他测试点均分布在 201～253Ma，主要集中在 240Ma 左右。从 U-Pb 谐和图（图 4.16）中可明显看出，201～253Ma 的数据群大多位于谐和线上，但数据较为分散。本书对集中在 240Ma 左右的数据进行加权平均计算，获得 237±2Ma 的年龄数据。从该样品年龄数据统计和概率上来分析，237±2Ma 的年龄数据在一定意义上可以代表英安斑岩的形成年龄。

（4）样品 YX-14（英安斑岩）：锆石颗粒为粒状和柱状，晶体形态较好，大小约 40～160μm，多为 60～80μm，长宽比主要为 2～3。CL 图像中（图 4.17）锆石多具清晰的韵律环带，与 YX-13 类似，部分锆石也具老的核，U/Th 值为 0.29～1.31，整体也反映了岩浆锆石的特征。该样品共获得 28 粒锆石 U-Pb 同位素测试数据（表 4.10），剔除不谐和的数据，共获得两组 $^{206}Pb/^{238}U$ 年龄，一组介于 224～226Ma 之间，另一组介于 237～240Ma 之间，多在谐和线之上或附近（图 4.17），对这两组数据锆石进行对比发现，略年轻的锆石多有核幔结构，测试位置均在幔的部位，偏老的锆石多无老的核。对这两组锆石测试结果进行加权平均年龄计算，获得 225±1Ma、239±2Ma 两个数据。结合安山玢岩其他样品

表 4.8 样品 DJ-7（英安斑岩）的 LA-ICP-MS 锆石 U-Pb 分析结果

测点号	含量/10^{-6}		Th/U	同位素比值							年龄/Ma			
	Th^{232}	U^{238}		^{207}Pb/^{206}Pb	1σ	^{207}Pb/^{235}U	1σ	^{206}Pb/^{238}U	1σ		^{207}Pb/^{235}U	1σ	^{206}Pb/^{238}U	1σ
DJ-7.1	292	344	0.85	0.0495	0.0009	0.2605	0.0046	0.0382	0.0003		235	4	242	2
DJ-7.2	75	133	0.56	0.0608	0.0015	0.3194	0.0076	0.0381	0.0004		281	6	241	2
DJ-7.3	68	112	0.61	0.0489	0.0019	0.2529	0.0094	0.0375	0.0004		229	8	237	3
DJ-7.4	254	478	0.53	0.0510	0.0009	0.2682	0.0043	0.0381	0.0003		241	3	241	2
DJ-7.5	89	73	1.22	0.0464	0.0023	0.2475	0.0119	0.0387	0.0005		225	10	245	3
DJ-7.6	45	70	0.64	0.0510	0.0025	0.2650	0.0124	0.0377	0.0005		239	10	239	3
DJ-7.7	0	253	0.00	0.0513	0.0011	0.2701	0.0054	0.0382	0.0003		243	4	242	2
DJ-7.8	290	228	1.27	0.0521	0.0013	0.2752	0.0065	0.0383	0.0004		247	5	242	2
DJ-7.9	133	373	0.36	0.0529	0.0010	0.2791	0.0050	0.0383	0.0003		250	4	242	2
DJ-7.10	187	175	1.07	0.0533	0.0013	0.2769	0.0067	0.0377	0.0004		248	5	239	2
DJ-7.11	131	202	0.65	0.0496	0.0012	0.2584	0.0061	0.0378	0.0004		233	5	239	2
DJ-7.12	140	226	0.62	0.0523	0.0011	0.2763	0.0057	0.0383	0.0004		248	5	242	2
DJ-7.13	201	172	1.17	0.0515	0.0013	0.2686	0.0066	0.0378	0.0004		242	5	239	2
DJ-7.14	144	465	0.31	0.0509	0.0009	0.2696	0.0042	0.0385	0.0003		242	3	243	2
DJ-7.15	73	77	0.95	0.0524	0.0021	0.2726	0.0105	0.0378	0.0005		245	8	239	3
DJ-7.16	52	70	0.74	0.0523	0.0021	0.2761	0.0109	0.0383	0.0005		248	9	242	3
DJ-7.17	345	390	0.88	0.0514	0.0009	0.2679	0.0044	0.0378	0.0003		241	4	239	2
DJ-7.18	589	396	1.49	0.0510	0.0009	0.2656	0.0045	0.0378	0.0003		239	4	239	2
DJ-7.19	69	136	0.51	0.0526	0.0017	0.2753	0.0086	0.0380	0.0004		247	7	240	3
DJ-7.20	175	158	1.11	0.0494	0.0014	0.2641	0.0073	0.0388	0.0004		238	6	245	2
DJ-7.21	101	173	0.58	0.0515	0.0014	0.2695	0.0068	0.0379	0.0004		242	5	240	2
DJ-7.22	178	145	1.23	0.0523	0.0013	0.2754	0.0067	0.0382	0.0004		247	5	242	2
DJ-7.23	68	96	0.70	0.0515	0.0018	0.2696	0.0093	0.0379	0.0004		242	7	240	3
DJ-7.24	63	115	0.55	0.0509	0.0018	0.2771	0.0096	0.0395	0.0005		248	8	250	3
DJ-7.25	210	276	0.76	0.0520	0.0011	0.2691	0.0055	0.0376	0.0004		242	4	238	2
DJ-7.26	96	133	0.72	0.0528	0.0019	0.2700	0.0094	0.0371	0.0004		243	7	235	3
DJ-7.27	81	147	0.55	0.0510	0.0014	0.2628	0.0071	0.0374	0.0004		237	6	237	2
DJ-7.28	1	44	0.02	0.0532	0.0035	0.2856	0.0185	0.0390	0.0007		255	15	246	4
DJ-7.29	81	134	0.61	0.0538	0.0017	0.2839	0.0085	0.0383	0.0004		254	7	242	3

第四章 成矿地质作用及成矿地质体

表 4.9 样品 YX-13（英安斑岩）的 LA-ICP-MS 锆石 U-Pb 分析结果

测点号	含量/10⁻⁶		Th/U	同位素比值						年龄/Ma			
	Th^{232}	U^{238}		$^{207}Pb/^{206}Pb$	1σ	$^{207}Pb/^{235}U$	1σ	$^{206}Pb/^{238}U$	1σ	$^{207}Pb/^{235}U$	1σ	$^{206}Pb/^{238}U$	1σ
YX-13-1	398	1279	0.31	0.0504	0.00155	0.23430	0.00699	0.03372	0.00024	214	6	214	2
YX-13-2	343	1009	0.34	0.05218	0.00140	0.26831	0.00696	0.03729	0.00026	241	6	236	2
YX-13-3	207	783	0.26	0.05176	0.00130	0.26229	0.00632	0.03675	0.00027	237	5	233	2
YX-13-4	563	817	0.69	0.05712	0.00304	0.21942	0.01154	0.02786	0.00024	201	10	177	1
YX-13-5	473	1536	0.31	0.05607	0.00073	0.28798	0.00336	0.03726	0.00025	257	3	236	2
YX-13-6	492	1109	0.44	0.05080	0.00163	0.24575	0.00766	0.03509	0.00026	223	6	222	2
YX-13-7	324	772	0.42	0.05326	0.00108	0.27437	0.00521	0.03737	0.00030	246	4	237	2
YX-13-8	436	869	0.50	0.0544	0.00265	0.26657	0.01284	0.03554	0.00027	240	10	225	2
YX-13-9	482	1024	0.47	0.11291	0.00160	0.58797	0.00750	0.03778	0.00027	470	5	239	2
YX-13-10	270	898	0.30	0.05120	0.00487	0.24276	0.02298	0.03439	0.00036	221	19	218	2
YX-13-11	338	987	0.34	0.05257	0.00102	0.23290	0.00419	0.03214	0.00024	213	3	204	1
YX-13-12	355	863	0.41	0.05302	0.00086	0.26464	0.00395	0.03621	0.00025	238	3	229	2
YX-13-13	325	712	0.46	0.0713	0.00111	0.33811	0.00475	0.03440	0.00024	296	4	218	1
YX-13-14	542	1319	0.41	0.05633	0.00083	0.22132	0.00292	0.0285	0.00019	203	2	181	1
YX-13-15	345	1011	0.34	0.05027	0.00079	0.22625	0.00323	0.03265	0.00022	207	3	207	1
YX-13-16	893	1768	0.51	0.08684	0.00114	0.45401	0.00524	0.03793	0.00026	380	4	240	2
YX-13-17	497	1289	0.39	0.05136	0.00081	0.26645	0.00386	0.03764	0.00026	240	3	238	2
YX-13-18	1710	1795	0.95	0.09466	0.00265	0.32457	0.00876	0.02487	0.00018	285	7	158	1
YX-13-19	353	994	0.36	0.05996	0.00155	0.28071	0.00696	0.03396	0.00024	251	6	215	2
YX-13-20	312	854	0.37	0.05007	0.00083	0.24019	0.00363	0.03481	0.00024	219	3	221	1

续表

测点号	含量/10⁻⁶		Th/U	同位素比值						年龄/Ma			
	Th^{232}	U^{238}		^{207}Pb/^{206}Pb	1σ	^{207}Pb/^{235}U	1σ	^{206}Pb/^{238}U	1σ	^{207}Pb/^{235}U	1σ	^{206}Pb/^{238}U	1σ
YX-13-21	783	1421	0.55	0.06275	0.00067	0.27115	0.00246	0.03135	0.00019	244	2	199	1
YX-13-22	279	690	0.40	0.05084	0.00087	0.26297	0.00417	0.03752	0.00026	237	3	237	2
YX-13-23	372	793	0.47	0.05448	0.00188	0.25980	0.00877	0.03458	0.00025	235	7	219	2
YX-13-24	539	1556	0.35	0.05086	0.00130	0.26193	0.00643	0.03735	0.00026	236	5	236	2
YX-13-25	408	932	0.44	0.05118	0.00099	0.25208	0.00455	0.03573	0.00027	228	4	226	2
YX-13-26	281	451	0.62	0.05201	0.00114	0.32391	0.00667	0.04518	0.00037	285	5	285	2
YX-13-27	340	883	0.39	0.05409	0.00137	0.24174	0.00591	0.03242	0.00022	220	5	206	1
YX-13-28	285	921	0.31	0.05057	0.00075	0.25207	0.00340	0.03616	0.00024	228	3	229	1
YX-13-29	222	671	0.33	0.04934	0.00077	0.25731	0.00367	0.03783	0.00026	232	3	239	2
YX-13-30	328	869	0.38	0.05318	0.00093	0.26071	0.00422	0.03556	0.00026	235	3	225	2
YX-13-31	639	1210	0.53	0.06068	0.00173	0.28296	0.00783	0.03382	0.00024	253	6	214	1
YX-13-32	354	1127	0.31	0.05125	0.00111	0.23910	0.00484	0.03384	0.00027	218	4	215	2
YX-13-33	771	1171	0.66	0.05775	0.00208	0.26254	0.00929	0.03297	0.00023	237	7	209	1

第四章 成矿地质作用及成矿地质体 · 111 ·

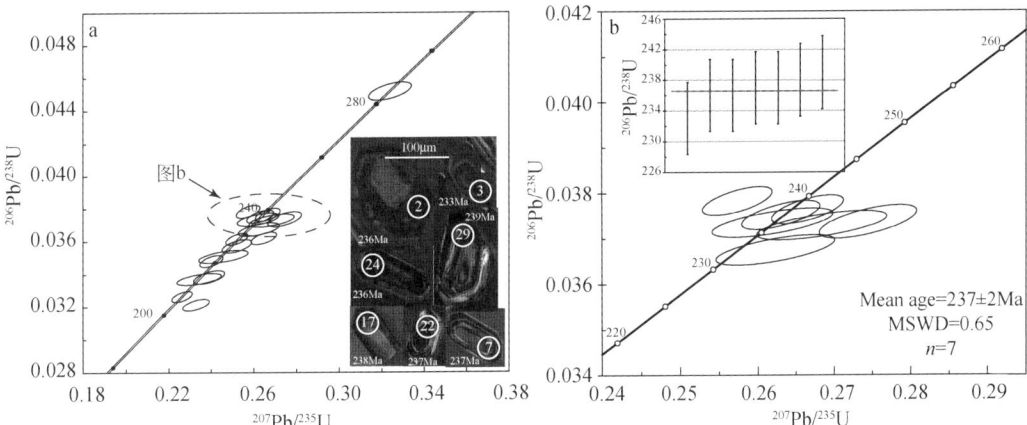

图 4.16 样品 YX-13（英安斑岩）的锆石 U-Pb 谐和年龄图及典型锆石阴极发光（CL）照片

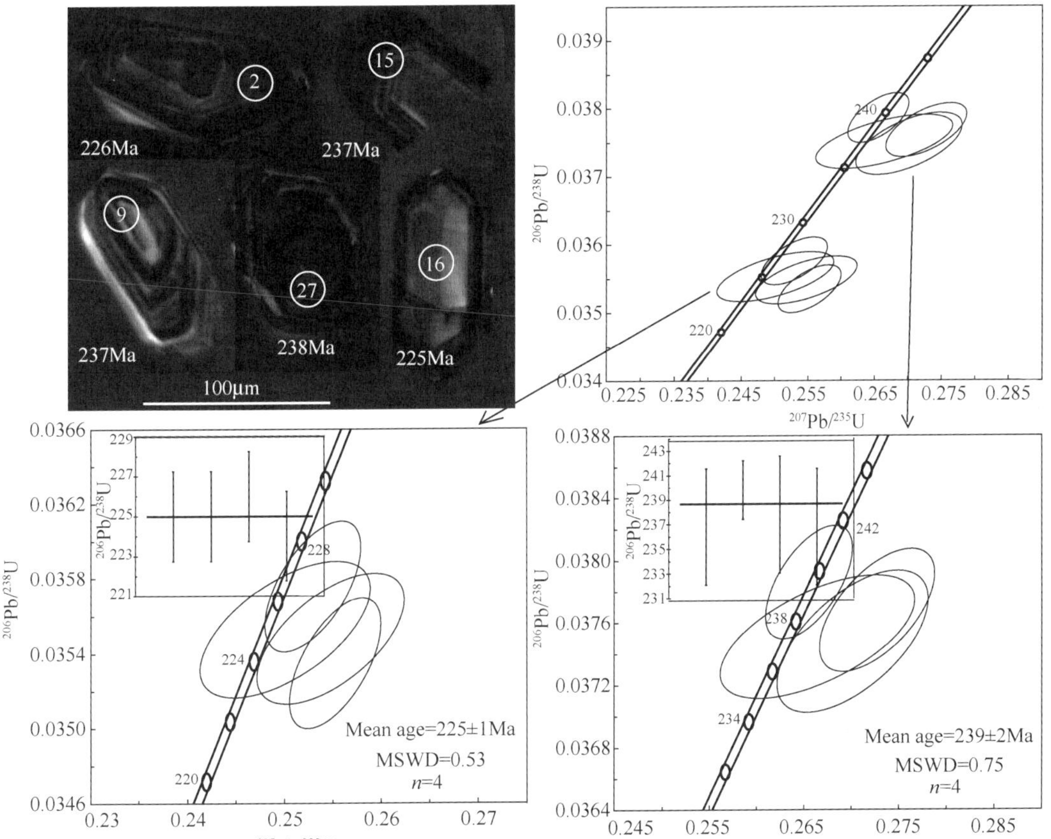

图 4.17 样品 YX-14（英安斑岩）的锆石 U-Pb 谐和年龄图及典型锆石阴极发光（CL）照片

表 4.10 样品 YX-14（英安斑岩）的 LA-ICP-MS 锆石 U-Pb 分析结果

测点号	含量/10⁻⁶			同位素比值						年龄/Ma			
	Th^{232}	U^{238}	Th/U	$^{207}Pb/^{206}Pb$	1σ	$^{207}Pb/^{235}U$	1σ	$^{206}Pb/^{238}U$	1σ	$^{207}Pb/^{235}U$	1σ	$^{206}Pb/^{238}U$	1σ
YX-14-1	405	777	0.52	0.05013	0.00522	0.23500	0.02436	0.03400	0.00034	214	20	216	2
YX-14-2	313	935	0.33	0.05131	0.00074	0.25292	0.00328	0.03576	0.00023	229	3	226	1
YX-14-3	314	843	0.37	0.05182	0.00097	0.23291	0.00404	0.03261	0.00024	213	3	207	1
YX-14-4	425	919	0.46	0.11366	0.00106	0.57260	0.00429	0.03655	0.00022	460	3	231	1
YX-14-5	1660	2650	0.63	0.05967	0.00061	0.11767	0.00102	0.01431	0.00009	113	0.9	91.6	0.6
YX-14-6	817	1654	0.49	0.14301	0.00128	0.73542	0.00518	0.03731	0.00022	560	3	236	1
YX-14-7	914	1102	0.83	0.05100	0.00182	0.20920	0.00733	0.02975	0.00020	193	6	189	1
YX-14-8	321	698	0.46	0.05687	0.00086	0.29658	0.00404	0.03783	0.00026	264	3	239	2
YX-14-9	193	642	0.30	0.05228	0.00109	0.27011	0.00526	0.03748	0.00030	243	4	237	2
YX-14-10	336	1007	0.33	0.05319	0.00079	0.26243	0.00354	0.03579	0.00024	237	3	227	1
YX-14-11	598	755	0.79	0.07605	0.00315	0.33966	0.01372	0.03239	0.00030	297	10	206	2
YX-14-12	635	1491	0.43	0.05105	0.00123	0.25007	0.00581	0.03553	0.00024	227	5	225	1
YX-14-13	465	1142	0.41	0.05458	0.00154	0.26072	0.00710	0.03465	0.00025	235	6	220	2
YX-14-14	629	1664	0.38	0.17751	0.00190	0.92969	0.00814	0.03800	0.00025	667	4	240	2
YX-14-15	517	1255	0.41	0.05151	0.00136	0.26639	0.00678	0.03751	0.00026	240	5	237	2
YX-14-16	356	1090	0.33	0.05207	0.00108	0.25475	0.00503	0.03548	0.00023	230	4	225	1
YX-14-17	861	1898	0.45	0.05591	0.00064	0.21785	0.00218	0.02827	0.00018	200	2	180	1
YX-14-18	460	1208	0.38	0.05435	0.00083	0.28268	0.00393	0.03773	0.00026	253	3	239	2
YX-14-19	3347	2563	1.31	0.07133	0.00110	0.14095	0.00195	0.01434	0.00010	134	2	91.8	0.6
YX-14-20	481	967	0.50	0.05323	0.00075	0.25317	0.00322	0.03451	0.00023	229	3	219	1
YX-14-21	295	661	0.45	0.05088	0.00065	0.26552	0.00303	0.03786	0.00024	239	2	240	1
YX-14-22	708	1614	0.44	0.06693	0.0021	0.22014	0.00673	0.02386	0.00017	202	6	152	1
YX-14-23	472	1185	0.40	0.09963	0.00118	0.51710	0.00529	0.03765	0.00025	423	4	238	2
YX-14-24	243	664	0.37	0.05116	0.00088	0.26792	0.00429	0.03799	0.00028	241	3	240	2
YX-14-25	292	898	0.33	0.05239	0.00071	0.25523	0.00312	0.03535	0.00023	231	3	224	1
YX-14-26	348	1209	0.29	0.05662	0.00070	0.29482	0.00321	0.03777	0.00024	262	3	239	1
YX-14-27	356	738	0.48	0.05251	0.00084	0.27271	0.00400	0.03768	0.00026	245	3	238	2
YX-14-28	683	1287	0.53	0.06762	0.00087	0.35140	0.00402	0.03770	0.00025	306	3	239	2

对这两组数据进行分析，倾向认为239±2Ma为英安斑岩的形成年龄，而225±1Ma为后期岩浆事件的反映。

（5）样品YX-15：锆石颗粒多呈柱状，少部分为粒状，晶体形态相对较好，大小约40~160μm，多为60~120μm，长宽比主要为2~3。CL图像（图4.18）中具清晰的韵律环带或明暗相间的条纹，U/Th值为0.16~1.01，绝大部分比值大于0.4，总体反映了岩浆锆石的特征。对该样品共进行了30个测点的U-Pb同位素分析（表4.11），在谐和图上也多位于谐和线上或附近，但整体数据点非常分散（图4.18），从139~144Ma成串珠状分布，这组数据不能很好地给出该样品的结晶年龄，但一定程度上反映了该样品形成的范围。对210Ma左右相对集中的数据进行加权平均年龄计算，结果为212±2Ma；对220~250Ma的数据群进行加权平均年龄计算，结果为234±8Ma。

结合研究区其他不同地区英安斑岩的分析结果，推测234Ma可能更接近岩石的形成年龄，但因数据较为分散，不具实际意义，212Ma的测试结果可能反映了后期岩浆事件的扰动。

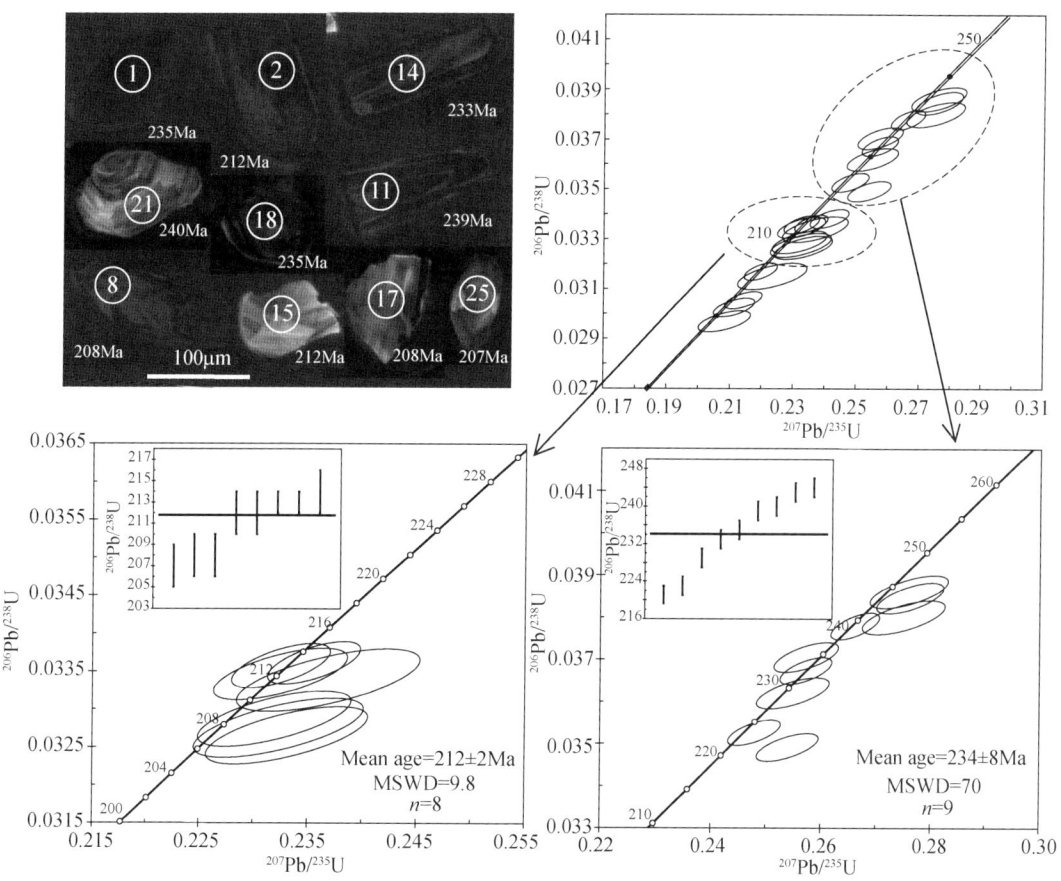

图4.18 样品YX-15（英安斑岩）的锆石U-Pb谐和年龄图及典型锆石阴极发光（CL）照片

（6）样品YX-18：锆石整体特征与上述英安斑岩锆石特征类似，锆石晶体形态较好，多为自形晶，大小约30~180μm，大多位于60~100μm，长宽比多为2~3。CL图像中锆

表 4.11 样品 YX-15（英安斑岩）的 LA-ICP-MS 锆石 U-Pb 分析结果

测点号	含量/10^{-6}		Th/U	同位素比值							年龄/Ma				
	Th^{232}	U^{238}		$^{207}Pb/^{206}Pb$	1σ	$^{207}Pb/^{235}U$	1σ	$^{206}Pb/^{238}U$	1σ		$^{207}Pb/^{235}U$	1σ	$^{206}Pb/^{238}U$	1σ	
YX-15-1	156	722	0.22	0.05038	0.00100	0.25732	0.00477	0.03705	0.00029		233	4	235	2	
YX-15-2	387	509	0.76	0.05041	0.00116	0.23252	0.00504	0.03346	0.00028		212	4	212	2	
YX-15-3	922	1101	0.84	0.07218	0.00116	0.21710	0.00318	0.02182	0.00016		199	3	139	1	
YX-15-4	166	525	0.32	0.06786	0.00121	0.31557	0.00518	0.03374	0.00026		278	4	214	2	
YX-15-5	212	459	0.46	0.06808	0.00196	0.29967	0.00812	0.03193	0.00034		266	6	203	2	
YX-15-6	517	1010	0.51	0.05732	0.00097	0.20154	0.00313	0.02551	0.00018		186	3	162	1	
YX-15-7	57.8	185	0.31	0.06676	0.00166	0.24363	0.00565	0.02647	0.00025		221	5	168	2	
YX-15-8	72.7	317	0.23	0.05120	0.00135	0.23197	0.00577	0.03287	0.00030		212	5	208	2	
YX-15-9	317	350	0.91	0.05109	0.00115	0.25493	0.00538	0.03620	0.00030		231	4	229	2	
YX-15-10	127	156	0.81	0.05348	0.00204	0.22202	0.00808	0.03012	0.00037		204	7	191	2	
YX-15-11	190	459	0.41	0.05109	0.00076	0.26617	0.00360	0.03779	0.00026		240	3	239	2	
YX-15-12	202	318	0.64	0.05180	0.00094	0.24138	0.00408	0.03381	0.00025		220	3	214	2	
YX-15-13	60	299	0.20	0.05028	0.00086	0.21965	0.00350	0.03169	0.00023		202	3	201	1	
YX-15-14	193	456	0.42	0.05081	0.00082	0.25728	0.00383	0.03673	0.00026		232	3	233	2	
YX-15-15	64	139	0.46	0.05149	0.00157	0.23690	0.00688	0.03338	0.00034		216	6	212	2	
YX-15-16	136	157	0.87	0.05143	0.00176	0.22330	0.00730	0.03150	0.00035		205	6	200	2	
YX-15-17	98	206	0.48	0.05147	0.00149	0.23235	0.00640	0.03275	0.00032		212	5	208	2	
YX-15-18	254	464	0.55	0.05209	0.00101	0.27617	0.00501	0.03846	0.00030		248	4	243	2	
YX-15-19	181	429	0.42	0.05185	0.00117	0.27599	0.00584	0.03861	0.00032		247	5	244	2	
YX-15-20	123	304	0.40	0.05278	0.00102	0.25399	0.00458	0.03491	0.00027		230	4	221	2	
YX-15-21	179	219	0.82	0.05251	0.00125	0.27503	0.00618	0.03800	0.00033		247	5	240	2	
YX-15-22	440	918	0.48	0.05324	0.00083	0.18370	0.00263	0.02503	0.00017		171	2	159	1	
YX-15-23	174	223	0.78	0.05066	0.00111	0.21125	0.00433	0.03025	0.00025		195	4	192	2	
YX-15-24	324	391	0.83	0.05102	0.00087	0.24795	0.00391	0.03526	0.00025		225	3	223	2	
YX-15-25	211	208	1.01	0.05179	0.00143	0.23312	0.00610	0.03265	0.00031		213	5	207	2	
YX-15-26	158	492	0.32	0.05026	0.00087	0.23256	0.00372	0.03357	0.00024		212	3	213	1	
YX-15-27	63	289	0.22	0.05088	0.00101	0.21416	0.00395	0.03054	0.00023		197	3	194	1	
YX-15-28	446	973	0.46	0.05086	0.00082	0.23562	0.00349	0.03361	0.00023		215	3	213	1	
YX-15-29	62	395	0.16	0.04801	0.00106	0.24752	0.00514	0.03740	0.00030		225	4	237	2	
YX-15-30	64	217	0.29	0.05089	0.00141	0.20824	0.00546	0.02969	0.00028		192	5	189	2	

石具有很好的韵律环带,显示岩浆锆石特征。U/Th 值为 0.07~1.01,多数大于 0.4,总体显示岩浆锆石特征。对该样品进行 28 个测试点的分析(表 4.12),共获得两组年龄,一组年龄主要集中在 193~246Ma,加权平均年龄为 210±5Ma,这组数据主要位于谐和线的右下方(图 4.19),可能由于该样品较为年轻,^{207}Pb/^{235}U 测不准所致。另一组数据位于 232~242Ma,大多位于谐和线上或略偏右下方(图 4.19),获得 8 个数据的加权平均为 238±2Ma,该年龄可能代表了岩石的形成年龄。

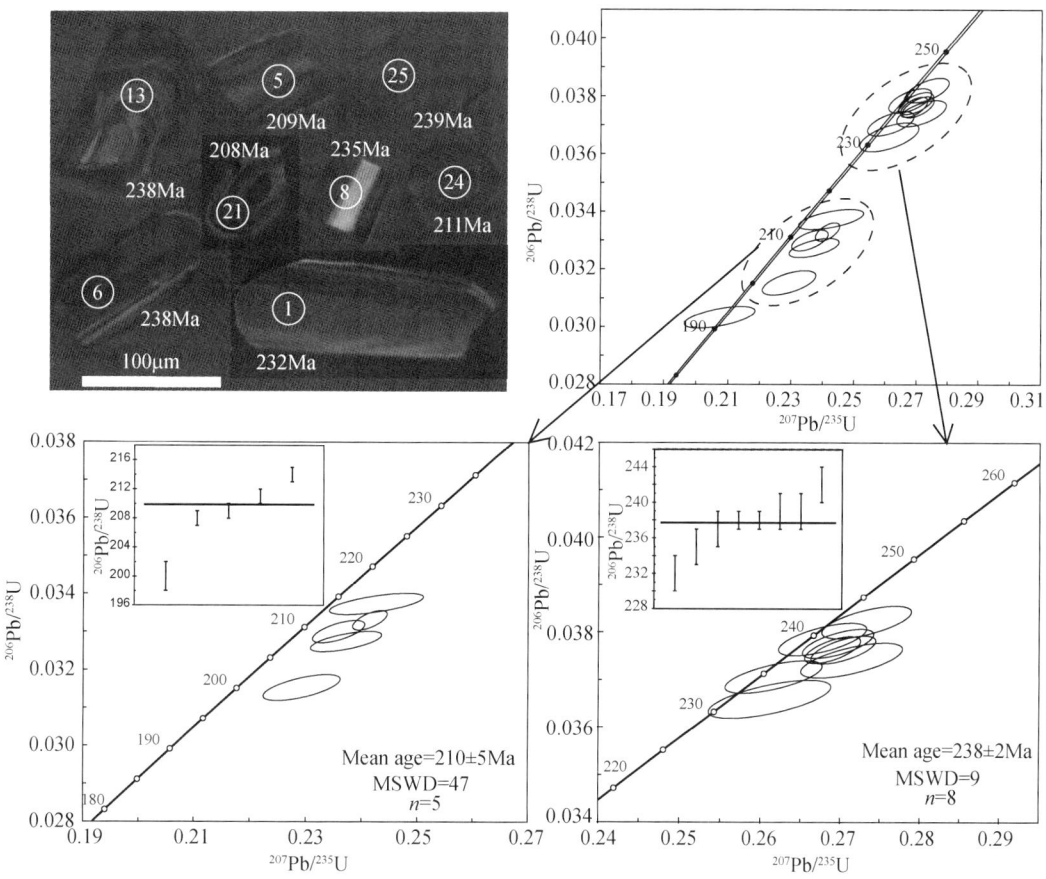

图 4.19 样品 YX-18(英安斑岩)的锆石 U-Pb 谐和年龄图及典型锆石阴极发光(CL)照片

(7)样品 YX-20(英安斑岩):锆石颗粒均呈半自形-自形粒状或柱状,粒径约 50~200μm,长宽比主要集中于 1~2。部分 YX-20 样品中可见明显的继承锆石核,Th/U 值为 0.29~0.86,大部分大于 0.4,CL 图像中锆石具清晰的韵律环带,具典型岩浆锆石的特征。YX-20 共分析了 20 个点(表 4.13),其中点 YX-20.21 和 YX-20.25 的年龄偏大,分别为 260Ma 和 258Ma,可能代表继承锆石年龄,剩下的 18 个点中去掉离群点 YX-20.10 后的加权平均年龄为 239±1Ma(图 4.20)。

上述 6 个英安斑岩采用锆石 LA-ICM-MS U-Pb 测年方法获得了 234~240Ma 的高精度数据,综合分析认为,237~240Ma 为英安斑岩的形成年龄,这些英安斑岩样品还记录了早期 260Ma 左右和后期 212~225Ma 的岩浆热事件。同时获得霏细岩年龄为 162Ma。本次测

表 4.12 样品 YX-18（英安斑岩）的 LA-ICP-MS 锆石 U-Pb 分析结果

测点号	含量/10⁻⁶		Th/U	同位素比值							年龄/Ma					
	Th^{232}	U^{238}		$^{207}Pb/^{206}Pb$	1σ	$^{207}Pb/^{235}U$	1σ	$^{206}Pb/^{238}U$	1σ		$^{207}Pb/^{235}U$	1σ	$^{206}Pb/^{238}U$	1σ		
YX-18-1	119	136	0.87	0.05179	0.00131	0.26116	0.00624	0.03659	0.00033		236	5	232	2		
YX-18-2	184	452	0.41	0.05133	0.00094	0.26777	0.00452	0.03785	0.00028		241	4	239	2		
YX-18-3	272	560	0.48	0.05188	0.00095	0.27327	0.00461	0.03821	0.00028		245	4	242	2		
YX-18-4	207	629	0.33	0.05410	0.00095	0.25700	0.00412	0.03446	0.00025		232	3	218	2		
YX-18-5	498	874	0.57	0.05186	0.00092	0.23587	0.00384	0.03300	0.00024		215	3	209	1		
PX-18-6	186	434	0.43	0.05213	0.00072	0.27038	0.00334	0.03763	0.00024		243	3	238	1		
PX-18-7	53	101	0.52	0.08880	0.00378	0.42844	0.01707	0.03500	0.00056		362	12	222	3		
PX-18-8	236	446	0.53	0.05122	0.00104	0.26163	0.00495	0.03706	0.00028		236	4	235	2		
PX-18-9	104	165	0.63	0.05376	0.00121	0.25389	0.00535	0.03426	0.00028		230	4	217	2		
PX-18-10	271	871	0.31	0.08283	0.00119	0.43979	0.00560	0.03852	0.00027		370	4	244	2		
YX-18-11	104	394	0.26	0.04961	0.00179	0.20746	0.00730	0.03033	0.00025		191	6	193	2		
YX-18-12	64	191	0.34	0.05839	0.00169	0.24389	0.00666	0.03030	0.0003		222	5	192	2		
YX-18-13	397	907	0.44	0.05186	0.00063	0.26902	0.00287	0.03763	0.00023		242	2	238	1		
YX-18-14	529	742	0.71	0.05875	0.00181	0.12676	0.00369	0.01565	0.00017		121	3	100	1		
YX-18-15	171	170	1.01	0.05276	0.00137	0.22931	0.00562	0.03153	0.00028		210	5	200	2		
YX-18-16	42	568	0.07	0.05516	0.00097	0.32877	0.00531	0.04323	0.00031		289	4	273	2		
YX-18-17	209	795	0.26	0.05399	0.00072	0.23802	0.00284	0.03198	0.00020		217	2	203	1		
YX-18-18	494	952	0.52	0.05454	0.00065	0.23695	0.00247	0.03151	0.00019		216	2	200	1		
YX-18-19	46	663	0.07	0.07588	0.00144	0.72372	0.01261	0.06919	0.00057		553	7	431	3		
YX-18-20	605	970	0.62	0.05217	0.00152	0.24263	0.00688	0.03373	0.00023		221	6	214	1		
YX-18-21	213	604	0.35	0.05255	0.00121	0.23722	0.00524	0.03274	0.00022		216	4	208	1		
YX-18-22	193	570	0.34	0.05262	0.00109	0.27142	0.00523	0.03741	0.00030		244	4	237	2		
YX-18-23	507	1077	0.47	0.05688	0.00067	0.25932	0.00267	0.03307	0.00020		234	2	210	1		
YX-18-24	338	987	0.34	0.05261	0.00063	0.24150	0.00255	0.0333	0.00021		220	2	211	1		
YX-18-25	208	550	0.38	0.05181	0.00078	0.26971	0.00367	0.03776	0.00025		242	3	239	2		
YX-18-26	450	921	0.49	0.07990	0.00122	0.41020	0.00559	0.03724	0.00027		349	4	236	2		

第四章 成矿地质作用及成矿地质体

表4.13 样品YX-20（英安斑岩）的LA-ICP-MS锆石U-Pb分析结果

测点号	含量/10⁻⁶		Th/U	同位素比值							年龄/Ma			
	Th^{232}	U^{238}		$^{207}Pb/^{206}Pb$	1σ	$^{207}Pb/^{235}U$	1σ	$^{206}Pb/^{238}U$	1σ	$^{207}Pb/^{235}U$	1σ	$^{206}Pb/^{238}U$	1σ
YX-20.1	620	1528	0.41	0.0515	0.0006	0.2682	0.0026	0.0378	0.0002	241	2	239	1
YX-20.2	319	934	0.34	0.0508	0.0006	0.2642	0.0028	0.0377	0.0002	238	2	239	1
YX-20.3	306	1060	0.29	0.0505	0.0008	0.2626	0.0041	0.0378	0.0003	237	3	239	2
YX-20.4	305	711	0.43	0.0505	0.0007	0.2636	0.0035	0.0379	0.0003	238	3	239	2
YX-20.5	333	993	0.34	0.0507	0.0007	0.2644	0.0031	0.0378	0.0002	238	2	239	1
YX-20.6	358	820	0.44	0.0514	0.0007	0.2668	0.0033	0.0377	0.0002	240	3	238	1
YX-20.7	498	1045	0.48	0.0518	0.0007	0.2762	0.0036	0.0387	0.0003	248	3	245	2
YX-20.8	280	624	0.45	0.0510	0.0006	0.2644	0.0029	0.0376	0.0002	238	2	238	1
YX-20.9	259	890	0.29	0.0511	0.0007	0.2670	0.0028	0.0379	0.0002	240	2	240	1
YX-20.10	319	765	0.42	0.0518	0.0007	0.2700	0.0031	0.0378	0.0002	243	2	239	1
YX-20.11	620	767	0.81	0.0518	0.0006	0.2933	0.0032	0.0411	0.0003	261	3	260	2
YX-20.12	359	1167	0.31	0.0513	0.0006	0.2666	0.0032	0.0377	0.0002	240	3	239	1
YX-20.13	411	900	0.46	0.0511	0.0014	0.2628	0.0069	0.0373	0.0002	237	6	236	1
YX-20.14	268	849	0.32	0.0510	0.0007	0.2678	0.0032	0.0381	0.0002	241	3	241	1
YX-20.15	346	1134	0.30	0.0514	0.0006	0.2889	0.0030	0.0408	0.0002	258	2	258	1
YX-20.16	627	727	0.86	0.0511	0.0007	0.2653	0.0032	0.0377	0.0002	239	3	238	1
YX-20.17	245	751	0.33	0.0510	0.0007	0.2673	0.0033	0.0380	0.0002	241	3	241	1
YX-20.18	464	1504	0.31	0.0508	0.0006	0.2635	0.0029	0.0376	0.0002	237	2	238	1
YX-20.19	334	1002	0.33	0.0525	0.0008	0.2748	0.0036	0.0380	0.0002	247	3	241	1
YX-20.20	301	1080	0.28	0.0514	0.0008	0.2679	0.0038	0.0378	0.0003	241	3	239	2

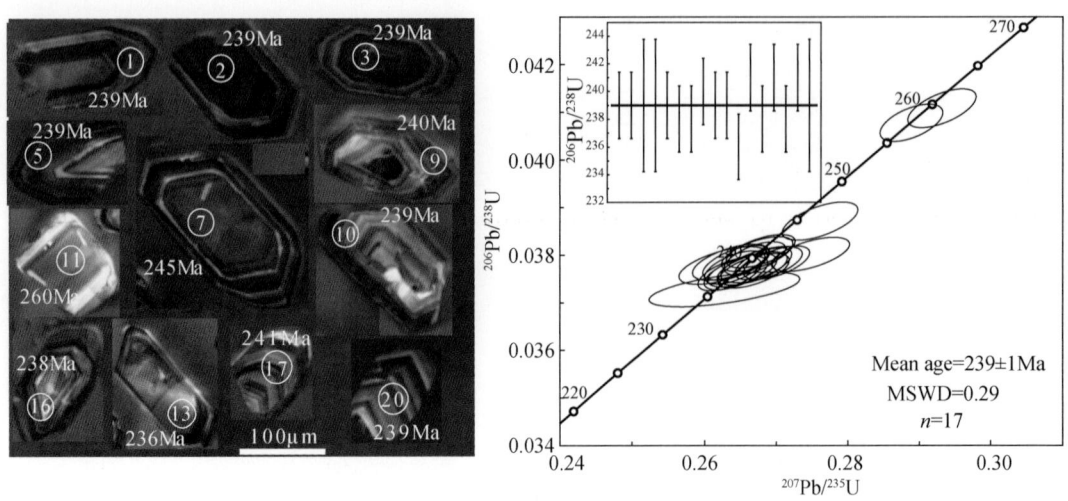

图 4.20　样品 YX-20（英安斑岩）的锆石 U-Pb 谐和年龄图及典型锆石阴极发光（CL）照片

试结果显示，研究区岩浆活动强烈，周期长，期次多，主要的英安斑岩和霏细岩分别形成于印支期和燕山早期，为不同地质岩浆事件活动的产物。

（三）年龄意义

上述脉岩锆石 LA-ICP-MS U-Pb 年龄具有以下重要意义：

（1）矿区广泛发育的英安斑岩，主要在早三叠世（240Ma±）形成，而不是以前认为的晚侏罗世满克头鄂博组火山喷发的次火山岩。统计表明早三叠世 240Ma 左右区域内发生了强烈的岩浆及火山活动，特别是矿区所在的林西地区：李锦轶等（2007）获得林西南部双井子二云母花岗岩形成于 238Ma；刘伟等（2007）获得矿区外围的龙头山 1 花岗闪长岩的高精度年龄为 241Ma；张连昌等（2008）在林西—锡林浩特一带的原白垩纪火山岩中获得 237～243Ma 的玄武岩和玄武质安山岩，结合锡林浩特—西乌旗一带发现的 243～246Ma 的中酸性火山熔岩（张晓晖等，2006），表明大兴安岭南段林西及附近地区存在大量早三叠世 240Ma 左右的火山岩分布。因此，英安斑岩形成于 240Ma± 在区域上及矿区附近具有大量地质事件的支持。龙头山 1 花岗闪长岩体距矿区距离不足 20km，因此矿区的英安斑岩脉可能属于龙头山 1 岩体在大井矿区的浅成侵入相。另外，前已述及大井英安斑岩脉（240Ma）不仅与龙头山 1 岩体（241Ma）形成时代相同，而且还具有相同的继承锆石年龄（260Ma 左右），因此进一步表明它们可能来自同一源区，属于同一岩浆活动在不同位置的表现。

研究表明，华北板块与西伯利亚板块在大兴安岭南部的最后闭合时间基本可以确定为晚二叠世末 250Ma 左右（Sengör et al.，1993；洪大卫等，1994；孙德有等，2000，2004；施光海等，2004；尚庆华，2004；Miao et al.，2008；刘永江等，2010）。结合前文讨论的英安斑岩地球化学特征，本书认为林西地区广泛发育的早三叠世（240Ma±）岩浆活动，包括大井矿区的英安斑岩可能形成于同造山晚期到后造山的构造环境。

（2）霏细岩脉的年龄 162Ma 在前人获得的该岩脉 K-Ar 年龄 110～170Ma 年龄范围之

内，该年龄与矿区及区域上广泛分布的满克头鄂博组酸性火山岩年龄 160Ma 左右（赵国龙等，1989；张永北等，2003；张吉衡，2009；孙德有等，2011）、马鞍子岩体源岩年龄 165Ma（刘伟等，2007）也非常吻合，因此霏细岩脉很可能为满克头鄂博组火山岩在矿区的超浅成岩相。另外，该年龄也与大兴安岭中南段发育的一些热液脉型铜矿的成矿地质体年龄一致：如莲花山铜矿的斜长花岗斑岩、闹牛山铜矿的闪长玢岩、布敦花铜矿的斜长花岗斑岩形成年龄分别为 162Ma、162Ma 和 166Ma（张德全等，1993；盛继福等，1999）。以上表明 162Ma 左右在区域内发生了一次广泛的岩浆、构造及成矿事件。

关于大兴安岭地区中晚侏罗世—早白垩世构造背景的争论也比较大，近年来的研究趋于认为与蒙古–鄂霍次克洋闭合作用以及闭合后的造山带伸展作用有关（Fan et al.，2003；Meng，2003；陈志广等，2006；Wang F et al.，2006；张玉涛等，2007；张连昌等，2007；Ying et al.，2010）。已有研究表明，蒙古–鄂霍茨克洋的最终闭合时间为晚侏罗世（160Ma 左右）（Meng，2003；胡健民等，2004；赵越等，2004；邓晋福等，2005），受此闭合作用的影响，大兴安岭北部、蒙古国东北部和西伯利亚板块南缘等地区发生了强烈岩浆、火山活动（孙德有等，2011；赵忠华等，2011）。而太平洋板块虽然在早侏罗世就开始了活动，但直到晚侏罗世—早白垩世（140Ma 左右）才进入活动的高峰（赵越等，1994，2004），使得区域构造格局发生大转换，整个中国东部由此进入西太平洋构造域（毛景文等，2005；代军治等，2006）。结合前文讨论的霏细岩脉岩石地球化学特征认为，霏细岩形成的构造背景主要为造山后的伸展背景，同时可能受到来自蒙古–鄂霍茨克洋闭合作用的远程效应影响。

（3）年龄结果显示：样品 DJ-1、DJ-7、YX-13、YX-14、YX-15、YX-20 中均出现了 260Ma 左右的继承锆石/捕获锆石年龄，与刘伟等（2007）在矿区西北的龙头山 1 花岗闪长岩（241Ma）中发现的继承锆石年龄（263Ma）相似，另外李锦轶等（2007）在矿区南部的双井子二长花岗岩（238Ma）中也发现了 3 个 255Ma 左右的继承锆石/捕获锆石年龄信息，柳长峰等（2010）最近在四子王旗地区的布龙二长花岗岩（239Ma）和格尔图正长花岗岩（238Ma）中也发现了大量 260Ma 左右的"捕获锆石"，反映了区内一次广泛的岩浆活动事件。260Ma 左右的岩浆活动产物可能属于 240Ma 左右甚至 162Ma 左右区内岩浆活动的主要源岩。而 DJ-1、YX-18 中出现的 406Ma、416Ma、431Ma、514Ma 等年龄信息，可能与古生代的增生造山事件相关。

四、岩浆特征及构造环境讨论

尽管目前对于利用岩石地球化学进行构造环境判别存在一定的争议（Ernst et al.，2005；吴福元等，2007），但在某种程度上，其仍能提供一些有益的信息。本节将综合研究区域构造背景、脉岩岩石学特征等多方面信息，结合各脉岩构造判别图解对各脉岩的形成背景进行综合分析。

研究区的煌斑岩、辉绿岩地球化学成分相当于玄武岩类，本书将对其采用 FeO^T-MgO-Al_2O_3、Hf/3-Th-Ta、TiO_2-10MnO-10P_2O_5、Ta/Yb-Th/Yb、Al_2O_3-TiO_2、Y-Cr（图 4.21，图 4.22）图解进行判别。综合对比分析来看，该区的煌斑岩、辉绿岩具大陆弧–板内–造山带构造环境岩石特征。煌斑岩和辉绿岩的整体 K_2O 含量较高，在 Al_2O_3-TiO_2 图解中主要落在岛弧环境区域内，具有向板内环境过渡的趋势。

前人研究表明，二叠纪末—早三叠纪华北板块与西伯利亚板块已经拼合在一起，而煌斑岩和辉绿岩形成于中生代，区域上这一时期可能已经处于板内构造演化阶段。结合上述判别结果，推测研究区煌斑岩和辉绿岩可能形成于板内环境。由于区域上经历了古生代碰撞造山过程，发育大量的大陆弧岩浆，因而煌斑岩和辉绿岩在形成过程中也可能继承了古生代弧岩浆的特征。

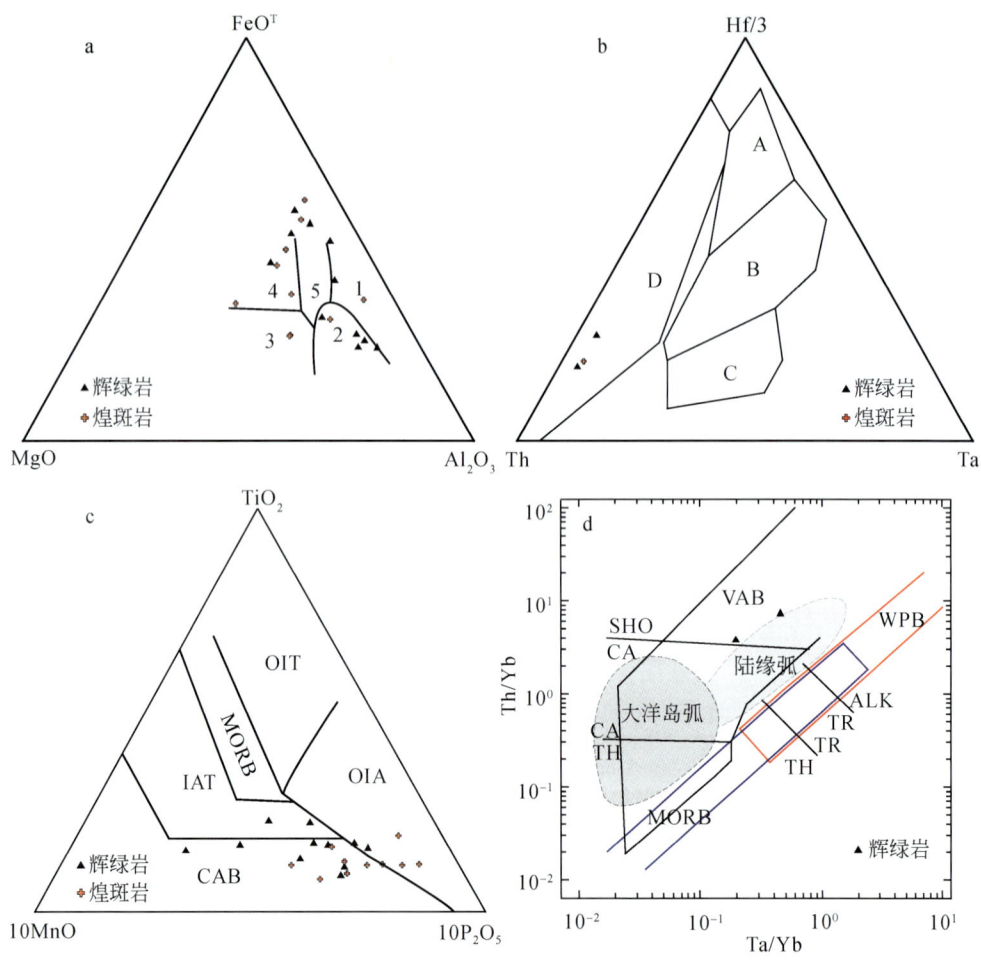

图 4.21 辉绿岩和煌斑岩构造判别图解

a. FeO^T-MgO-Al_2O_3 图解（据 Pearce et al., 1977）；b. Hf/3-Th-Ta 图解（据 Wood, 1980）；c. TiO_2-$10MnO$-$10P_2O_5$ 图解（据 Mullen, 1983）；d. Th/Yb-Ta/Yb 图解（据 Pearce, 1982）

图 a 中：1. 洋中脊及洋底，2. 大洋岛屿，3. 造山带，4. 大陆板块内部，5. 扩张中心岛屿（冰岛）；图 b 中：A. N-MORB，B. E-MORB 和板内拉斑玄武岩，C. 碱性板内玄武岩，D. 火山弧玄武岩；图 c 中：OIT. 洋岛拉斑玄武岩，OIA. 洋岛碱性玄武岩，CAB. 岛弧钙碱性玄武岩，IAT. 岛弧拉斑玄武岩，MORB. 洋中脊玄武岩；图 d 中：TH. 拉斑玄武岩，CA. 钙碱性玄武岩，SHO. 钾玄岩，MORB. 洋中脊玄武岩，WPB. 板内玄武岩，ALK. 碱性玄武岩，TR. 过渡性玄武岩

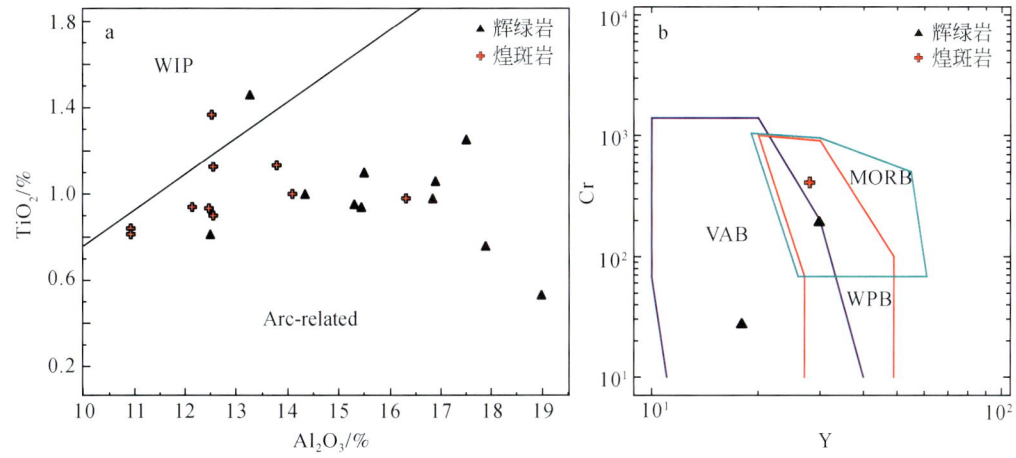

图 4.22 辉绿岩和煌斑岩 Al_2O_3-TiO_2 图解（a）（据 Muller et al.，1992）
和 Y-Cr 图解（b）（据 Pearce，1982）

WIP. 板内环境；Arc-related. 与弧有关的环境；MORB. 洋中脊玄武岩；
VAB. 火山弧玄武岩；WPB. 板内玄武岩

中酸性脉岩在 Y-Nb、Yb-Ta、(Y+Nb)-Rb、(Yb+Ta)-Rb 判别图解（图 4.23）中均处于火山弧-同碰撞-板内过渡区域。前文锆石 U-Pb 同位素年代学测试结果表明大井矿区安山玢岩、闪长岩（252Ma）、英安斑岩（240Ma）、霏细岩（162Ma）并非一次岩浆事件形成，而是多次地质事件的产物。结合区域构造背景，安山玢岩、闪长岩、英安斑岩形成于中亚造山带由同碰撞向后碰撞转换阶段，而霏细岩可能形成于后碰撞-板内环境中。

总之，随着古亚洲洋古生代不断向华北板块之下俯冲，华北板块北缘很长一段时间处于活动大陆边缘环境下，并发育大量的弧岩浆。二叠纪末期—三叠纪初期，古亚洲洋逐渐消失，俯冲板片引起的板片脱水熔融形成的岩浆与地幔岩浆混合形成这一时期的高钾钙碱性安山玢岩、闪长岩和英安斑岩，Sr-Nd-Pb 同位素也反映壳幔混源的特征。随着古亚洲洋的消失，华北板块和西伯利亚板块最终拼合，该区进入后碰撞造山阶段并向板内环境转变，形成于这一时期的霏细岩一定程度地继承了早期弧岩浆的特征。中生代中晚期，区内可能为后碰撞晚期的区域岩石圈强烈伸展时期（刘红涛等，2002），来自 EMⅡ 富集地幔源区的岩浆底侵，经过壳幔相互作用形成该区的辉绿岩和煌斑岩。

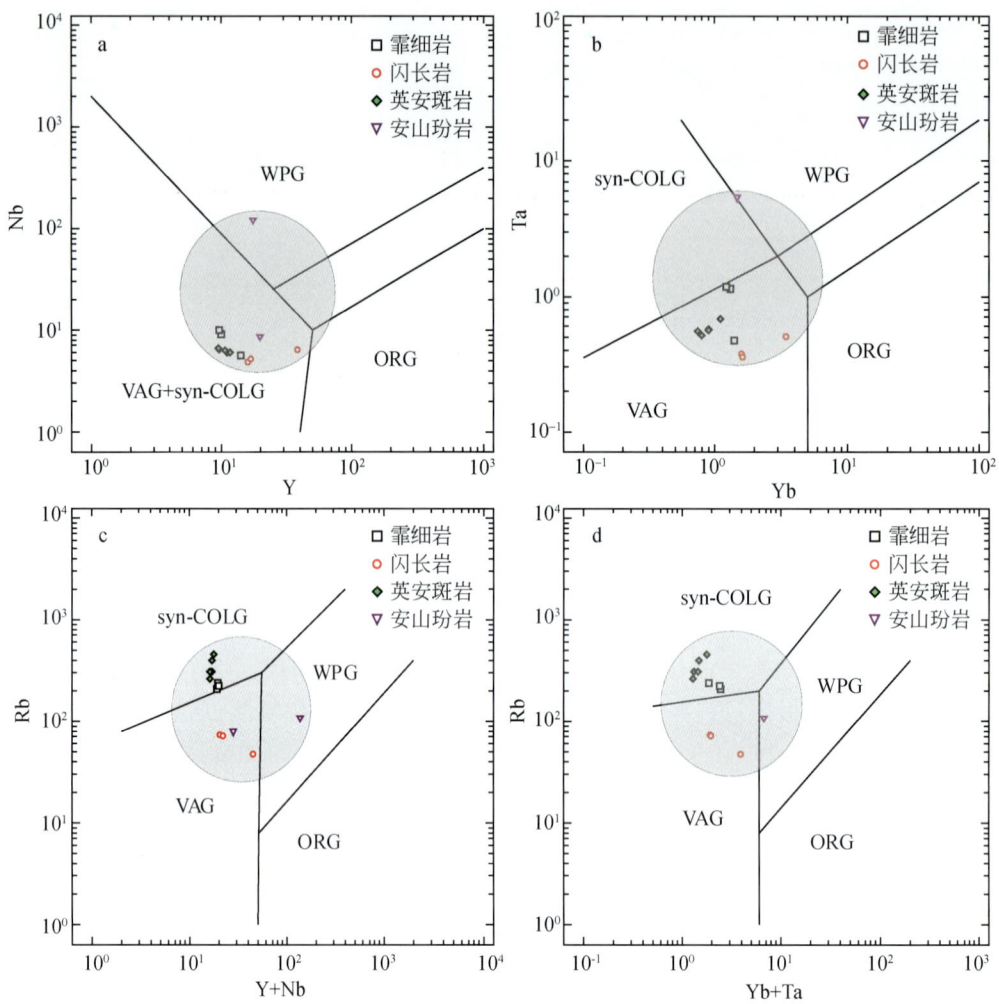

图 4.23 大井矿区中酸性脉岩构造判别图解（据 Pearce et al., 1984）

VAG. 火山弧花岗岩；syn-COLG. 同碰撞花岗岩；ORG. 洋脊花岗岩；WPG. 板内花岗岩

第二节 成矿地质体的厘定

一、矿体与地质体的时、空关系

（一）矿床的成矿年龄

大井矿床的成矿年代是困扰矿床成因类型研究和找矿预测的关键问题。前人曾对该矿床进行过一些间接定年研究。例如，根据矿体与矿区脉岩的密切关系，结合矿区脉岩的 K-Ar 年龄主要集中在 155.3~177.2Ma，认为矿床可能形成于中侏罗世（黄世乾等，1986；王汉生，1992；张德全，1993a；王玉往等，2002c；李如满和康利祥，2004）；艾永富和张晓辉（1996）对脉石矿物蚀变绢云母进行了 Ar-Ar 定年，年龄结果为 138.3Ma，属早白垩世。本书通过对锡石的 LA-ICP-MS U-Pb 测年尝试直接测定矿床的成矿年龄，结果如下。

测年样品采自老区西部 545m 中段 66#富锡矿体。锡石颗粒大（均>0.1mm，多在 0.1~0.3mm），可呈半自形粒状，透射光下呈褐黄色–褐黑色（图 4.24a）。样品的 U-Pb 同位素年代学分析在中国地质调查局天津地质矿产研究所使用 Neptune 多接收电感耦合等离子体质谱仪和 193nm 激光取样系统（LA-MC-ICP-MS）完成，具体可参考李开文等（2013）所描述的实验流程。获得的 $^{238}U/^{207}Pb$、$^{206}Pb/^{207}Pb$ 测试误差较低（多<7%，仅一个点的 $^{238}U/^{207}Pb$ 误差为 12%），并由此拟合出一条较好的 $^{238}U/^{207}Pb$-$^{206}Pb/^{207}Pb$ 等时线年龄为 144±16Ma（MSWD=7.0）（图 4.24b）。该年龄代表了大井矿床锡石的成矿年龄，为早白垩世初期。

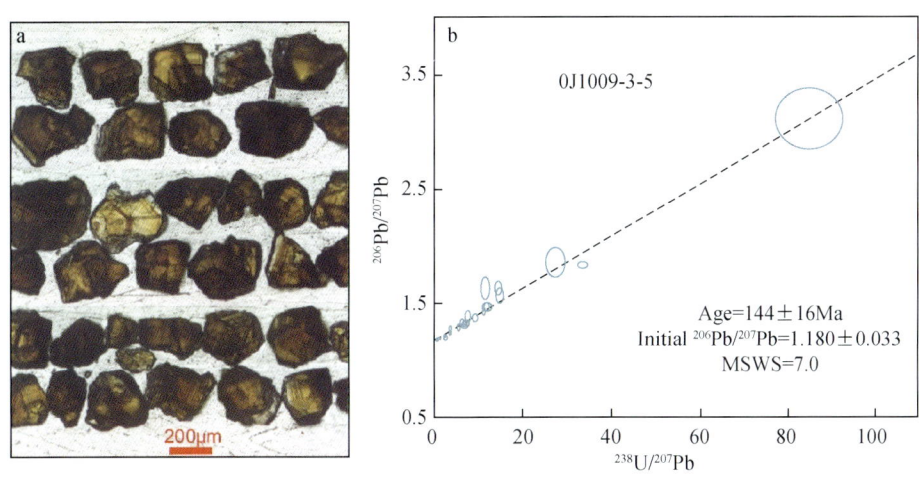

图 4.24 大井矿床锡石的透射光图像（a）和 U-Pb 年龄谐和图（b）

上述锡石的 U-Pb 年龄与艾永富和张晓辉（1996）所测的脉石矿物绢云母 Ar-Ar 年龄（138Ma）同属早白垩世，均明显晚于矿区的脉岩（霏细岩的 162Ma、英安斑岩 237~240Ma），时差分别达 18Ma 和>94Ma，表明矿区的中酸性脉岩不可能是成矿地质体。同时该年龄与大兴安岭南段的锡多金属矿床（黄岗梁、敖瑙达巴、毛登等）的成岩成矿年龄（135~149Ma）较为一致（表 4.14），亦与矿区西北部的马鞍子碱长花岗岩的 SHRIMP 锆石 U-Pb 年龄 146±3.7Ma（刘伟等，2007）在误差范围内基本同期，暗示二者可能具有一定的成因联系，详见下文讨论。

表 4.14 大兴安岭南段部分锡多金属矿床成岩成矿年龄

地区/矿区		成矿/蚀变年龄		有关岩浆岩年龄		来源
		年龄/Ma	方法	年龄/Ma	方法	
大井地区	大井锡多金属矿	144±16	锡石，U-Pb			本书
		138.3	绢云母，Ar-Ar			艾永富和张晓辉，1996
	马鞍子钾长花岗岩			146±3.7	锆石，SHRIMP	刘伟等，2007

续表

地区/矿区		成矿/蚀变年龄		有关岩浆岩年龄		来源
		年龄/Ma	方法	年龄/Ma	方法	
黄岗梁	黄岗梁铁锡矿	135±0.9	辉钼矿，Re-Os			周振华等，2010a
		135±5.2	辉钼矿，Re-Os			翟德高等，2012
	花岗岩			140±0.9	锆石，LA-ICP-MS	翟德高等，2012
	钾长花岗岩			137±1.1	锆石，LA-ICP-MS	周振华等，2010b
	花岗斑岩			137±0.6	锆石，LA-ICP-MS	周振华等，2010b
	花岗斑岩			142	全岩 Rb-Sr 等时线	赵一鸣和张德全，1997
敖瑙达巴	花岗斑岩			148	全岩 Rb-Sr 等时线	张德全，1993a
毛登	花岗斑岩			149	全岩 Rb-Sr 等时线	赵一鸣和张德全，1997
宝盖沟	宝盖沟锡矿	139	云母，K-Ar			王国政，2002
	钾长花岗斑岩			137~141	全岩，K-Ar	王国政，2002
安乐	安乐锡矿	133	绢云母，K-Ar			王国政，1997
	花岗斑岩			134	全岩 Rb-Sr 等时线	王国政，1997
东山湾	含锡花岗岩			135	全岩 Rb-Sr 等时线	芮宗瑶等，1994

（二）矿体与矿区岩浆岩类地质体（脉岩）的空间关系

空间位置上，矿脉与脉岩同受断裂（裂隙）构造控制，二者经常相伴产出，矿脉多产于岩脉的两侧（图4.1）。矿脉与岩脉的产状也基本一致，均以 NW 走向为主，并且有些矿脉的顶、底板直接为岩脉，如 1、4、10、11#矿脉。在脉岩与矿体的接触带上，靠近矿体上盘的脉岩中往往有平行矿体的细脉存在。甚至有些脉岩中有浸染状硫化物或细脉状硫化物发育，如黄铁矿、黄铜矿、闪锌矿等星点状、细脉状浸染，有些脉岩本身就是矿石（图4.7）。同时，基本上所有脉岩均发育不同程度的热液蚀变，有时蚀变还伴有金属硫化物生成。

然而，矿区内脉岩基本早于矿脉生成，从多条勘探线剖面图上和坑道中，可见到矿体切穿不同岩脉的现象（详见第五章）。

以上矿体与脉岩的空间关系表明，矿脉晚于岩脉形成，矿脉的就位只是利用了早期脉岩侵入造成的构造有利部位。脉岩侵位造成的构造裂隙、破碎带发育部位，为后期热液充填提供了良好的容矿空间；脉岩密集处，矿体亦较密集、厚大。

二、马鞍子岩体的含矿性分析

大兴安岭南段的锡多金属矿床，如黄岗、毛登、敖瑙达巴、安乐等矿床无一不是近岩体型（夕卡岩型和斑岩型）矿化，且均与钾长花岗岩或花岗（斑）岩有直接的亲缘关系，而大井矿区附近数公里范围内未见深成岩体出露，从而给大井矿床研究，特别是成因和物质来源研究带来不少困难。李国华（1986）曾推测矿区西北约9km（边缘距离）的马鞍子岩体向东南侧伏于矿区西北部；黄世乾等（1986）根据地球物理资料解译，推测出大井老区南部（约66线附近）、小城子和矿区西部3km的小烧锅西北存在三个高位侵入的隐伏花岗岩体；王荣全等（2007）又报道了矿区29线Zk-29-3钻孔底部发现了7m厚的细粒闪长岩（由于井故而停钻），并确认属岩体边缘相。根据上述一系列推测，并结合大井矿床锡石的年龄与马鞍子岩体近于同期的证据，可以认为大井矿床的锡-铜多金属矿化可能与马鞍子钾长花岗岩存在某种联系。

马鞍子岩体（146Ma）是目前发现的与大井矿床成矿年龄（144Ma）最接近的岩浆岩地质体。该岩体位于大井矿床的西北部，是一以钾长花岗岩为主要岩性的岩基状岩体，部分为二长花岗岩相，岩体侵入的围岩主要为二叠系林西组，总出露面积大于$200km^2$，其最近边缘与大井矿区相距约9km。该岩体主要组成矿物为微斜长石+条纹长石（50%~65%）、石英（25%~30%）、更长石（10%~20%）、黑云母（5%±），副矿物主要有锆石、钛铁矿、磁铁矿、独居石、萤石及少量榍石、金红石、磷灰石等。副矿物属钛铁矿系列，岩石磁化率低，多$<10^{-4}SI$（据毛骞等，2000）。

（一）岩石地球化学特征

邻区与马鞍子岩体时代和岩性相近的岩体还有黄岗梁地区的204岩体以及北大山南、骆驼场梁、景峰、大莫古吐、石匠山、阿鲁包格山等岩体，为了讨论该区岩浆活动特征与锡多金属成矿的关系，将其化学成分综合对比如表4.15所示。

表4.15 大井矿床邻区与锡成矿有关的花岗岩化学成分

岩体类型	钾长花岗岩					花岗岩		斑状花岗岩
岩体名称	马鞍子	北大山南	204	骆驼场梁	景峰	大莫古吐	石匠山	阿鲁包格山
SiO_2	75.87	74.37	75.54	75.34	75.77	75.22	75.05	71.80
TiO_2	0.08	0.17	0.11	0.08	0.17	0.18	0.10	0.32
Al_2O_3	12.53	12.84	12.22	11.91	12.03	12.65	12.36	12.93
Fe_2O_3	1.00	0.87	0.42	0.91	0.47	0.87	0.85	1.43
FeO	1.98	1.53	1.69	1.21	1.90	1.37	1.34	1.85
MnO	0.02	—	0.01	0.04	—	0.04	0.02	0.05
MgO	0.13	0.23	0.17	—	0.46	0.14	0.08	0.37
CaO	0.29	0.55	0.65	0.87	0.72	1.03	0.52	1.15
Na_2O	3.99	3.33	3.72	3.98	3.60	3.68	4.10	3.64
K_2O	4.45	4.63	4.06	4.02	4.43	4.60	4.53	5.29
P_2O_5	0.33	—	—	—	—	0.06	0.09	0.09
Na_2O+K_2O	8.44	7.96	7.78	8.00	8.03	8.28	8.63	8.93
A/CNK	1.05	1.12	1.04	0.95	1.00	0.98	0.98	0.94

注：据李鹤年等（1989）、董长海和乔兰（1987）资料整理。

可以看出，富硅、富碱、贫镁是该区这类花岗岩的显著特点。这类花岗岩的SiO_2含量较高，不仅高于世界酸性岩的平均值，而且比华南W、Sn成矿花岗岩高。K_2O+Na_2O含量明显高于世界和华南花岗岩的平均值；钾长花岗岩的硅、碱含量更加偏高，$SiO_2>73\%$，

（K_2O+Na_2O）>7.96%，$K_2O>Na_2O$，Al_2O_3>（K_2O+Na_2O+CaO）（分子数），Ca、Fe、Mg 含量低，与华南含 Sn 花岗岩的特点极为相似，也与泰勒总结的世界含 Sn 花岗岩岩石化学特征相符（SiO_2 在 73.38%±1.39%，Al_2O_3 为 13.97%±1.07%，Fe_2O_3 为 0.80%±0.47%，FeO 为 1.10%±0.47%，MgO 为 0.75%±0.41%，Na_2O 为 3.20%±0.61，K_2O 为 4.69%±0.68%）。

在 SiO_2-K_2O+Na_2O 图上和 FAM 三角图上（图 4.25a、b），这类花岗岩全部属于亚碱性系列之钙碱性系列。在 ACF 三角图上（图 4.25c），投影点可落在"I"区和"S"区，其中 S 型花岗岩区占优势，其 K/（K+Na）原子数比值在 0.53~0.62，均>0.50，也表现为 S 型花岗岩特点。但同时，本区这类花岗岩的 A/CNK=0.94~1.12（分子数比值），多小于 1.10，为准铝质，在（Al-K-Na）-Ca-（$Fe^{2+}+Mg$）图上，投影点落在黑云母-斜长石-透辉石区，而不在白云母-堇青石区域，又均表现为 I 型花岗岩特点；此外，Fe^{3+}/（Fe^{2+}+Fe^{3+}）原子数比值在 0.18~0.41，亦属偏 I 型特征。

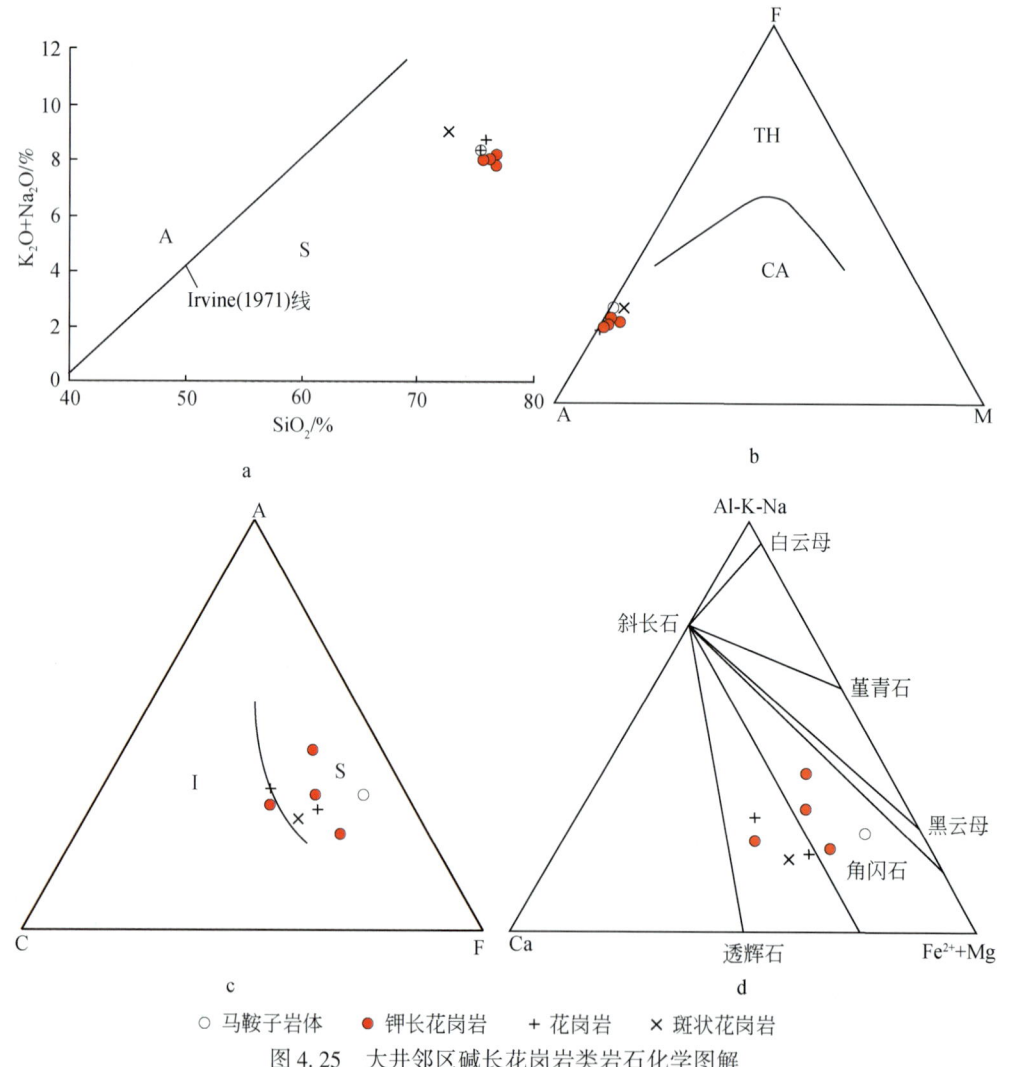

图 4.25　大井邻区碱长花岗岩类岩石化学图解

a. 花岗岩 SiO_2-K_2O+Na_2O 图解；b. FAM 图解；c. ACF 图解；d.（Al-K-Na）-Ca-（$Fe^{2+}+Mg$）图解

另据前人研究，马鞍子岩体 Sr、Ba 和 Eu 丰度低，HREE 和 HFSE（如 Sm、Gd、Nb、Y、Yb）丰度高，低 Eu/Eu*（0.03~0.29）（肖成东等，2004），显示 S 型花岗岩特征；而岩石 $\varepsilon_{Nd}(t)$ 值为+4.48，$I_{Sr}=0.704$，锆石具高的正 Hf(t) 值（主群 0.25~0.75），表明其由以底侵镁铁质岩石为主的源岩部分熔融形成（刘伟等，2007）。

总体来看，本区这类花岗岩为 I-S 过渡型的花岗岩。

（二）含矿性分析

马鞍子岩体的金属元素含量分别为：Sn $32×10^{-6}$、Cu $34×10^{-6}$、Pb $21×10^{-6}$、Zn $51×10^{-6}$、Ag $0.39×10^{-6}$（李鹤年等，1989），分别为普通花岗岩平均值（维氏值）的 16.0、0.62、1.68、0.73 和 5.57 倍。岩体中成矿元素含量偏高，特别是 Sn 含量，高于我国南方含 Sn 花岗岩 $25×10^{-6}$ 的平均值，是形成锡多金属矿的有利条件。研究认为，成矿岩体与非成矿岩体的 Sn 含量有明显差别，一般成矿岩体 Sn>$10×10^{-6}$，而且形成较大规模锡矿、锡多金属矿的成矿岩体 Sn 一般为 $20×10^{-6}$~$40×10^{-6}$，成矿岩体的 Zn 含量也往往较高（赵一鸣等，1994）。

为了进一步分析这类花岗岩的含矿特征，将马鞍子岩体与浩布高含矿（Pb-Zn-Sn 矿）花岗岩和马勒根坝、巴颜琥硕岩体不含矿花岗岩的微量元素含量进行对比（图 4.26），可看出马鞍子岩体中的成矿元素 Sn、Pb、Zn、As、Cu 等均与浩布高含矿岩体接近，而略高于弱矿化或未成矿的岩体。同时，岩体的分异程度与成矿具有密切关系，而 Rb/Sr 值是反映分异程度的重要参数。大量研究资料表明，世界上一些主要的含 Sn 花岗岩中 Sn 含量与反映岩浆结晶分异强度的指标 Rb/Sr 正相关（Neiva，1984）。马鞍子岩体的 Rb/Sr 值为 4.7（毛骞等，2000），高于无 Sn 矿化的岩体 Rb/Sr 值，如马勒根坝岩体 Rb/Sr 值为 4.4，巴颜琉硕岩体 Rb/Sr 值为 1.3。

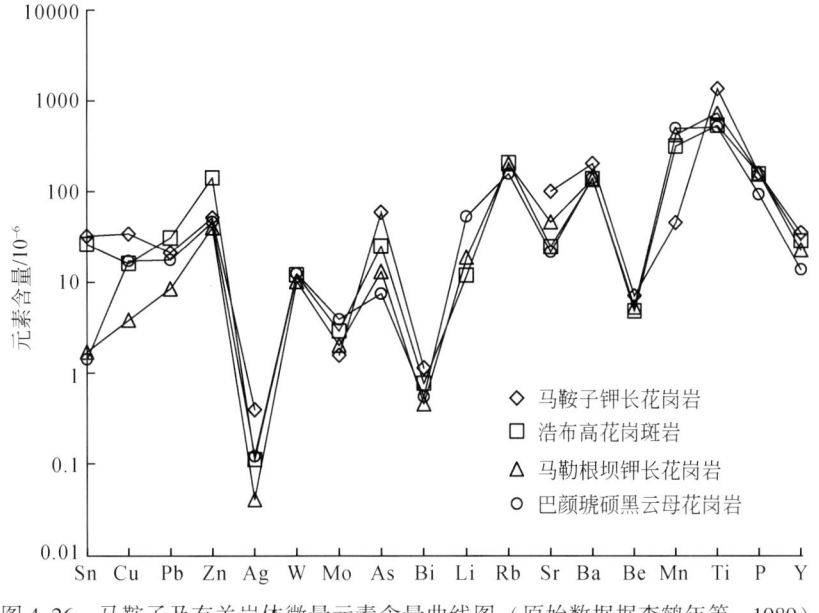

图 4.26 马鞍子及有关岩体微量元素含量曲线图（原始数据据李鹤年等，1989）

另外，从该区燕山期不同侵入阶段花岗岩稀土元素特征和稀土配分模式来看（李鹤年等，1989），燕山早期晚阶段（即钾长花岗岩阶段）的稀土总量最高，ΣREE 平均达 226.43×10^{-6}。李鹤年等（1989）认为，与成矿有关的岩体稀土含量最高，δEu 值最低（平均值为 0.28），可作为判别岩体含矿性的标志。马鞍子岩体的 δEu 值为 0.20，应属于含矿有利岩体。

另外据邵济安等（1998）统计，大兴安岭南段包括马鞍子岩体在内的燕山晚期（晚侏罗世—早白垩世）钾长花岗岩的挥发性组分也比较高：F 平均为 800×10^{-6}，可高达 $1000\times10^{-6}\sim3000\times10^{-6}$，Cl 平均为 240×10^{-6}，S、P、As 也高，其中 F 和 As 的异常很明显；花岗岩的副矿物多含萤石、磷灰石、锆石、金红石，萤石含量随时间递增，反映出成岩作用中流体活跃，极有利于 Sn 多金属的成矿。

三、矿区外围的火山岩

晚侏罗世—早白垩世是大兴安岭南段火山活动极为发育的时期。大井地区的西部和南部均有该时代火山岩地层出露，构成中生代"凹陷"区。其中，南部大坝—小城子一带的流纹质火山岩锆石 U-Pb 年龄在 $143\sim145Ma$ 之间（江思宏等，2012），与马鞍子岩体时代接近，因此，大井地区深部是否存在同源同期的隐伏次火山岩体也是值得思考的重要问题。

该区晚侏罗世的火山喷发，主要为中酸性-酸性火山岩喷发（之前有小规模的基性岩浆活动），又可分为满克头鄂博和白音高老两个亚旋回，均为英安岩-安山岩-流纹岩组合，岩石为钙碱性系列；早白垩世的岩石类型则以早期产出的玄武岩、玄武安山岩，部分安山岩和晚期产出的酸性、中酸性火山碎屑岩为特点，显示出双峰式火山岩的部分特征，岩石为碱钙性-钙碱性系列。无论是晚侏罗世还是早白垩世的火山岩，其流纹岩均具有富 SiO_2（70%~77%）、富碱（Alk 在 7%~10%），$K_2O>Na_2O$ 的特点；较低的 Sr 初始值（0.7016~0.7087）和微量元素含量特征均表明火山岩岩浆源于深部地壳或上地幔，且在喷出地表之前均经历了强烈的分异作用；另外在 lgSI 对 Al_2O_3、CaO、SiO_2、MgO 和 Na_2O+K_2O 含量（%）关系图上（图略），晚侏罗世满克头鄂博亚旋回中性火山岩与早白垩世中基性、中性火山岩表现出较为一致的特点（王忠和朱洪森，1999）。以上特征说明，该区的火山岩与马鞍子岩体可能为同源不同阶段演化的产物。

四、小　　结

综合以上分析认为：大井矿区内的霏细岩和英安斑岩等次火山岩脉岩是成矿前岩浆活动的产物，不是成矿地质体，只是对成矿构成了有利的构造空间；矿床的成矿地质体可能仍隐伏于矿区之下，但推测可能为与周围火山岩和马鞍子岩体同期同源的小型岩株。根据区域近岩体型锡多金属矿床（如黄岗梁、毛登、敖瑙达巴等）成矿地质体特征进一步推测，Sn 的成矿地质体成分可能为近似马鞍子岩体的高演化碱长花岗岩类，而 Cu、PbZn 的成矿可能与偏中性的演化程度较低的岩浆（火山旋回中发育的玄武岩、安山岩、英安岩等岩类）有关。

第五章　成矿构造与成矿结构面

第一节　矿区构造基本格架

大井地区 85km² 的范围内主要发育断裂构造，其次为褶皱构造以及二者的复合（图 5.1）。断裂主要表现为构造破碎带、错断、岩脉和矿脉充填以及节理构造；褶皱主要表现为地层的交替重复、弯曲、揉皱、倒转等（图 5.2）。

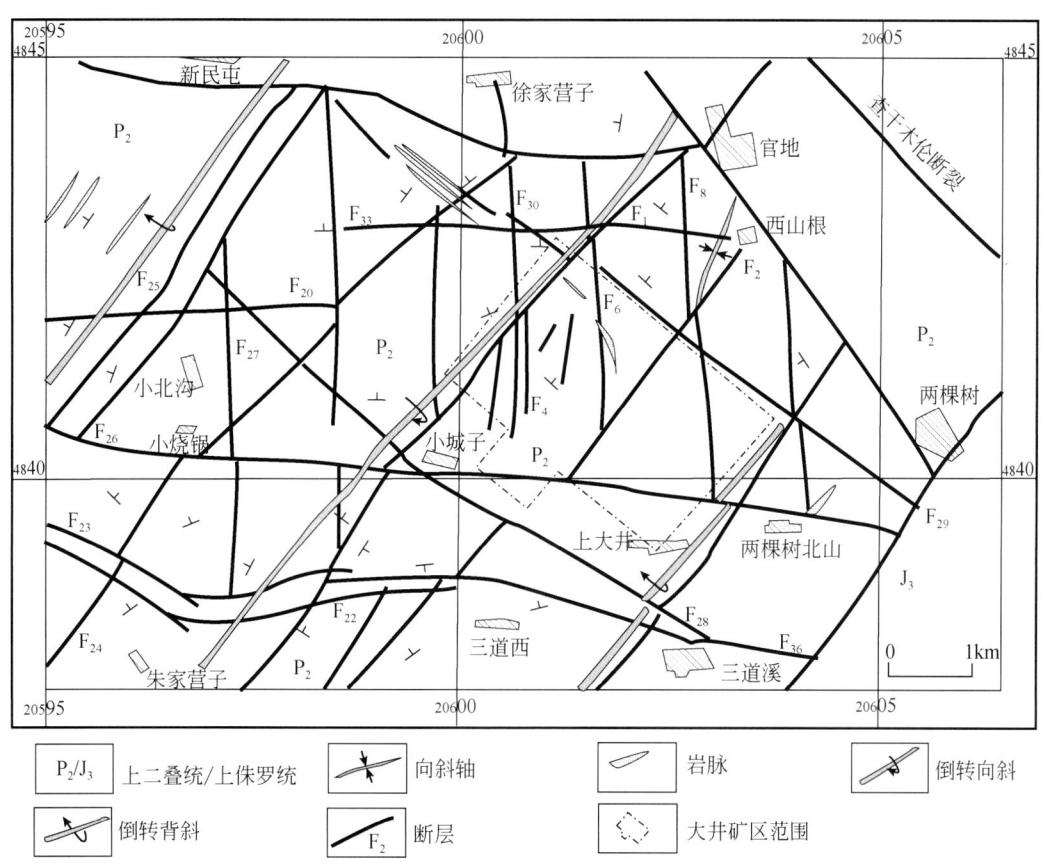

图 5.1　大井地区地质构造简图（据华北有色地质勘查局综合普查大队第一普查队，1990[①]修改）

---

① 华北有色地质勘查局综合普查大队第一普查队. 1990. 内蒙古自治区林西县官地乡大井矿区铜锡多金属矿控矿因素和矿床成因等问题的初步研究.

图 5.2　大井地区林西组地层褶皱照片
a. 小城子西，P_2l 中向斜及劈理构造；b. 三段北，P_2l 中背斜构造

一、断裂构造

本区断裂构造主要可分为 NE、NW、近 EW 和近 SN 向四组（表 5.1）。其中 NE 向压扭性断裂规模大，且多次活动，均向 NW 倾，倾角陡-较陡；NW 向断裂多被脉岩充填，主要倾向 NE，倾角中等-较陡；近 SN 向断裂一般向西倾，个别向东倾，倾角较陡；近 EW 向组断裂较晚，切断了其他方向的断裂。

表 5.1　大井地区主要断裂一览表

走向	位置及编号	规模 长/km	规模 宽/m	特征及性质
NE 向	两棵树	3		林西组与上侏罗统接触界线，推测
	上大井东	5		林西组地层产状、矿化特征不一致，推测
	西山根，F_2	>7	几至几十	地层产状不一致、破碎带、断层泥发育，有岩脉充填，压扭性，310°∠60°~80°
	新矿部东，F_{2-1}	1.5	几至几十	有岩脉充填，压扭性，310°∠60°~80°
	小城子，F_1	>8	几	地层走向急剧变化，破碎带发育，压扭性，310°∠50°~70°
	在 F_1 东，F_{1-1}	1.6	几	F_1 同向，北端相交，压扭性，305°∠36°~72°
	小烧锅，F_{24}	>8	1~5	构造破碎，石英脉充填，30°~320°∠50°~80°
	小北沟北，F_{25}、F_{26}	>5	1~2	宽 300~400m 的断裂带，石英脉、煌斑岩脉充填，310°∠70°
NW 向	查干木伦断裂	50	20000	断层两侧地层发生明显的位移与错断，该断裂在卫星图片上也有明显的反映
	徐家营子南-两棵树北山，F_{29}	>7	小断裂 0.3~2	主要表现为数百米宽的岩脉带，岩脉与断裂平行产出，有构造角砾岩、石英脉充填，200°~225°∠45°~68°
	F_{29} 南，F_{31}	1.8		有岩脉充填，走向由 NW 转向 NNW
	小城子-三道溪，F_{28}	>7	1m 左右	卫星图片推测，小北沟北为破碎带、石英脉，小城子南有角砾岩，30°∠65°
	隋家大院，F_{23}	10	200~300	断裂带，有石英脉充填，45°∠50°~70°

续表

走向	位置及编号	规模 长/km	规模 宽/m	特征及性质
近EW向	新民屯-官地	5		推测，两侧地层不连续
	西山根西北，F_{33}	4		切断F_1、F_8、F_{29}，断层两侧地层产状不一致，倾向N
	F_{20}	>3.5	1~2	推测，有破碎带和石英脉，350°∠42°~70°
	小城子-上大井	5		高磁和TEM推测，两侧出露地层不同，产状也不同
	小城子南断裂带，F_{21}、F_{22}、F_{36}	>4	2~5	宽200~300m断裂带，常有石英脉充填，350°~10°∠65°~80°
近SN向	西山根-两棵树北山	3	1~5	节理裂隙和小断层发育，有破碎带和构造角砾岩，260°∠65°~84°
	上大井-官地，F_8	>3	3~5	错断，构造糜棱岩发育，有牵引褶皱，两侧地层产状不一致，有岩脉充填，总体走向350°，陡倾，压性为主兼具扭性
	土楞子沟，F_6	1.5	0.6~2	有岩脉充填，总体260°∠67°，压扭性
	土楞子沟西，F_5	1.5	几至十几	有岩脉充填，总体80°∠51°，压扭性
	白喇嘛沟，F_4	0.5	1	总体260°∠71°~75°，左行平移，压扭性
	白喇嘛沟西，F_3	1	1	总体270°∠55°，左行平移，压扭性
	矿区北部，F_{30}	0.4		
	小城子西	5	1.5	有构造角砾岩和石英脉充填，北段为推测，280°∠60°
	小北沟东，F_{27}	4	1~6	错断，石英脉充填，硅质角砾岩，270°~280°∠65°~90°∠50°

注：据华北有色地质勘查局综合普查大队资料（1990）① 整理。

上述断裂构造具以下主要特征：

（1）各组断裂多以断裂带出现，大致呈等间距排列；

（2）多条性质和产状基本相同、特征基本相似的断裂平行斜列，分枝复合普遍；

（3）无论规模大小，多数断裂沿走向或倾向呈舒缓波状，平面上多表现为左行，剖面上具正断层性质；

（4）常与岩脉、矿脉伴生，走向基本一致，有的断裂被岩脉和矿脉充填；

（5）断裂的多次活动特征明显，可见两次或两次以上活动痕迹（擦痕）；

（6）不同组别的断裂之间相互交切、错断和追踪现象常见，如近SN向断裂被NE向交截，NE向、近SN向断裂被近EW向所错断。

矿区其他断裂构造系统还有：①节理、劈理十分发育，节理与地层之间可有30°的交角；②层间滑动，可造成厚约20cm硅质层，层内剪切擦痕发育。另外，在F_1附近靠近大

---

① 华北有色地质勘查局综合普查大队第一普查队．1990．内蒙古自治区林西县官地乡大井矿区铜锡多金属控矿因素和矿床成因等问题的初步研究．

井矿区一侧，有一30~40m宽的片理化带。

二、褶皱构造

如图5.1所示，大井地区为一复式背斜构造，由两个背斜（隋家大院倒转背斜、上大井倒转背斜）和一个向斜（小城子倒转向斜）构成。背斜核部一般为P_2l^1的暗色碎屑岩段（黑色页岩为主），向两侧依次为上部的含磷碎屑岩段（P_2l^2）和泥灰岩段（P_2l^3）；小城子向斜核部为林西组的杂色碎屑岩段（P_2l^4），两侧地层变老。

大井矿区7.62km²范围内的地层多为单斜构造。矿区及外围发育小规模褶曲或褶皱，规模较大的有：北部的西山根背斜、西山根向斜，西部的小城子倒转向斜，东部的土楞子沟向斜以及南部的三道西向斜。土楞子沟向斜与西山根向斜，褶皱轴的走向NNE-近SN向，二者可能为同一向斜构造，只是F_2断裂把它错断开，且发生了扭转，枢纽向NNE倾伏。

从图5.1可以看出，大井地区构造格架的基本特征是：大井矿化区是一个四周被断裂围限的菱形断块，该断块东以NE向的两棵树-南山西断裂与侏罗系火山岩相隔，为所谓华力西断隆区与中生代断坳区的界线，其南、北、西界断裂分别为近EW向的朱家营子-三道溪断裂（F_{36}）、新民屯-官地断裂和NE向的小北沟西断裂（F_{25}、F_{26}），断块区内、外的林西组地层不连续：区外地层为NE走向，与大兴安岭南段区域地层和主构造线走向一致，而区内地层产状紊乱，地层和脉岩主体走向以NW向为主。上述四条边界断裂也同时限定了大井矿化区的自然边界（详见后述），区内脉岩、矿脉和裂隙-断裂密集分布，是一个相对独立的高渗透性地质异常区。

第二节　成矿结构面特征

大井矿床的矿体/矿脉多呈NW或NWW向展布，矿化带长度大于2km。矿体形态比较简单，以不规则脉状、板状为主，少数为扁豆状、透镜状及串珠状。矿体产状总体规律性明显，表现为沿走向和倾向常出现急剧转折，使矿体在平面上呈折线状，剖面上呈阶梯状。根据矿脉的力学性质、组合、排列方式，其可分为张性、扭性（缓倾）和陡倾的矿脉（王汉生，1992）。

大井锡-铜多金属矿床的矿体/矿脉主要受断裂（裂隙）构造控制，具有以下主要特征。

一、主矿脉与次要矿脉的关系

所谓主矿脉，即厚度大于0.5m较稳定的矿体。从实际坑道揭露来看，这类矿体在老区至东区有10余条，另外在北区有3~5条，东区2~3条，小城子尚有2~3条，而勘探过程中圈出的330余条矿体多属次要矿脉，单独开采价值较低。从坑内穿脉看，次要矿脉宽多不足10cm，这些次要矿体在地表表现为含硫化物的石英脉或菱铁矿-石英脉。主矿脉受主构造控制,次要矿脉受次要构造控制。次要构造是在主构造两侧形成的平行或斜列式次级断层构造,在剖面上,坑道内常见"一陡一缓"两组矿脉相伴出现。主矿脉旁侧的次级裂隙或层间滑动带中常伴生一些次级脉,构成矿脉群,这些主矿脉和次级矿脉共同构成了大井矿床的主要矿脉系统(图 5.3,图 5.4)。当矿脉产状与地层产状小角度相交或一致时,常在脉壁形成"马尾丝"状条带(图 5.5)。

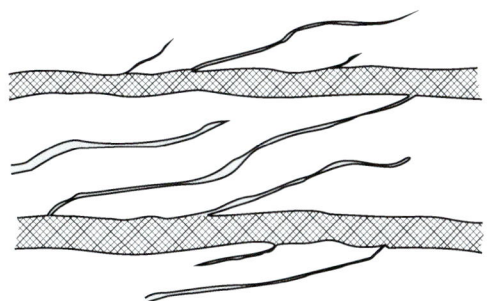

图 5.3 大井矿床主要矿脉和次要矿脉关系示意图

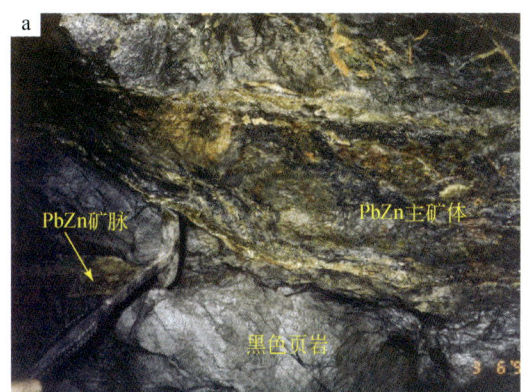 

图 5.4 大井矿床主矿体及其旁侧次要矿体(矿脉)照片

a. 东区官地 600m,42#矿体;b. 老区 290m,88#矿体

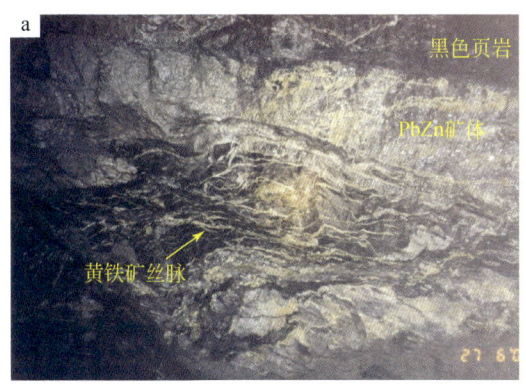 

图 5.5 矿脉旁侧的"马尾丝"

a. 东区中兴坑口 600m,58#矿体;b. 北区兰家沟坑口 695m,11#矿体

二、控制矿脉的构造特征

大井矿床的矿体沿走向和倾向均呈舒缓波状，分支复合与尖灭再现特征明显。主矿体均由 NWW（或 NW）和近 EW 方向矿体组成，即在平面上构成"W"形构造（图 5.6），剖面上为阶梯形，如老区 595m 中段 10#矿体、600m 中段 55#矿体、565m 中段 55#矿体、东区的官地坑口 42#矿体等。

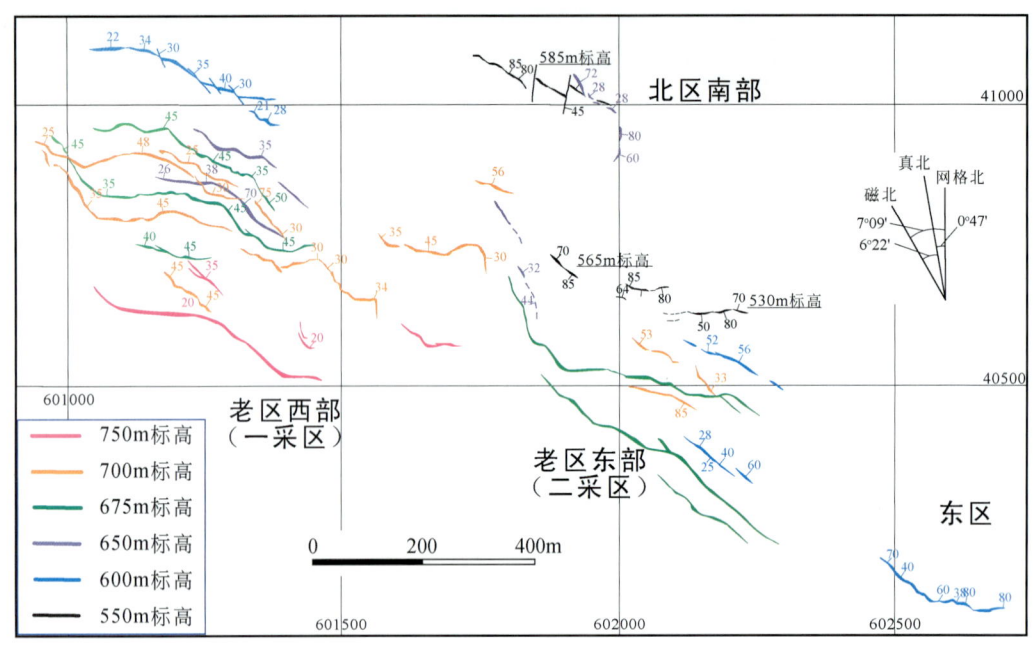

图 5.6 大井矿床主要实际开采矿体平面形态示意图

以东区官地坑口（600m 标高）42#矿体形态素描（图 5.7）为例：矿脉在走向上由 NW 向展布到 NWW 向再到 NW 向，在矿体膨大部位（NWW 或近 EW 向）表现为张性，矿体常具晶洞构造（图 5.7b）；而在 NW 方向则为压扭性构造，矿体常发生揉皱和韧性变形（图 5.7c）。这一特征反映了容矿构造受到来自 NW-SE 的左旋张剪性构造的控制（图 5.7d）。

矿脉，特别是次要矿脉在局部地段可表现出右旋张扭性矿脉特征（图 5.8a）。在垂直方向矿脉则呈"缓-陡-缓"的阶梯状变化（图 5.8b），剖面上具正断层性质，属左行-斜滑断层，成矿时以张扭性为主。

除此之外，本区矿脉常具"双脉"特征，即两侧为块状矿体，中间为网脉状矿体（矿液沿脉壁向内充填），网脉有时具有斜列分布特征（图 5.9），亦属剪切应力作用的表现。

上述主矿体的形态特征总体上反映了受左旋剪应力构造作用的影响。左旋张剪性构造不仅造就了特征的矿体形态（折线形）和矿石构造类型（晶洞和揉皱构造），而且还造成矿体内部的分异和分带。例如对同一矿体 Sn 与 Cu 的品位变化特征研究（图 5.10）表明，

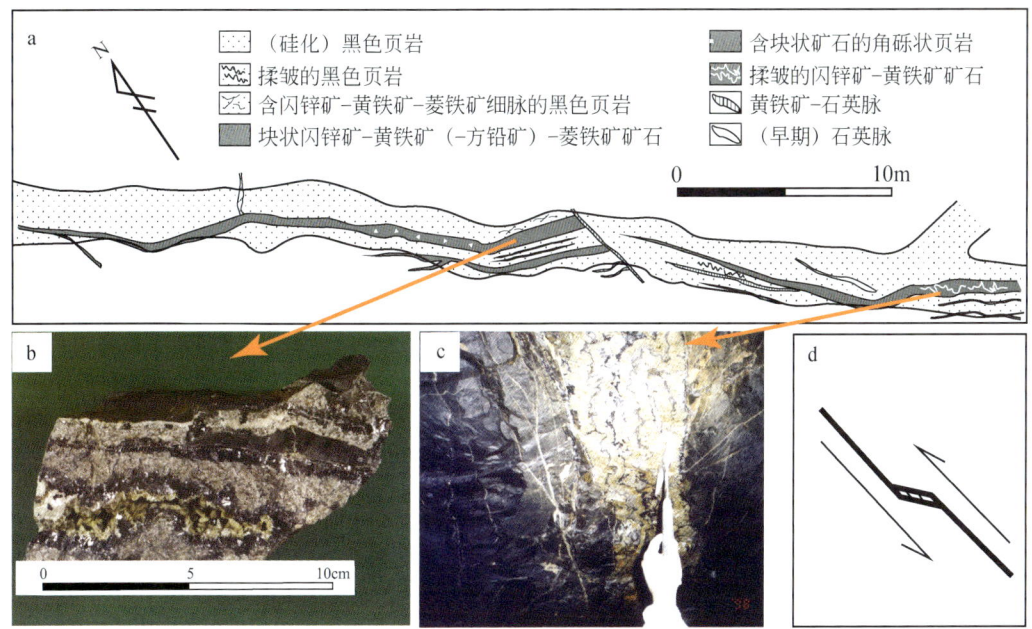

图 5.7 东区官地 42#矿体 600m 中段矿体编录图

a. 坑道素描图；b. 在拉张部位出现晶洞构造；c. 在压扭性应力下出现揉皱构造；d. 应力模式图

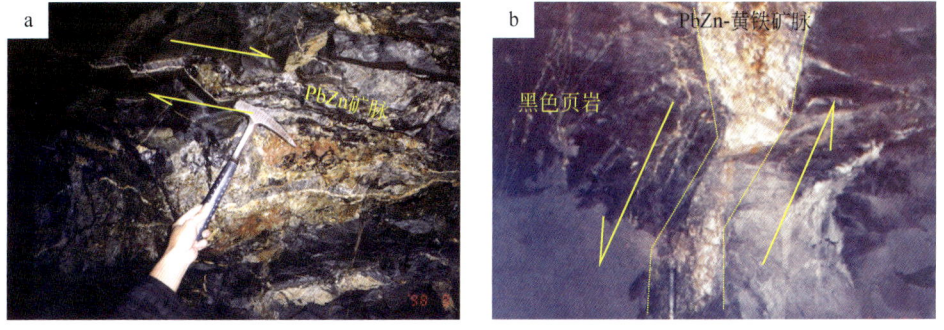

图 5.8 张剪性矿脉特征照片

a. 次要矿脉的右旋张扭性质；b. 矿脉垂直向上的张扭性构造特征（阶梯状）（均为东区官地坑口 600m 标高，42#矿体）

Cu 在 NW（-近 EW）向地段明显比 NWW 向地段富集，Sn 则相反。这种铜锡的分带可能是由两个矿化阶段（见下节）造成的，即控制早期锡石-石英-毒砂阶段的张性构造可能相对较弱，矿脉主要充填在 NWW（-近 EW）向的拉张部位；随着成矿阶段的演化，张扭性矿脉系统会逐渐扩大，在铜多金属硫化物阶段不仅在 NWW 向拉张部位，而且在 NW 向相对挤压部位也有更多的矿液贯入，因此铜多金属硫化物阶段的矿石分布比锡石阶段更为广泛，造成在 NW 向的 Cu/Sn 值要比在 NWW 向的高。

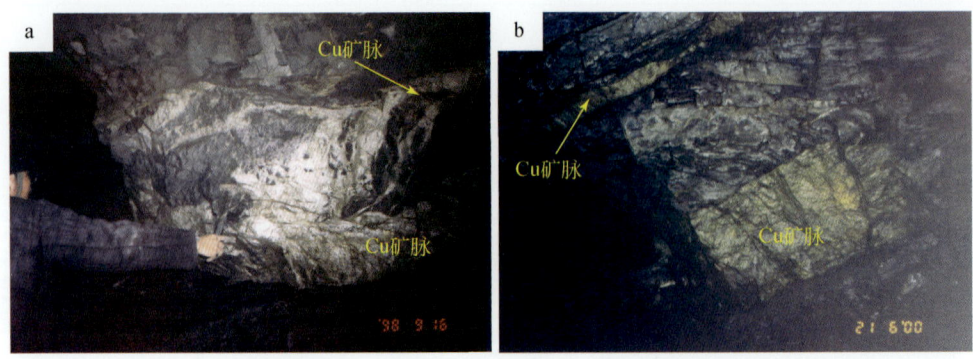

图 5.9 "双脉"特征反映左行张剪性质
a. 老区 530m 标高，51#矿体；b. 老区 600m 标高，55-1#矿体

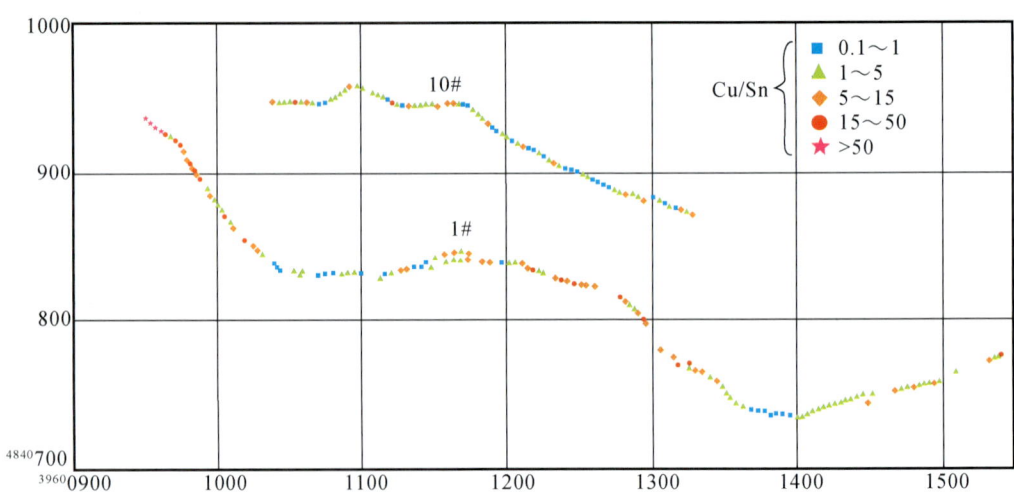

图 5.10 老区西部 675m 中段 1#矿体和 10#矿体的 Cu/Sn 值图

三、矿区断裂-裂隙系统的多期次活动控制了含矿热液的多期多阶段成矿

矿区早期矿脉被晚期矿脉切过、穿插现象较为普遍（图 5.11a、b），在成矿阶段章节已有详细描述。另外在构造特征上，矿区内可见晚期矿脉迁就、利用早期裂隙二次充填的特征（图 5.11c），如锡矿脉（锡石-毒砂-石英矿脉）中可见铜多金属硫化物矿脉，沿脉壁一侧或两侧追踪锡矿脉，当锡矿脉有波状弯曲时，铜矿脉可切过锡矿脉（图 5.11d）；又如，在东区 600m 42#矿体可见富 Pb 的方铅矿闪锌矿矿脉穿过早阶段的闪锌矿黄铁矿矿脉。这些多期多阶段矿脉穿插、交切特征是矿区断裂、裂隙系统多期次活动的结果。

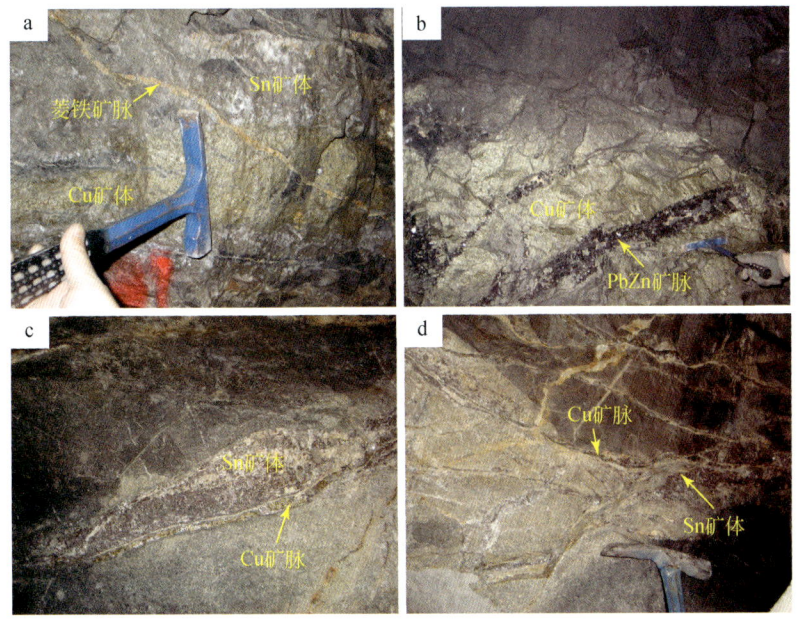

图 5.11 断裂裂隙活动的多期次特征

a. Cu 矿体穿插 Sn 矿体，又被含 PbZn 的菱铁矿脉切过，老区东部 625m，10#矿体；b. PbZn 矿脉穿过 CuSn 矿体，老区东部 290m，88-1#E 矿体；c. 石英黄铜矿脉沿早期锡矿体与围岩的间隙充填，老区东部 545m，66#矿体；d. 石英黄铜矿脉切过锡矿体，同 c

四、矿液致裂特征

脉状矿床的形成，无疑受断裂（裂隙）因素控制，但断裂（裂隙）的规模、分布远大于矿脉，这是因为由于受空间和围岩应力的限制，含矿热液上升和扩展时并不是自由和任意充填的。矿液致裂作用是脉状矿床形成的重要机制。矿液致裂也叫矿液压裂作用（彭恩生和孙振家，1994），即先期形成裂隙的岩石在矿液贯入后，由于矿液具有特殊的化学成分、较高的液压和温度，裂隙内的孔隙液压增大，岩石将会发生再次破裂。由于矿液作用产生的孔隙从液压增加→断裂形成→矿液进入断裂反复进行，便会出现多期次脉动成矿现象，使矿脉不断向外扩展，因而在矿脉中出现条带状构造；由于再次发生断裂的位置不同，可以形成平行复脉式或脉中脉式构造。大井矿床矿脉中出现较多的条带状构造就是多期矿液致裂的结果（图 5.12）。

矿液致裂的另一特征是形成各种大小不等的热液角砾岩。这些角砾岩又是可相互拼接的，多次活动则形成复砾（"砾中砾"）。大井矿床这种角砾岩类型极为丰富，既有早期无矿的热液角砾，也有成矿期的硫化物胶结的角砾，还有成矿晚期石英或方解石胶结的角砾以及各种不同类型的多期次角砾岩（复砾）（图 5.13）。不同成分的角砾和胶结物反映出不同的构造期次，不同磨圆度的角砾则反映出不同的矿液致裂强度和性质（如震碎、隐爆、爆破等）。

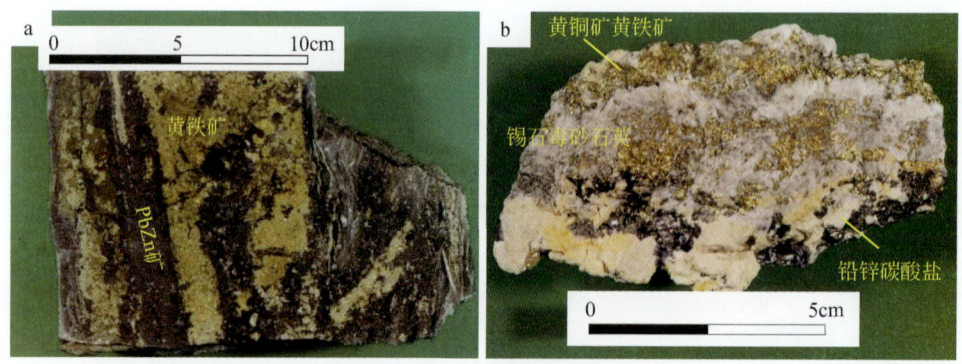

图 5.12 矿液致裂的条带状矿石

a. 条带状铅锌-黄铁矿矿石，官地 600m，42#矿体；b. 条带状铜铅锌-锡石矿石，北区 585m，33#矿体

图 5.13 大井矿床各种热液角砾岩

a. 老区西部 545m，10#矿体，成矿前的石英角砾岩（脉）；b. 老区西部 555m，10#W 矿体，矿体下盘的成矿前角砾岩；c. 老区东部 290m，88#矿体，成矿期角砾岩；d. 东区官地 600m，42#矿体，早期无矿角砾岩；e. 老区西部 595m，成矿前石英脉中的角砾岩；f. 北区 585m，震碎角砾岩；g. 老区西部 595m，10#矿体，成矿期和成矿后角砾岩；h. 东区官地 600m，42#矿体，多期角砾岩

角砾岩的类型与矿液致裂强度有关。当断裂扩展力大于阻力时，矿脉顺利扩展，形成棱角明显的角砾岩，矿脉与围岩界线截然，与围岩之间的化学作用不强烈；反之，则形成隐爆角砾岩和不规则的舌状、肠状矿脉，且易形成较宽的围岩蚀变和矿化渗透（图 5.14）。

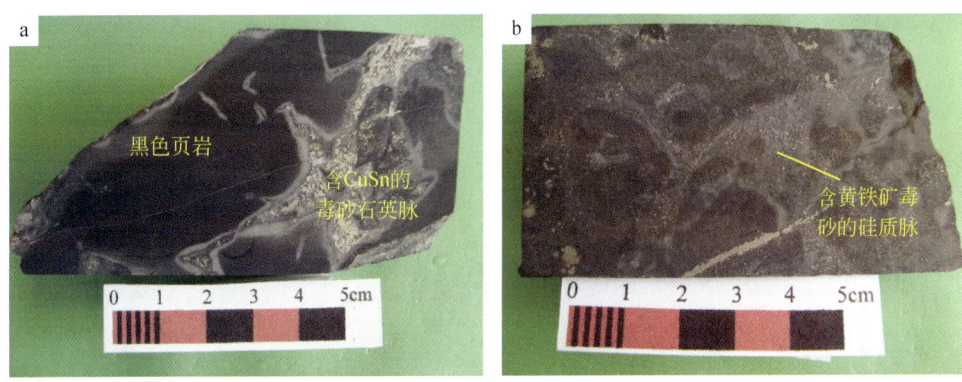

图 5.14 气爆作用形成的角砾岩与渗透交代

a. 西区 Zk-19-11 孔，367m；b. 西区 Zk-19-11 孔，395m

五、矿脉与脉岩同属断裂（裂隙）构造控制

矿脉与脉岩同属断裂（裂隙）构造控制，二者往往相伴出现。脉岩一般早于矿脉生成，矿脉可沿岩脉形成的裂隙充填，如 10#矿体与霏细岩脉（图 5.15a）、58#矿体与安山玢岩脉（图 5.15b）；大多数岩脉产状与断裂一致，可有 NE、NW、近 EW 向等，而 NW-NWW 向矿脉常切过岩脉。

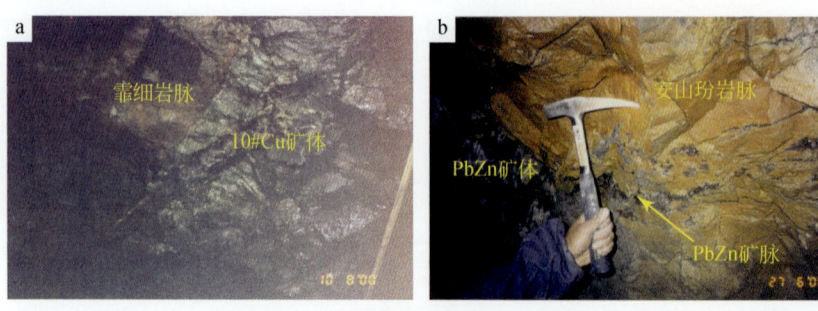

图 5.15 大井矿床岩脉与矿脉关系

a. 老区西部 595m，10#矿体与霏细岩脉相伴；b. 东区中兴 600m，58#矿体切穿安山玢岩

六、成矿后构造

矿区未发现较大规模的成矿后构造，仅有小规模成矿后断裂发育，位移较小，可错断矿脉或使之破碎透镜体化，但总体上对矿体破坏不大（图 5.16）。

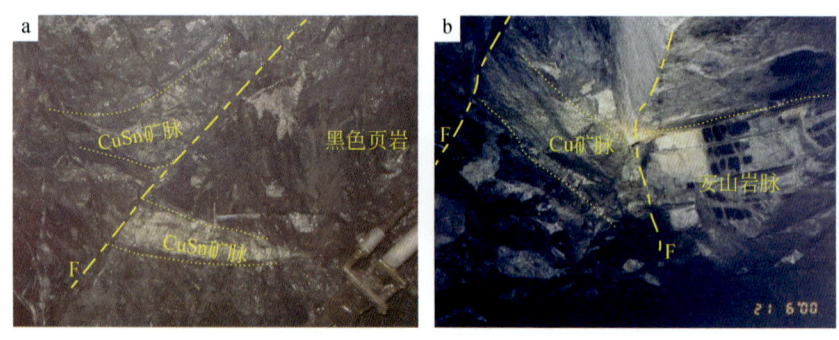

图 5.16 成矿后构造

a. 老区西部 625m，10#矿体被断层错断；b. 老区东部 600m，50-1#矿体及岩脉被断层错断

第三节 成矿构造体系

一、构造应力分析

（一）断裂和节理统计

根据野外观察的断裂、节理产状统计，矿区南部、西部及东部的最大主应力 σ_1 方向为 $120° \sim 137°$，最小主应力 σ_3 方向为 $80° \sim 175°$；矿区北部小城子、十间房一带最大主应力 σ_1 方向为 $23° \sim 60°$，最小主应力 σ_3 方向为 $102° \sim 178°$。最大主应力倾角 $30° \sim 55°$，最小主应力倾角 $8° \sim 44°$；最大主应力和最小主应力的倾角属较缓-中等。从 F_1 与 F_3、F_4、F_5、F_6 的极射赤平投影上（图 5.17）可以看出，F_1 的性质为左旋，最大主应力 σ_1 方向为

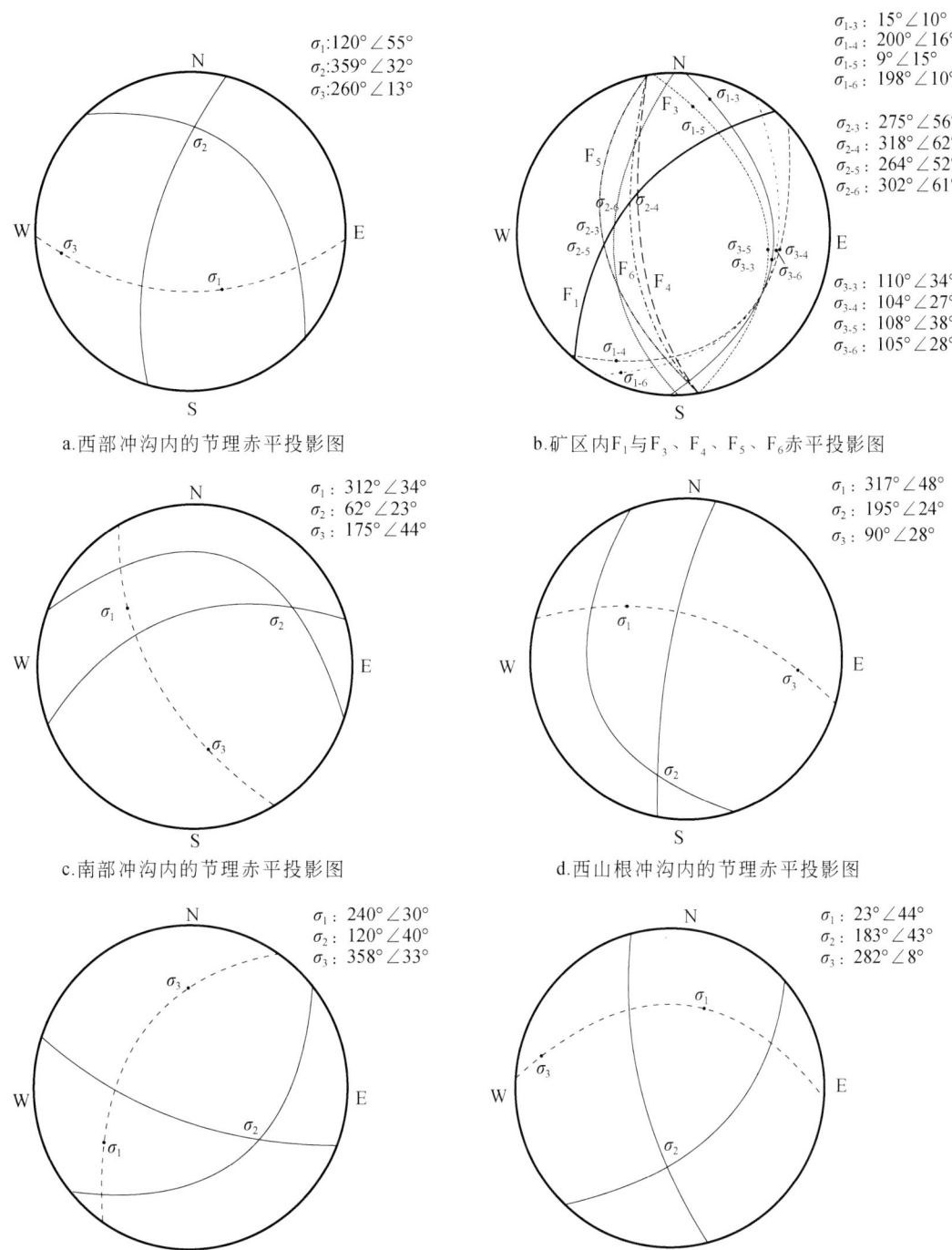

图 5.17 大井矿床节理、断层极射赤平投影图（据王永争，2001）

9°~20°，最小主应力 σ_3 方向为 104°~110°，最大主应力倾角 10°~16°，反映了 F_1 南西断块内的应力以水平为主。

（二）微观岩组应力分析

王汉生和李欲晓（1995）对大井老区 1#、10#、7#、4# 和 11# 矿脉进行岩组（石英光性方位图）分析的结果表明，不同地段、不同标高的构造应力条件存在一定差异：

如 1# 矿脉（图 5.18），在 727m 中段、675m 中段矿脉下盘围岩的岩组图具有相似的石英光轴优选方位，均发育有完整的或近于完整的水平环带，环带轴近于直立，表明成矿前

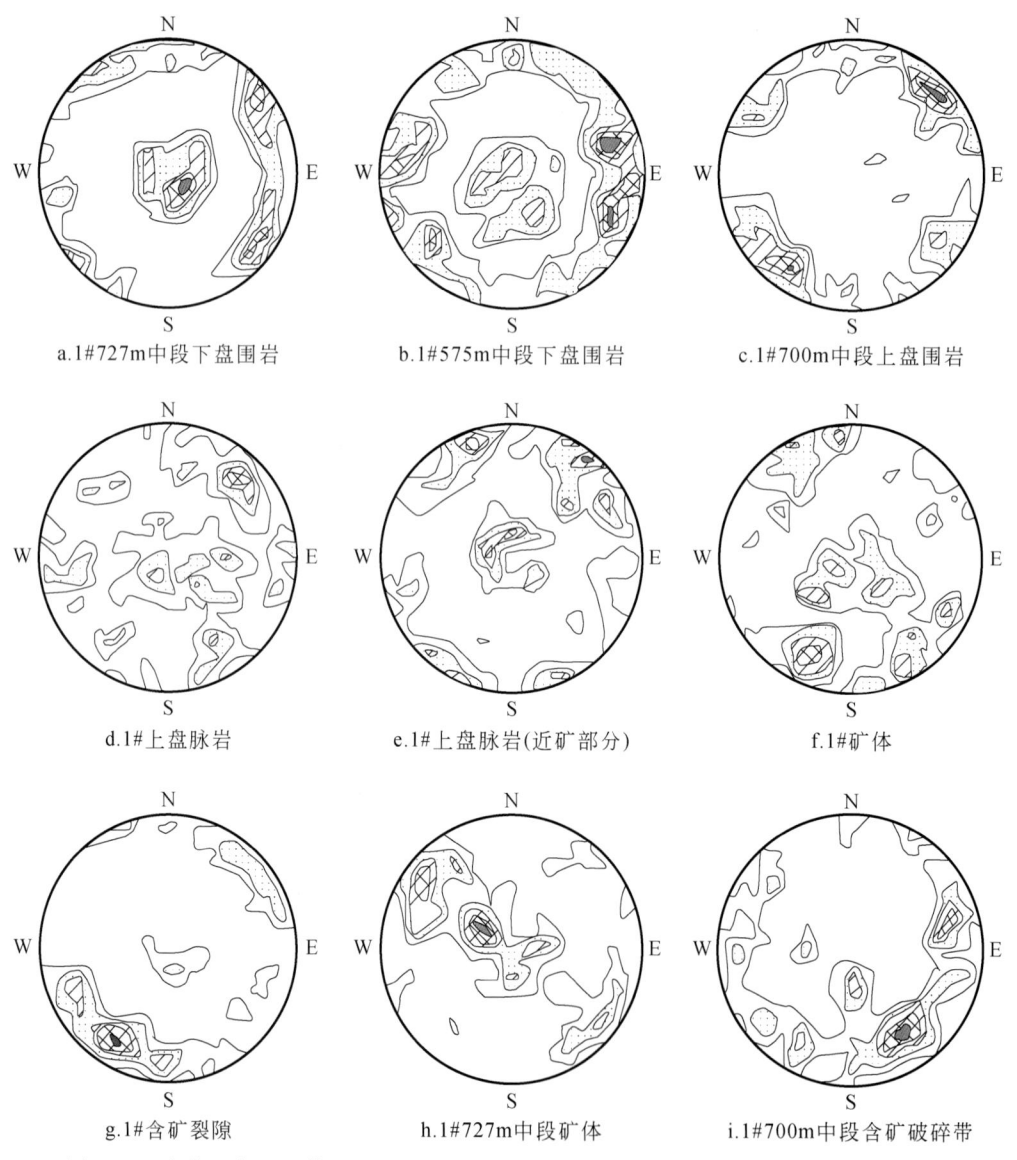

图 5.18　大井矿床 1# 矿体及围岩石英颗粒光轴优选方位图（据王汉生和李欲晓，1995）

极密等值线为 1%，2%，3%，4%，>5%

裂隙形成是受近水平挤压力作用的结果；700m 中段上盘围岩岩组图与下盘围岩结果相一致，主极密落在 NE45°和 NW300°方向上，表明近 SN 方向有近水平方向的运动；上盘围岩为脉岩的地段，脉岩岩组图的规律性比围岩的岩组图要差，远矿部位石英光轴有沿 NW 向及 NE 向优选的主趋势，其他次极密的分布较为零乱，说明脉岩充填时裂隙有一定程度的张开，而近矿部位石英光轴明显具有 NE 向及 NW 向优选的趋势，且极密部多分布在投影圆周上，反映了脉岩裂隙的剪切性质。矿体的岩组图反映成矿期构造裂隙的性质：图中主极密在 NE30°和 NW330°方向，近 SN 方向有一组更次的极密部，表明成矿时 NW 向发育有一组剪切，这与矿区 F_1 次级构造的更次一级构造相吻合。不同标高含矿裂隙（破碎带）及矿体，NE38°方向有拉张应力，NW310°方向有挤压应力；近 NW 向的环带，环带轴近水平，两个主极密部分布，反映应力具有复合性质；近水平的大圆环带有一个主极密部，反映破碎带为剪切应力作用的结果。

10#矿脉成矿前裂隙有两组（图 5.19），具有斜方对称特点，前者是受纯剪切作用的结果，两组极密部对应一对共轭剪裂面，NE32°和 NW298°，推断挤压方向为近 SN 向；后者与前者相似，也反映 SN 向挤压、NW 向剪切的性质。10#矿体本身岩组图发育不完整的水平环带，环带轴近于直立，反映成矿期 NW 向断裂继续发生剪切。

7#矿脉围岩岩组图有形成环带的趋势，显示成矿前裂隙是受水平挤压应力作用的结果；矿体岩组图主极密在近 SN 方向，NE 和 NW 各有一对次极密（图 5.19）。

4#矿脉下盘围岩岩组图有完整的水平环带，其主极密在 NE30°和 NE70°方向，次极密出现在 NW290°和 NW355°方向上，极密程度均不高，反映成矿前成矿裂隙为扭性；矿体的岩组图与围岩相似，反映构造在成矿期有叠加（图 5.19）。

11#矿脉下盘围岩岩组图显示有两组主极密和两对次极密，与 4#矿脉围岩相似；成矿期矿脉岩组图极密分布无规律，岩组图对称性差，极密程度低（图 5.19）。

综合以上分析，矿区的成矿前主应力场以 NW-SE 向（区域主构造应力场）挤压为主，成矿期的断裂活动发育于已形成的构造系统基础之上，区域主构造应力场发生变化，由 NE 向的压性结构面转变为压扭性质，在矿区内则形成应力场为 NNE-SSW 向的拉张应力，在此应力作用下 NW 或 NWW 向的剪裂隙张开，为矿脉充填提供了空间。

二、矿区 NE 向断裂可能为矿床的导矿断裂

矿区范围内的 NE 向断裂有中部的 F_2 和西部的 F_1。

F_2 断裂长大于 7km，总体走向 40°±，倾向 NW，倾角 60°~80°，地表呈 20~40m 宽的断裂密集带，主破碎带宽 2~4m，有时被脉岩充填。该断裂至少有三个活动阶段：成矿前的韧脆性变形，产生钩状、布丁状、拉长透镜状等韧脆性变形的硅质脉体，并被 NE 向英安斑岩脉充填；同成矿阶段，伴有矿化-蚀变和 NE 向小透镜状矿体（7#和 8#矿体）；成矿后活动，使先成矿体和脉岩产生破碎、错移。

F_1 断裂长大于 8km，走向 40°±，倾向 NW，倾角 50°~70°，呈 0.1~1m 宽（北段可达 3m），并发育硅质胶结的角砾岩、石英脉、萤石化破碎带等。

矿床的矿体分带、元素分带以及毒砂地质温度计估算均表明，矿区的两个矿化中心分

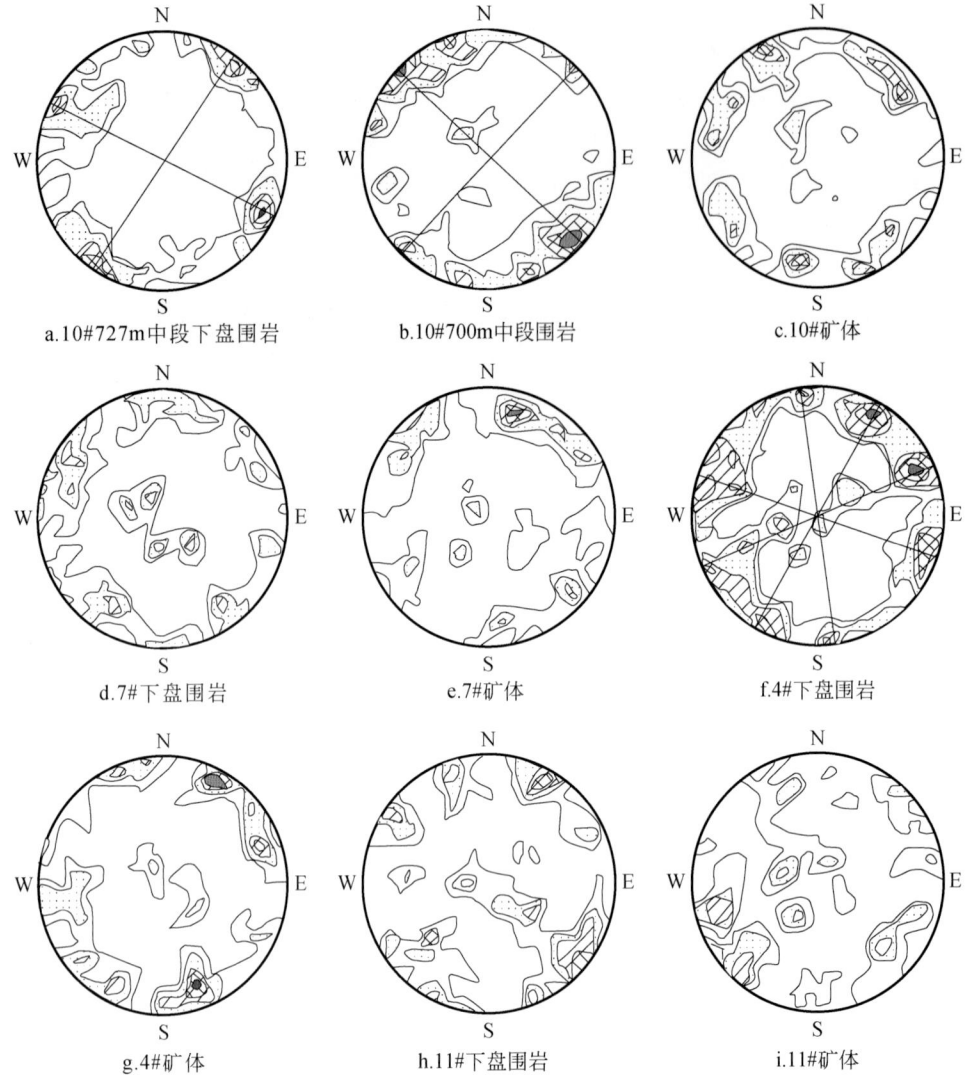

图 5.19 大井矿床 10#、7#、4#、11#矿体及围岩石英颗粒光轴优选方位图（据王汉生和李欲晓，1995）
极密等值线为 1%，2%，3%，4%，>5%

别位于 F_1 和 F_2 断裂附近（详见第三章）：一个在矿区中央，即老区东部–北区南部一带，在成矿的物理化学条件上表现出成矿温度的高值区，矿体、矿物及元素变化呈现出自内向外的分带变化规律；另一个矿化中心在矿区的西部，该矿化中心与矿区中央的矿化中心极为相似。虽然西部工程控制程度较低，但在成矿元素平面分带图（图 5.20）上仍可以看出，(Cn+Sn)/(Pb+Zn) 值在西部 19 线（F_1 断裂旁边）附近深部出现了第二个峰区，暗示了 F_1 附近可能具有与 F_2 相当的矿化分带、温度梯度和成矿中心。

前文述及，黄世乾等（1986）曾根据物探和数学地质解译，推测矿区存在两个高位隐伏的中酸性岩体，它们分别位于 F_1 和 F_2 断裂之上（图 5.21）。如前所述，大井矿床为与岩浆作用有关的锡–铜多金属矿床，其成矿母岩应为岩浆岩，这两个隐伏岩体很可能就是成矿地质体。

第五章　成矿构造与成矿结构面

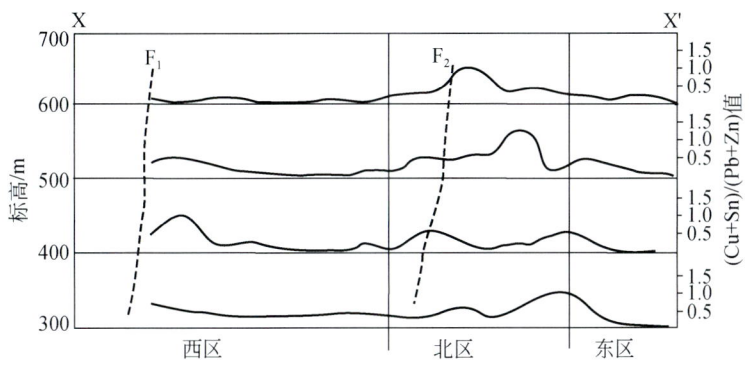

图 5.20　大井矿床纵剖面（Cu+Sn）/（Pb+Zn）值分布图
（据华北有色地质勘查局综合普查大队，1994① 修改）

另外，据矿区物探资料，沿 F_2 断裂发育一系列的串珠状激电异常（林石，1997）（图 5.21），这些激电异常是深部矿化-蚀变的反映，也说明强烈的矿化很可能是由 NE 方向的 F_2 引起的。

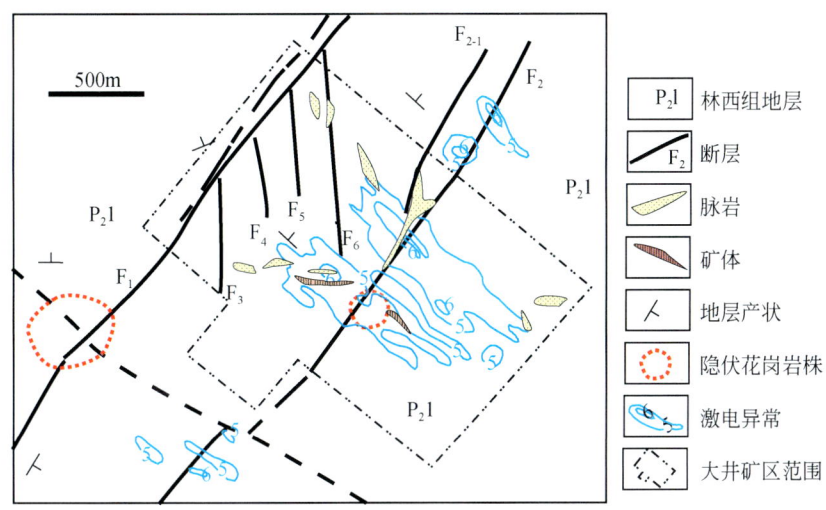

图 5.21　大井矿区激电异常及隐伏岩体示意图

三、矿床的导-容矿构造体系

大井地区构造活动与区域上大兴安岭南段的构造演化密切相关。矿区现今构造格架主要是在燕山期构造运动下形成的，某些构造可能继承了基底构造特征（如海西期）。受燕山期伸展造山的影响，矿区内形成了一系列 NE-NNE 向构造岩浆隆起带及火山断陷带。本区燕山期成矿构造特征主要表现为：在早-中侏罗世，区域主要处于挤压背景（局部拉

---
①　华北有色地质勘查局综合普查大队．1994．内蒙古自治区林西县官地乡大井铜锡多金属矿（普查区）普查地质报告．

张),大井地区主要受 NW-SE 向的挤压应力作用,地层被强烈挤压,形成一系列 NE 向紧密褶皱,如小木沟-官地向斜,同时形成与褶皱相配套的 NW 向、NE 向断裂构造,如 F_{29}、F_1、F_2、F_{25} 断裂等。此时 NW 向断裂主要为张性(如岩脉充填的构造),NE 向断裂受力以压性为主,形成破碎带。之后(燕山运动高峰期),矿区受区域查干木伦断裂左行扭动的影响,构造运动以大规模岩浆活动和块状断裂发育为特征,并形成 NNE 向为主的褶皱构造,在一定程度上继承了早期构造特征,如 NW 向形成张性断裂兼具扭性,NE 向的构造具有压扭性。

由于应力方向不一致,矿区构造主要表现为剪切应力作用,在 F_1 与 F_2 之间形成了右行旋扭构造,使 F_1 和 F_2 主要呈左行走滑;地层由西向东走向转为 NW-NWW 向,地层能干性强的岩层(如砂岩、粉砂岩)之间顺层滑动,有的形成张裂性质的断裂,有的出现"虚脱",较软的岩层(如含碳质泥岩、页岩)容易形成揉滑,致使产状不清。脉岩的走向与区域构造线亦不一致,F_1 以西以及靠近 F_2 的岩脉走向为 NW-SE 向,而矿区 F_1 与 F_2 之间岩脉的走向以 NW-NWW 向为主,与地层产状相近。与此同时,区内各小型褶皱也发生轴向的变化,并发生旋转而被分割,在旋转过程之中产生新的褶皱(如 F_1 北部冲沟的倒转向斜),从而形成了现在的构造格架。

断裂的走滑作用常形成局部扩容区,并在扩容区内发育良好的正断层-走滑断层网络系统,因而扩容区成为最有利的赋矿空间(艾永富和张晓辉,1996),当扩容区的断裂-裂隙被矿液所充填时,则形成"拉分矿脉系统"(Pull-apart Vein System)(Watanabe,1990)。大井矿区的菱形块断形态、矿脉系统的 NW 走向和张扭性特征显示了典型拉分矿脉系统的特点,其形成与大兴安岭断裂系的右行走滑扩容作用有关。

综上所述,大井矿区上述右旋应力造成了 NE-SW 向的拉张应力,并派生出了近 SN 向的压扭性断裂和 NWW 向的张扭性断裂两组构造。大井矿区矿体(矿脉)的形态特征即是右旋剪应力作用的结果。矿区的断裂景观本身就是剪切应力作用的反映,NE 向的 F_1 和 F_2 两条平行断裂,受右旋剪切应力作用在其间产生一系列近 SN 向的派生断裂(F_3、F_4、F_5、F_6 等)。与 NE-SW 向剪应力共轭的 NW-SE 向应力在围岩中产生 NWW 到 NW 向裂隙。含矿热液沿 NE 向 F_1 和 F_2 断裂脉动上升,向东西两侧(及南北)运移,最终在 NWW、NW 向裂隙中淀出形成矿脉,从而构成大井矿床的控矿构造格架(图 5.22)。

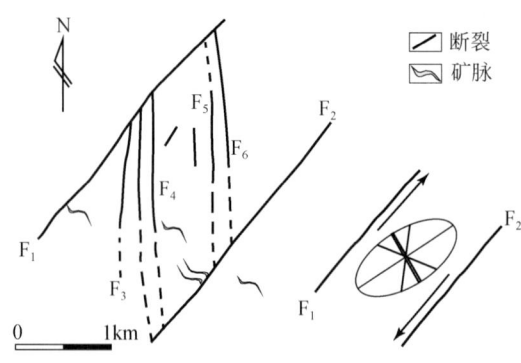

图 5.22 大井矿区控矿构造分析示意图

第六章 成矿流体及成矿作用的特征标志

第一节 成矿流体特征

一、流体包裹体特征

大井锡-铜多金属矿床不同阶段矿石中流体包裹体丰富，但个体较小。从石英、萤石、方解石等透明矿物中的包裹体特征看，石英、碳酸盐中原生包裹体多在 3～5μm，少数可到 10μm；萤石中略大，可在 1～15μm，最大可达 20～25μm。原生包裹体多为椭圆形、长条形、负晶形等，可孤立分布和成群分布，以气液包裹体为主，少量气体包裹体和含子矿物包裹体。

石英中包裹体一般为椭圆形或不规则状，多为杂乱分布，有时沿生长环带分布（图 6.1a、b）；个体较小，一般<10μm。以气液包裹体为主，气液比多为 5%～10%，极少 20%～40%，偶见大于 50% 的气液比包裹体（图 6.1c）。子矿物较发育，一般含一个子矿物，有时可包裹 2～3 个子矿物（图 6.1d）。流体类型属 $H_2O\text{-}NaCl\text{-}CO_2$ 型。

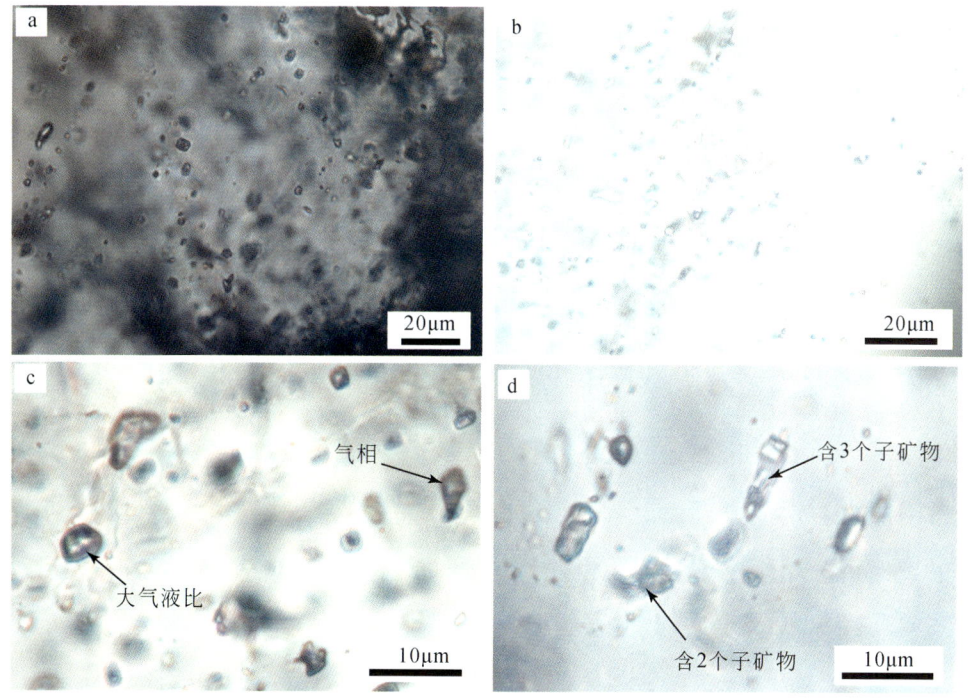

图 6.1 大井矿床石英中的包裹体

a. 包裹体沿石英生长线成群分布；b. 梳状石英中的含子矿物包裹体群；c. 大气液比包裹体；d. 含多个子矿物的包裹体

萤石中包裹体主要为小气液比的气液两相包裹体，但包裹体个体一般比较大，大者可达 10～30μm（图 6.2a）；少量气液比达 20%～40% 包裹体孤立产出（图 6.2b）；可见含透明子矿物包裹体（图 6.2c）。萤石中包裹体常见有外来晶捕虏体，主要是黄铜矿（图 6.2d、e），可出现锡石矿物，常围绕黄铜矿或呈线、面状产出。值得注意的是，萤石中可含有有机包裹体（图 6.2f），应为地层流体参与成矿的反映。

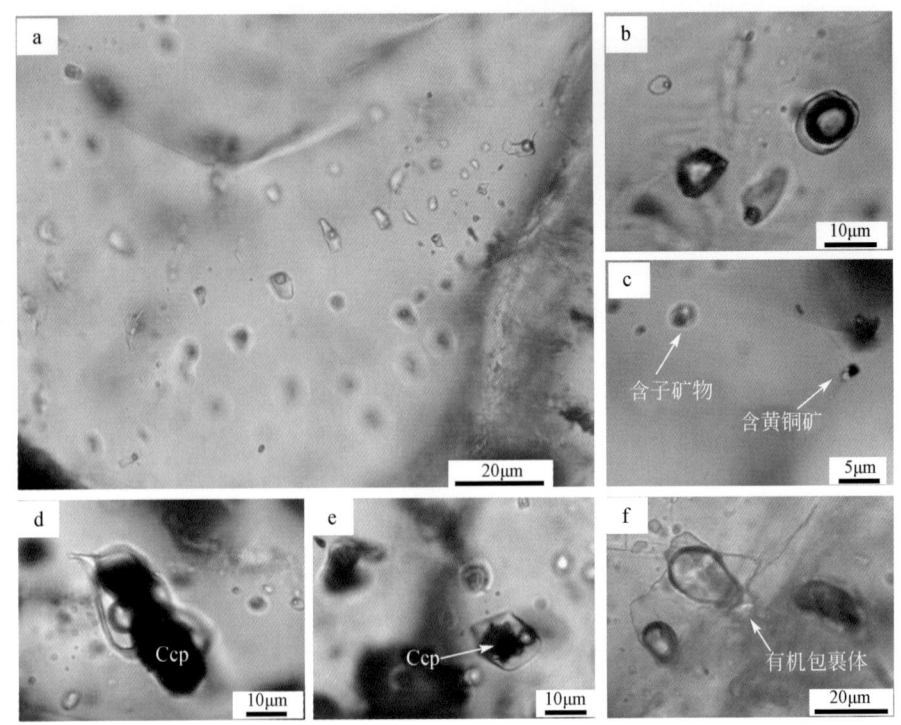

图 6.2　萤石中流体包裹体显微照片

a. 萤石中成群分布的各种包裹体，小气液比为主；b. 大气液比的包裹体；c. 含子矿物和含黄铜矿捕房晶的包裹体；
d. 含黄铜矿捕房晶的包裹体；e. 含黄铜矿捕房晶的包裹体；f. 含双气泡的不规则状有机包裹体

碳酸盐脉石矿物中也含有丰富的流体包裹体，包裹体的体积小，多<5μm，均为气液相包裹体（图 6.3a）。气液比较低，一般小于 15%，一些流体包裹体沿着矿物生长晶面排列，是在矿物生长时沿着生长晶面圈闭的，因而代表了原生包裹体（图 6.3b、c），并可显示负晶形；但大部分流体包裹体沿着寄主矿物的微裂隙呈线性排列，子矿物少见，一般为黄铁矿或黄铜矿，是在微裂隙愈合时圈闭的，它们代表了次生包裹体。

二、流体包裹体的温度和盐度

前人对大井矿床包裹体进行过较多的温度、盐度测定（表 6.1），本次工作亦进行了少量补充测试。综合分析和考虑各阶段爆裂温度、均一温度和盐度，认为该矿床主成矿期成矿温度主要在 110～480℃，盐度在 2%～21%（NaClwt%）。其中锡石-毒砂-石英阶段在 134～480℃，盐度在 3.4%～21.7%；铜多金属阶段在 110～340℃，盐度在 1.9%～

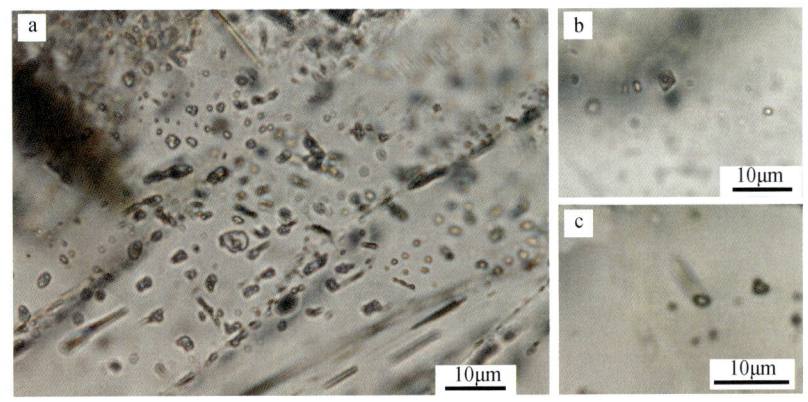

图 6.3 方解石中流体包裹体显微照片

a. 方解石中丰富的流体包裹体群；b、c. 具负晶形的孤立包裹体

9.9%；铅锌碳酸盐阶段在 110～220℃，盐度在 2.5%～7.5%。总体上大井矿床各阶段流体属低盐度流体，从早到晚，温度和盐度呈递降趋势。但本次工作首次发现了高盐度流体（毒砂-石英矿石中），矿区西部的 YX-7 部分含子矿物的包裹体盐度范围在 33.22%～51.55%，平均值达 40.16%，暗示矿区西部流体中岩浆成分在增高，已接近斑岩型矿化的流体（详见第七章）。

表 6.1 大井矿床包裹体温度和盐度范围

爆裂法			均一法			
爆裂矿物	温度范围/℃	资料来源	阶段	温度范围/℃	盐度范围/NaClwt%	资料来源
锡石	280～340	北京矿产地质研究所，1989*	锡石-石英	340～480	5.0～12.5	盛继福等，1995
黄铁矿	183～268		多金属硫化物	220～340	2.5～7.5	
黄铜矿	135～237		硫化物-硫盐	120～220	2.5～7.5	
方铅矿	90～200		锡石-石英	300～400	5.0～12.5	张德全，1993c
石英	125～360	冯建忠等，1994	多金属硫化物	200～320	2.5～7.5	
锡石	320～340		硫化物-硫盐	120～220	2.5～7.5	
菱铁矿	172～210		成矿前	300～370	9.7～12.0	艾霞、冯建忠，1992；冯建忠，1992b
方解石	140～170		锡石-石英-硫化物	260～320	8.8～21.0	
锡石	300～370	姚德等，1990	晚期硫化物	210～280	7.9～9.7	
硫化物	110～350		铅-锌-银	140～220	3.4～3.8	
硫化物	320～350	张家荫等，1988	锡石-石英	100～200	1～8	王莉娟等，2000，2003，2006
石英	380～550		铜多金属	300～420	2～14	
第一峰值	280～380	北京矿产地质研究所，1989*	锡石-石英	134～462	3.4～21.7	本书
第二峰值	125～280		铜多金属	110～320	1.9～9.9	

* 北京矿产地质研究所.1989.内蒙古林西县大井锡多金属硫化物矿床地质环境成矿模式及找矿预测，154。

值得说明的是，大井矿床不同阶段的成矿温度和盐度并不是连续递降，而是相互重叠和过渡的。就单一阶段来讲，不同深度、不同位置的均一温度范围变化非常大。这一方面说明该矿床在成矿过程中温度并不是逐阶段依次递降，而是不同阶段内由高温到低温、由高盐度向低盐度递降；另一方面，也说明在同一成矿阶段，可以存在两期（或多期）流体叠加。详见后述流体叠加特征部分的讨论。

三、成矿流体的物理化学条件

综合前人的研究成果（张家荫等，1988；姚德等，1990；艾霞和冯建忠，1992；张德全，1993c；冯建忠等，1994；盛继福等，1995），并结合本次对包裹体温度、盐度和成分的测定，计算出流体物理化学参数如下。

根据包裹体温度、盐度、密度计算的成矿压力在 $105×10^5$ ~ $370×10^5$ Pa，按静岩压力换算，相当于 0.4 ~ 1.37km 深度，根据锡石 In 含量估算得出成矿深度在 0.83 ~ 1.69km（张德全，1993c；冯建忠等，1994），用闪锌矿中 FeS 分子百分数计算，则获得 $0.44×10^8$ ~ $1.50×10^8$ Pa 的压力，相当于 1.63 ~ 5.56km 的成矿深度（姚德等，1990；冯建忠等，1994；本书）。上述深度范围在 0.4 ~ 5.56km，相当于浅成-中深成成矿深度。

各成矿阶段的 pH、Eh 值和氧、硫逸度见表 6.2。

表 6.2 大井矿床部分物理化学参数

成矿阶段	pH	Eh	$\log f_{O_2}$	$\log f_S$	资料来源
成矿前阶段	7.07 ~ 7.66	-0.78 ~ -0.71	-31.88 ~ -31.77		艾霞和冯建忠，1992
	7.25	-0.29			姚德等，1990
锡石-毒砂-石英	7.59	-0.78	-32.28		艾霞和冯建忠，1992
	5.8 ~ 6.4		-27 ~ -26		张德全，1993c
	5.97 ~ 5.01	-0.78 ~ -0.71	-27.28 ~ -26.88		冯建忠等，1994
			-34	-12	姚德等，1990
铜多金属硫化物	5.91 ~ 7.61	-0.86 ~ -0.51	-48.40 ~ -40.55		艾霞和冯建忠，1992
	4.7 ~ 6.2		-41 ~ -35		张德全，1993c
	5.91 ~ 7.61	-0.66 ~ -0.52	-41.4 ~ -35.55	-13.44 ~ -10.04	冯建忠等，1994
	6.22 ~ 7.05	-0.87 ~ -0.38	-42	-13	姚德等，1990
铅锌碳酸盐	4.97 ~ 5.01	-0.38 ~ -0.37	-46.42 ~ -46.11		艾霞和冯建忠，1992
	4.9 ~ 5.0		-41		张德全，1993c
	7.07 ~ 7.56	-0.38 ~ -0.37	-41.6		冯建忠等，1994
	6.53	-0.69			姚德等，1990

成矿溶液 pH 在 4.70 ~ 7.66，Eh 值在 -0.29 ~ -0.87，f_S 为 $10^{-10.04}$ ~ $10^{-13.44}$ atm[①]，f_{O_2} 在 10^{-26} ~ $10^{-46.4}$ atm。总体上各阶段 pH、Eh 值和氧逸度范围重叠较大，基本相当，这也反映

---

① 1atm=1.01325Pa。

出多次脉动的成矿特点，虽然每个成矿阶段从早到晚有 pH 降低、Eh 值升高、氧逸度降低的趋势，但不同阶段从早到晚并没有降低或升高的规律。例如 pH，成矿前石英脉为 7.07～7.66，锡石-毒砂-石英阶段为 5.01～7.59，铜多金属硫化物阶段在 4.7～7.61，铅锌碳酸盐阶段为 4.9～7.56。

第二节　流体叠加特征

锡石-毒砂-石英阶段的脉石矿物以石英为主，部分发育萤石，是流体包裹体研究最可靠的寄主矿物。

一、流体包裹体的温度、盐度区间

实际上，锡石-毒砂-石英阶段测得的包裹体均一温度（134～480℃）和盐度（3.4%～21.7%）范围均较宽，暗示可能发育有不同亚阶段的流体或后期流体的叠加。

以 YX-7 样品为例，样品采自西区 Zk-19-11，441m，为一含锡石的毒砂-石英细脉（图 6.4a），毒砂-石英脉宽约 10mm，主要由毒砂、斜方砷铁矿和石英组成，含少量绢-白云母以及微量的锡石、萤石和黄铜矿、磁黄铁矿，毒砂、锡石多为自形（<1%）。矿脉基本上以单纯的充填形式产于泥质粉砂岩中，矿脉对围岩的交代微弱（图 6.4b）。石英主要为半自形-他形柱粒状，与毒砂、斜方砷铁矿共结产出，可包含微粒状的黄铜矿、磁黄铁矿（图 6.4c、d）。

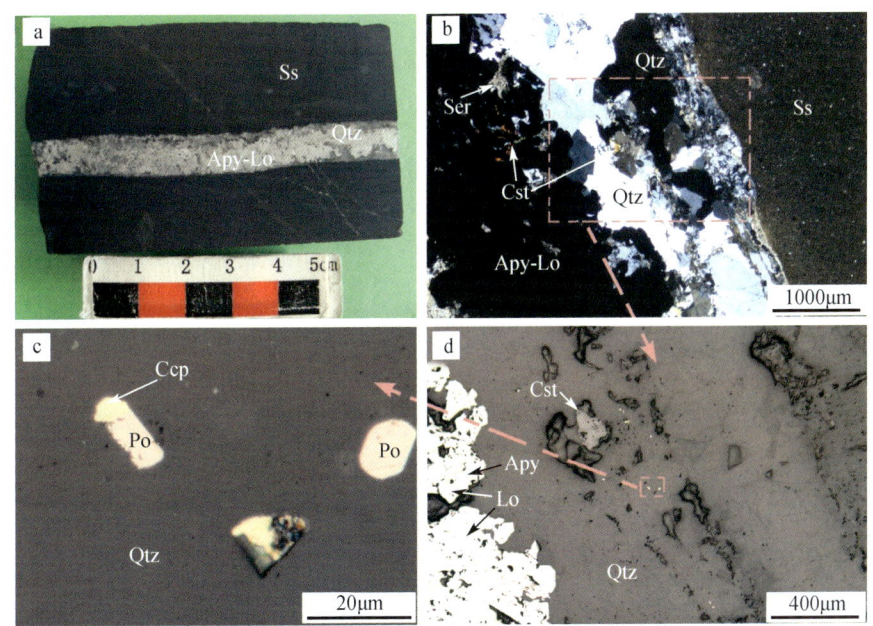

图 6.4　大井 YX-7 样品标本及显微照片

a. 标本照片；b. 正交偏光；c. 反射光；d. 反射光。Ss. 泥质粉砂岩；Qtz. 石英；Apy. 毒砂；Lo. 斜方砷铁矿；Ser. 绢云母；Cst. 锡石；Ccp. 黄铜矿；Po. 磁黄铁矿石英中包裹体丰富，个体较小，直径在 2~10μm，多数在 3~5μm。可见四种类型流体包裹体：气体包裹体、含子矿物包裹体、气液包裹体、含 CO_2 包裹体（为一些大气液比和气体包裹体）（图 6.5），以气液比 10% 左右的包裹体为主。一般气体包裹体与大气液比包裹体共生，含子矿物包裹体与中、小气液比包裹体共生。气体包裹体与含子矿物包裹体均较丰富，可见含子矿物包裹体成群分布，有的包裹体含 2~3 个子矿物（图 6.5c），但未发现含金属子矿物包裹体。含子矿物包裹体气泡较小，一般加热时，气泡先消失，子矿物后消失，因此以子矿物熔化温度为最终均一温度。气体包裹体在 384℃±均一到液相，在 410℃±均一到气相。含 CO_2 包裹体则在约 -17.2℃ 出现 CO_2 气相圈，在 5℃ 时包裹体复原（盐度为 8.98%），408℃ 时均一到气相。

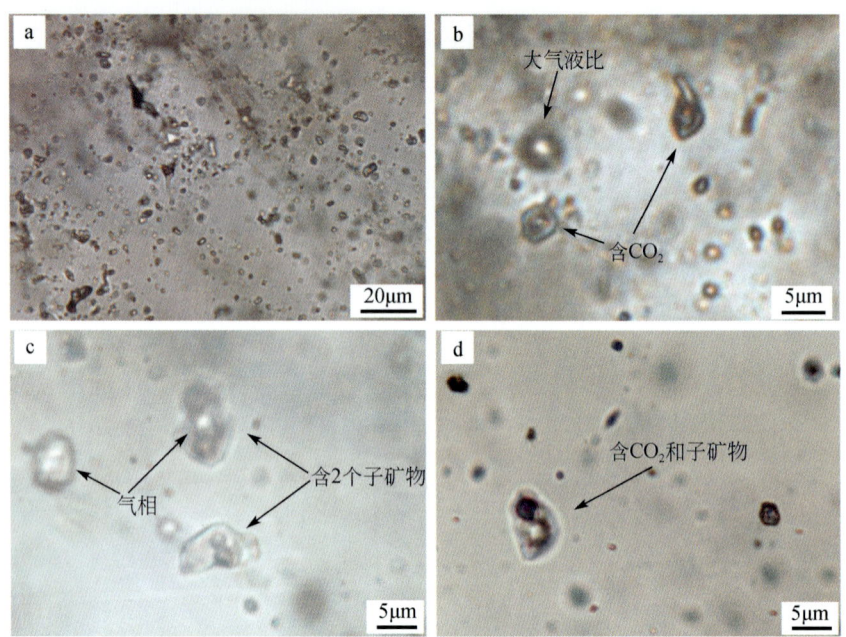

图 6.5 大井 YX-7 样品流体包裹体显微照片
a. 石英中不同类型的包裹体成群分布；b. 大气液比包裹体与含 CO_2 包裹体共存；
c. 含子矿物包裹体成群分布；d. 含子矿物和 CO_2 的包裹体

该样品共测试了包括上述四种类型的 55 个包裹体，测试结果见图 6.6。其中均一温度总的范围为 134~462℃，平均为 310℃；子矿物熔化温度范围为 224~433℃，盐度为 33.22%~51.55%，盐度平均值为 40.16%；气液包裹体盐度范围为 3.39%~21.68%，平均为 12.84%。气体包裹体温度范围为 394~462℃，平均为 417℃，其中一个包裹体在 394℃ 时气液相的界线消失，为临界包裹体，394℃ 为临界温度。

总的来看，YX-7 样品的包裹体均一温度可分为三个区间：①高温（高盐度）区，在 390℃ 以上，为高温气成热液期，且发生小规模的流体沸腾；②280~390℃ 为中高温热液期，主要为气液包裹体及含子矿物包裹体，随温度的降低，气液包裹体的盐度降低；③晚期在 140~170℃ 时有较高盐度的流体叠加。

老区东部 88# 矿体 320m 标高中段的 DJ2-8 也一样，样品为含锡石、萤石的石英-毒砂

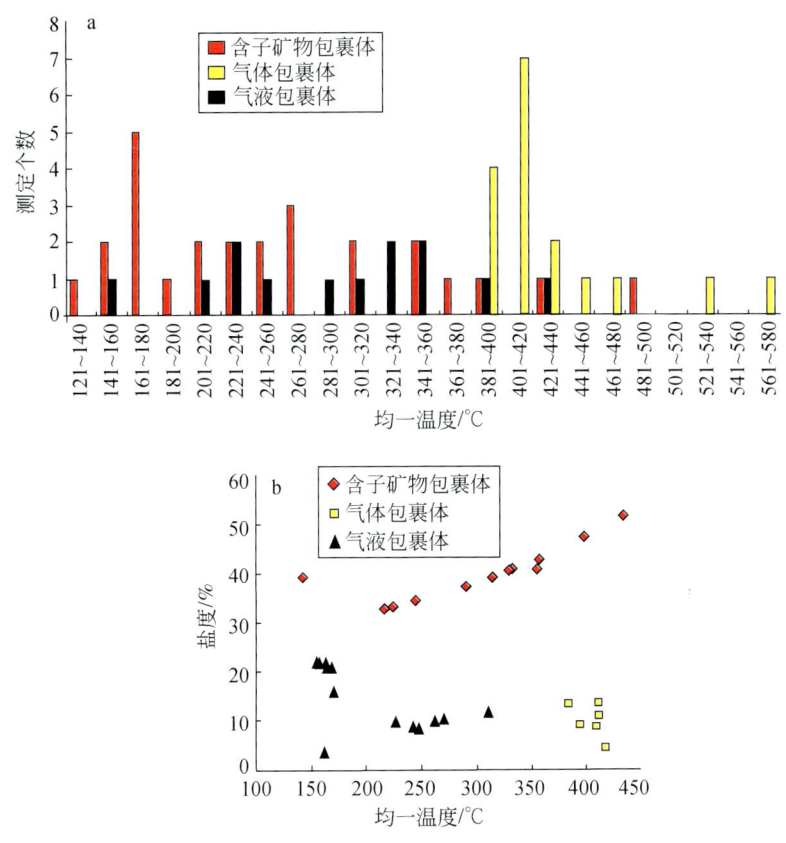

图 6.6 大井 YX-7 样品流体包裹体均一温度和盐度图
a. 温度直方图；b. 温度-盐度关系图

矿石，含较多的绿泥石、黑云母、绢云母等蚀变矿物和微量的黄铜矿（图 6.7a），石英、毒砂、萤石、锡石均呈自形-半自形（图 6.7b）。石英中包裹体，总体以气液比为 10%~20% 的气液包裹体为主；见少量大气液比包裹体，一般分布于毒砂的旁边或成群分布；在毒砂旁侧的石英中偶见含方形子矿物包裹体，但未见明显含 CO_2 包裹体（图 6.7c）。加热中大气液比的包裹体均一到液相，而不是气相，说明没有气体包裹体。测试结果显示，包裹体的均一温度范围为 158~404℃，平均为 285℃，盐度范围为 1.91%~9.86%，平均为 4.87%。亦可分为三个温度区间：158~218℃、260~336℃、362~404℃（图 6.7d）。

另外，该阶段矿石中有时可见石英的次生加大生长环带，如取自老区西部 545m 标高的 10#矿体样品（DJ1-11）。锡石、毒砂等多呈他形，石英中包裹有黄铜矿以及碳酸盐、绢云母、绿泥石等矿物（图 6.8a），暗示这种石英中的包裹体应为后期叠加形成。石英中包裹体丰富，个体一般较小，以 3~5μm 为主，常沿石英环带定向分布，并伴有沿石英生长线分布的晚期串珠状锡石（图 6.8b）。流体包裹体基本为气液比在 5%~10% 的气液包裹体，流体类型属 H_2O-NaCl 型。测得与毒砂、锡石密切共生的石英流体包裹体均一温度多为 180~210℃，与碳酸盐密切相伴的石英均一温度多为 150~170℃。盐度均较低（2.2%~6.8%，平均 5.3%）。

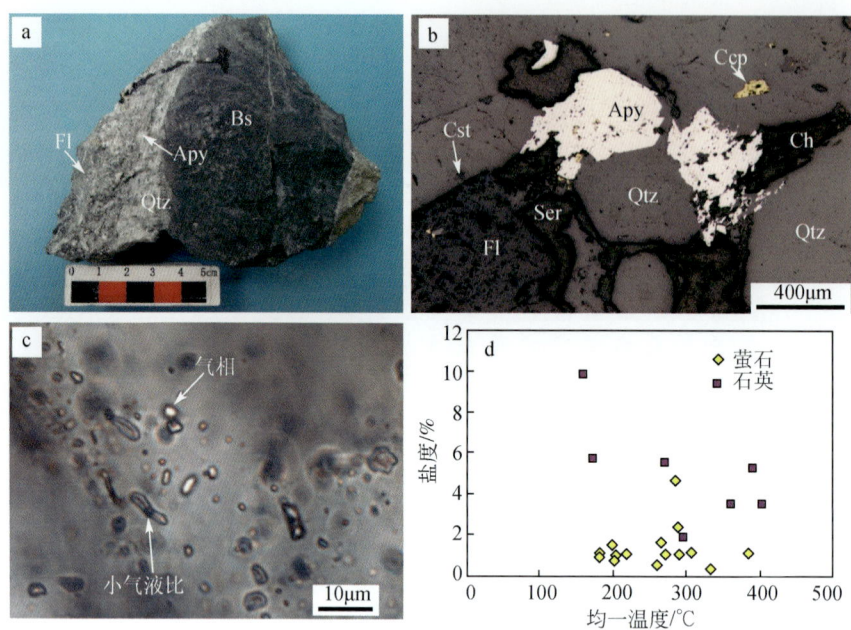

图 6.7 大井 DJ2-8a 样品标本及显微照片

a. 标本照片；b. 毒砂石英脉显微照片，反射光；c. 石英中的流体包裹体；d. 温度-盐度图解。
Bs. 黑色页岩；Qtz. 石英；Fl. 萤石；Apy. 毒砂；Cst. 锡石；Ser. 绢云母；Ch. 绿泥石；说明见正文

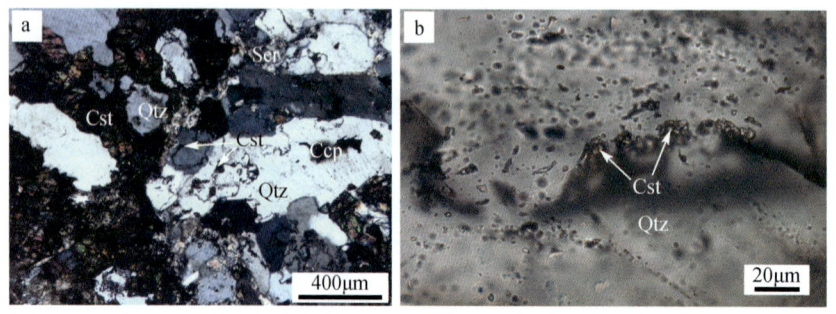

图 6.8 大井 DJ1-11 样品标本及显微照片

a. 富锡矿石的正交偏光照片，可见石英（Qtz）呈环带，包裹黄铜矿（Ccp）和细粒锡石（Cst）；
b. 石英中包裹体特征，单偏光；矿物缩写同前，说明见正文

二、萤石中两种成矿流体的叠加特征

大井矿床中的萤石较为发育。锡石-毒砂-石英阶段的萤石一般与石英共生，多为自形，石英和萤石为同一成矿阶段形成（图 6.7b），并可包裹有锡石、黄铜矿、闪锌矿等矿物（图 6.9a）。萤石中包裹体个体大，类型多，并常有盐类子矿物和硫化物捕虏晶（图 6.2c、d、e），是流体包裹体研究的良好对象。

萤石中以气液包裹体为主，可见大气液比包裹体与中、小气液比包裹体共生（图

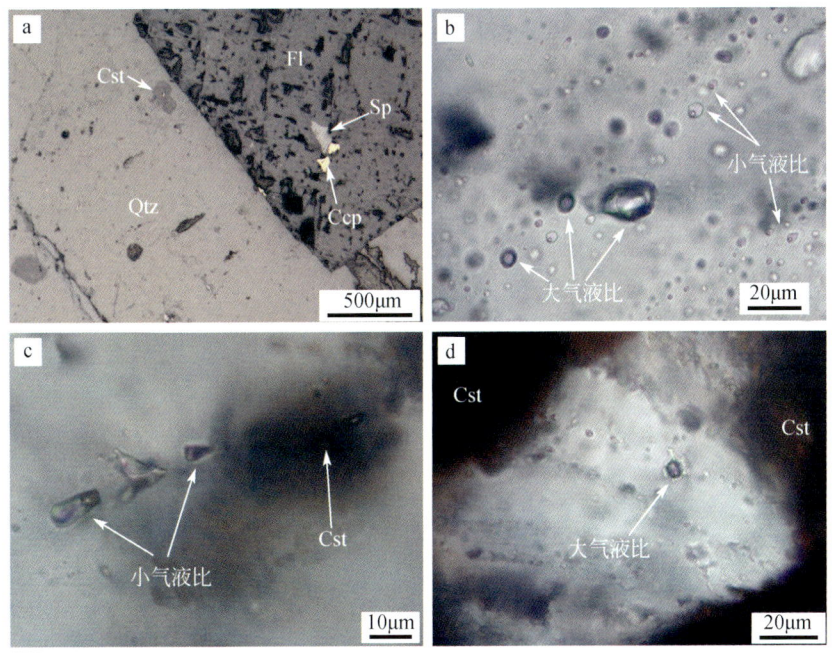

图 6.9 大井矿床萤石中流体包裹体显微照片

a. 萤石（Fl）呈自形与石英（Qtz）共生，常包裹黄铜矿（Ccp）、闪锌矿（Sp）等硫化物，反射光；b. 萤石中不同气液比的包裹体共生；c. 小气液比包裹体与晚期锡石（Cst）分布于萤石同一裂隙中；d. 被锡石圈闭的萤石中的大气液比包裹体

6.9b），以中-小气液比包裹体为主，常见含方形或不规则状子矿物，未见含 CO_2 包裹体。研究发现，锡矿体中的萤石明显发育两类包裹体：一类为孤立分布，呈椭圆形、菱形等，气液比大，有的气液比可达 70%~80%，一般 3~5μm；该类包裹体较少见，属原生包裹体，多产于锡石旁侧，与锡石密切共生，可能代表了形成锡石的成矿流体（图 6.9d）。另一组包裹体多为线状以及纺锤形、椭圆形、四边形等分布，气液比一般为 5%~10%，个体较大，有的可达 10μm 或更大；该类包裹体属后生包裹体，可包裹次生锡石（图 6.9c），在萤石内分布较广泛，特别是在黄铜矿附近产有大量该类包裹体。值得注意的是，产于黄铜矿旁侧的包裹体常见包裹了大小不等的黄铜矿矿物（图 6.2c、d、e），而一些包裹体内捕获的黄铜矿几乎充满整个包裹体，表明是黄铜矿形成后偶然被捕房于包裹体内的，属捕房晶，而不是子矿物。这种捕获了黄铜矿捕房晶的包裹体无疑能代表黄铜矿形成时的流体。

多个萤石流体包裹体测得的均一温度范围为 110~420℃，盐度范围为 0.2%~15%。从图 6.10 可以看出萤石中明显存在两类流体包裹体：中-高温阶段为大气液比包裹体（Ⅰ），其中包括气体包裹体和具临界行为的包裹体，它们产于锡石旁侧，与锡的成矿关系密切；中-低温阶段包裹体为小气液比包裹体（Ⅱ），多产于黄铜矿旁侧，该阶段出现有黄铜矿捕房晶的包裹体，说明与铜成矿关系密切，其中含有黄铜矿捕房晶包裹体的温度-盐度范围在Ⅱ区的中下部。

以上说明，萤石中的中-高温阶段流体盐度较低，而中-低温阶段流体盐度较高，且变

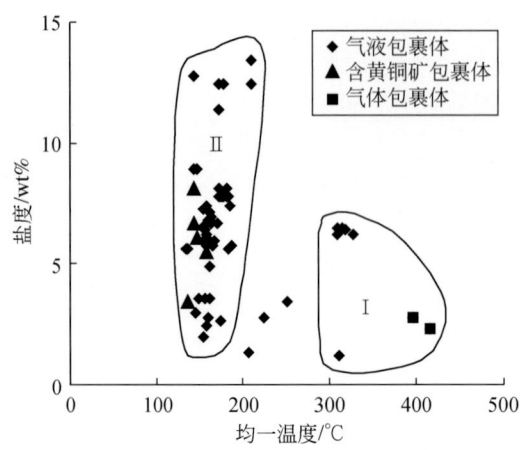

图 6.10 流体包裹体均一温度-盐度图（据王莉娟等，2000）

化范围宽（0.2%~15%），两种流体之间无明显过渡关系，表明可能是两种流体体系，而不是一种流体从高温到低温的顺序演变。盐度范围较宽的中-低温包裹体，可能说明该中-低温流体在盐度较高时并不沉淀出黄铜矿，而仅是携带铜元素的成矿流体；只有在盐度降低时（约在8.5%左右）及温度稍有降低时，黄铜矿才沉淀成矿（王莉娟等，2000）。

锡石-毒砂-石英阶段的萤石中两类流体包裹体特征研究，从流体角度揭示了该成矿阶段中锡和铜可能是两种不同来源、不同性质的流体在同一成矿空间叠加形成。

第三节 成矿流体的成分特征

一、成矿流体的气、液相成分

各矿化阶段流体包裹体的气、液相成分见表6.3、表6.4。

前已述及，大井矿床气液相包裹体占绝大多数，纯气相包裹体和含盐子矿物包裹体较少。从表6.3和表6.4也可以看出，大井矿床包裹体中主要组分为水，其摩尔浓度占总成分的24.21%~96.71%，绝大多数占90%以上，表明成矿介质是一种热水溶液。其次为CO_2，占1%以上，最高可达23.47%。个别样品含较多CH_4、C_2H_6和CO。阴离子成分主要为Cl^-、SO_4^{2-}和HCO_3^-，个别样品F^-亦较高。阳离子成分主要有Na^+、Ca^{2+}，个别样品K^+和Mg^{2+}亦较高。

不同阶段成矿溶液的成分变化复杂，无明显规律性（图6.11，图6.12）。一方面可能由于早期的分析测试精度不够或受寄主矿物的化学成分影响（如碳酸盐包裹体测得的HCO_3^-和Ca^{2+}、Mg^{2+}含量偏高），另一方面也说明该矿床多期次热液活动互相叠加、相互影响比较明显。

表6.3 大井矿床各矿化阶段包裹体气相成分

成矿阶段	样品号	气体浓度/(mol%)								浓度比值				资料来源
		H_2O	CO_2	CH_4	C_2H_6	CO	N_2	Ar	H_2S	CO_2/CH_4	CO_2/C_2H_6	CO_2/CO	CH_4/C_2H_6	
成矿前石英脉	FI870301E	94.779	3.370	0.293	0.137	0.711	0.539	0.066	0.014	11.51	24.61	4.74	2.14	②
	FI870305A	95.642	2.660	0.306	0.177	0.437	0.591	0.059	0.013	8.70	15.05	6.09	1.73	②
	FI870309B	96.249	2.240	0.202	0.110	0.590	0.477	0.059	0.017	11.09	20.37	3.80	1.84	②
	FI870901D	94.831	3.100	0.202	0.168	0.739	0.805	0.067	0.017	15.34	18.44	4.19	1.20	②
	FI870703C	95.849	3.210	0.244	0.172	0.697	0.657	0.077	0.015	13.16	18.67	4.61	1.42	②
	2个平均		3.840	1.600	0.000	1.790	1.375	0.001		2.40		2.14		④
	1	90.470	10.590	1.140						9.29				③
锡石-毒砂-石英	YX-7	93.320	3.248	0.332	2.881		0.206	0.013	0.000	9.80	1.13		0.12	①
	DJ1-11	95.460	3.970	0.211	0.063		0.206	0.040	0.000	18.85	63.28		3.36	①
	DJ1-14	96.340	3.216	0.131	0.064		0.206	0.029	0.000	24.62	49.86		2.02	①
	DJ2-8a	96.900	2.398	0.106	0.447		0.140	0.008	0.000	22.73	5.36		0.24	①
	J693-16		1.850	6.000	0.000	8.000	1.750	0.250		0.31		0.23		④
铜多金属	FI870104	96.608	1.460	0.209	0.141	0.759	0.615	0.088	0.028	6.99	10.35	1.92	1.48	②
	FI870105	96.649	1.480	0.269	0.179	0.696	0.552	0.073	0.021	5.49	8.25	2.12	1.50	②
	FI870106A	96.411	1.740	0.301	0.253	0.665	0.417	0.082	0.026	5.78	6.88	2.62	1.19	②
	FI870108	96.140	1.790	0.243	0.184	0.791	0.680	0.081	0.018	7.36	9.72	2.26	1.32	②
	FI870109A	95.685	2.580	0.250	0.136	0.651	0.558	0.058	0.018	10.32	18.96	3.96	1.84	②
	FI870808B	93.295	2.990	0.409	0.382	1.484	1.188	0.127	0.032	7.32	7.84	2.02	1.07	②
	FI870102	96.553	1.820	0.182	0.112	0.652	0.539	0.062	0.026	9.98	16.21	2.97	1.63	②
	DJ2-8b	96.680	2.446	0.085	0.670		0.110	0.006	0.000	28.73	3.65		0.13	①
	5个平均		2.370	1.450	0.000	1.000	0.976			1.63		2.37		④
	2	64.050	19.800	6.300						3.14				③
	3	49.010	23.47	6.140						3.82				③

续表

成矿阶段	样品号	气体浓度/(mol%)								浓度比值			资料来源
		H_2O	CO_2	CH_4	C_2H_6	CO	N_2	Ar	H_2S	CO_2/CH_4	CO_2/C_2H_6	CO_2/CO	CH_4/C_2H_6	
铅锌-碳酸盐	FL870207D	96.671	1.900	0.209	0.112	0.502	0.470	0.045	0.019	9.08	16.95	3.78	1.87	②
	2个平均		2.130	1.050	0.000	1.030	1.000	0.066		2.02		2.06		④
	4	24.210	6.470	0.100						64.70				③
成矿后	FL870101	96.717	1.520	0.213	0.084	0.812	0.538	0.033	0.018	7.13	18.08	1.87	2.54	②

资料来源：①本书；②刘伟等,2002；③姚德等,1990；④北京矿产地质研究所,1989（内部报告）。

表 6.4 大井矿床各矿化阶段包裹体液相成分

成矿阶段	样品号	离子浓度/10^{-6}									比值					资料来源
		F^-	Cl^-	SO_4^{2-}	HCO_3^-	Na^+	K^+	Mg^{2+}	Ca^{2+}	Na^+/K^+	F^-/Cl^-	Ca^{2+}/Na^+	HCO_3^-/Cl^-	SO_4^{2-}/Cl^-	
成矿前石英脉	2个平均	3.30	25.05	20.50	66.79	22.20	9.60	6.15	13.55	2.31	0.13	0.61	2.67	0.82	③
	1	0.41	0.28	0.57	6.90	0.08	0.02	0.27	10.64	3.48	1.46	133.00	24.64	2.04	②
锡石-毒砂-石英	DJ1-11	0.08	1.68	6.27		2.63	1.58			1.66	0.05			3.73	①
	DJ1-14	0.21	3.46	3.90		4.03	1.97			2.05	0.06			1.13	①
	DJ2-8a	0.21	5.31	7.32		5.63	0.50	0.05	0.38	11.17	0.04	0.07		1.38	①
	J693-16	0.10	14.70	14.00	47.33	6.00	6.54	4.60	13.50	0.92	0.01	2.25	3.22	0.95	③
	DJ2-8b	2.07	52.30	11.00		8.21	1.25	0.20	1.01	6.57	0.04	0.12		0.21	①
铜多金属	5个平均	2.47	39.56	24.96	16.40	18.38	1.51	4.93	15.62	12.14	0.06	0.85	0.41	0.63	③
	2	0.42	0.43	3.28	6.40	0.23	0.14	1.78	0.95	1.64	0.98	4.13	14.88	7.63	②
	3	1.03	0.36	7.14	4.10	0.86	0.29	2.69	5.03	2.97	2.86	5.85	11.39	19.83	②
铅锌-碳酸盐	2个平均	5.50	9.90	9.25	9.25	3.15	3.80	1.36	11.30	0.83	0.56	3.59	0.93	0.93	③
	4	4.10	0.24	1.14	4.90	0.11	0.07	0.12	12.33	1.57	17.08	112.09	20.42	4.75	②

资料来源：①本书；②姚德等,1990；③北京矿产地质研究所,1989（内部报告）。

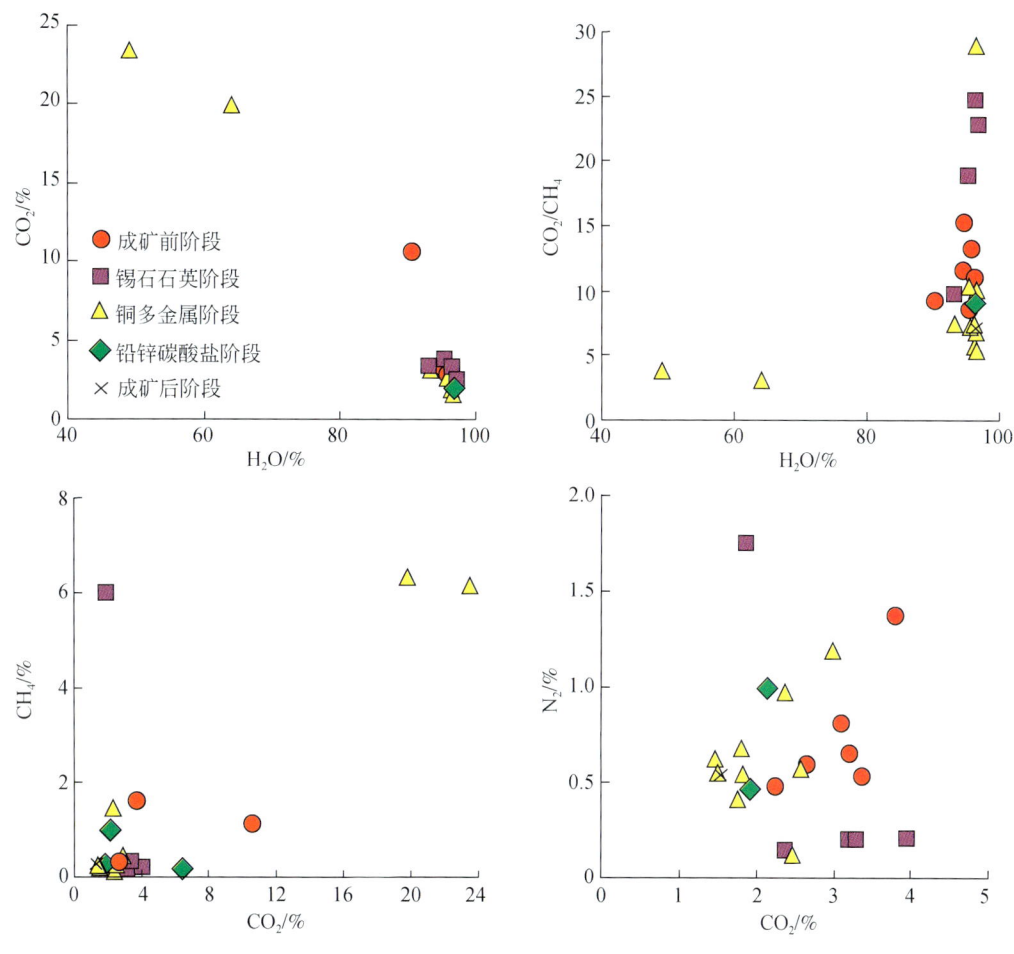

图 6.11 大井矿床流体包裹体气相成分关系图

大井矿床包裹体样品的气体成分只有 CO_2 和 H_2O 呈线性负相关，其他气体组分和 H_2O 不相关，这显然不是由于相分离造成的，因为相分离将同样会造成其他气体组分与 H_2O 之间的线性相关，刘伟等（2002）将其解释为富岩浆流体被大气水来源的地下水稀释形成。研究表明，大井矿床的成矿流体来源于两个主要贡献源，一个是大气水，另外一个是富 CO_2 的岩浆流体地下水循环流经古生界沉积岩，从有机质中吸收了 CO、N_2、CH_4、C_2H_6 和放射性成因 Ar。富 CO_2 岩浆流体与花岗岩浆具有亲缘关系。

从包裹体阳离子对 Cl^-、F^-、HCO_3^- 和 SO_4^{2-} 的关系（图 6.12）看，Cl^- 和 K^+、Na^+，HCO_3^- 和 Mg^{2+}，SO_4^{2-} 和 K^+、Na^+、Ca^{2+}、Mg^{2+} 等具有一定程度的正相关关系，表明溶液中盐类成分明显，主要有石盐（NaCl）、钾石盐（KCl）以及 $Mg(HCO_3)_2$、K_2SO_4、Na_2SO_4、$MgSO_4$、$CaSO_4$ 等。而 F^-、HCO_3^- 等阴离子含量较低，也可能主要为络合物形式，对成矿元素的搬运起一定作用。

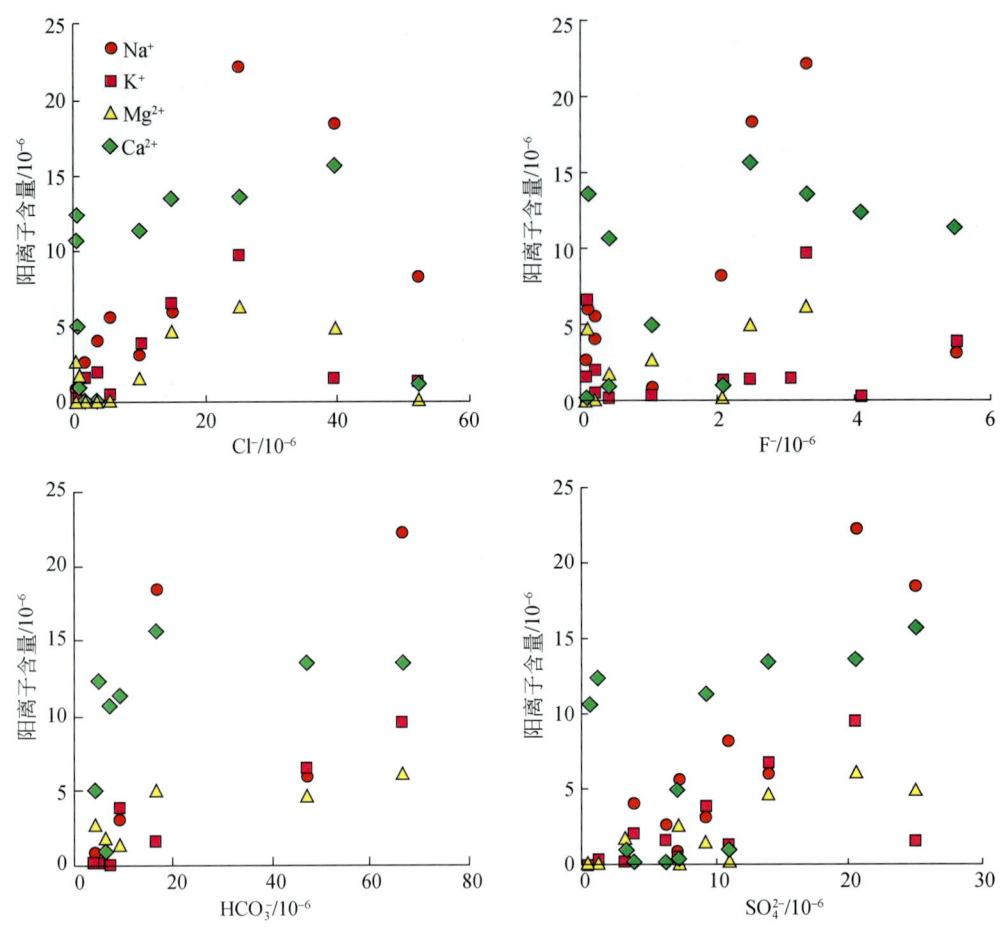

图 6.12 大井矿床包裹体阳离子与 Cl^-、F^-、HCO_3^- 和 SO_4^{2-} 的关系图

二、微量元素成分

(一) 稀土元素特征

对成矿前、成矿期和成矿后石英中包裹体采用爆裂法收集其成分,进行 ICP-MS 分析,测得包裹体稀土元素成分如表 6.5、图 6.13 所示。

表 6.5 大井矿床石英包裹体稀土元素成分 单位:10^{-6}

成矿阶段	成矿前石英脉	韧性变形	锡石石英阶段	铜多金属阶段		铅锌碳酸盐阶段	成矿后石英脉
样品号	wy890415	Zk66-6	861-5A	864-10	864-10B	wy890823	wy890412
La	0.353	1.823	5.963	0.622	1.957	14.361	0.334
Ce	0.856	3.960	11.831	1.237	3.673	49.314	0.673

续表

成矿阶段	成矿前石英脉	韧性变形	锡石石英阶段	铜多金属阶段		铅锌碳酸盐阶段	成矿后石英脉
样品号	wy890415	Zk66-6	861-5A	864-10	864-10B	wy890823	wy890412
Pr	0.154	0.628	1.665	0.170	0.503	8.508	0.088
Nd	0.766	2.961	7.005	0.740	1.968	42.138	0.334
Sm	0.309	1.087	1.528	0.253	0.395	13.201	0.071
Eu	0.079	0.642	0.935	0.069	0.151	4.553	0.022
Gd	0.450	1.152	0.833	0.303	0.369	9.680	0.048
Tb	0.073	0.154	0.098	0.046	0.050	0.763	0.006
Dy	0.372	0.657	0.517	0.236	0.273	2.419	0.034
Ho	0.061	0.107	0.086	0.038	0.045	0.312	0.006
Er	0.144	0.233	0.196	0.092	0.099	0.617	0.017
Tm	0.018	0.024	0.019	0.011	0.012	0.062	0.001
Yb	0.112	0.144	0.096	0.053	0.063	0.335	0.012
Lu	0.016	0.019	0.010	0.006	0.008	0.048	0.001
∑REE	3.763	13.592	30.782	3.874	9.566	146.312	1.648
∑LREE/∑HREE	2.02	4.46	15.59	3.94	9.41	9.28	12.05
δEu	0.65	1.74	2.30	0.76	1.19	1.18	1.08
$(La/Yb)_N$	2.13	8.55	41.88	7.93	20.94	28.86	18.18
$(La/Sm)_N$	0.72	1.06	2.45	1.55	3.12	0.68	2.96
$(Gd/Yb)_N$	3.26	6.46	7.00	4.62	4.73	23.28	3.14

注：wy890823 为黄铁矿中流体包裹体，其他样品均为石英中流体包裹体。

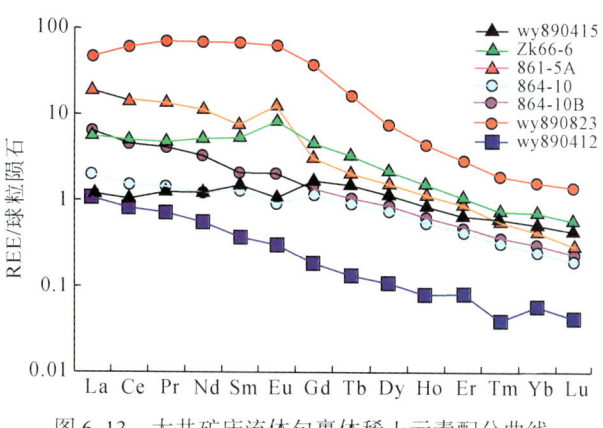

图 6.13　大井矿床流体包裹体稀土元素配分曲线
样品号同表 6.5

总体来看，矿床的石英包裹体中稀土含量较低（∑REE 在 $1.65 \times 10^{-6} \sim 30.78 \times 10^{-6}$），黄铁矿中较高（$146.31 \times 10^{-6}$）。石英中流体包裹体的稀土总量，成矿前较低（∑REE 在 $3.76 \times 10^{-6} \sim 13.59 \times 10^{-6}$），成矿期较高（$3.87 \times 10^{-6} \sim 30.78 \times 10^{-6}$），而成矿后最低（$1.65 \times 10^{-6}$）。从早到晚，稀土元素表现出稀土分馏增强，而且主要是轻稀土元素分馏增强；成

矿前石英中包裹体轻稀土略为亏损或平缓，$(La/Sm)_N \leq 1$，成矿期略有富集，$(La/Sm)_N = 1.55 \sim 3.12$，而成矿后也明显富集，$(La/Sm)_N = 2.96$，反映出不相容元素在流体演化晚期富集的趋势。王莉娟等（2003）认为，晚期流体的这种陡倾的 REE 配分曲线特征，可能反映出矿床成矿晚期有大气降水或浅源流体的加入。与此同时，重稀土元素分馏非常相似，均表现为明显的右倾曲线特征，$(Gd/Yb)_N$ 值在 $3.14 \sim 7.00$。相比之下，锡石-石英阶段的石英包裹体稀土配分曲线轻重稀土分馏强烈，且具强烈的 Eu 正异常和弱负 Ce 异常，与重熔花岗岩浆热液的 REE 曲线（Kato, 1999）较为相似；而铜多金属阶段石英包裹体的 REE 曲线平直，轻重稀土分馏弱，显示深源流体特征。显然，大井矿床锡与铜多金属成矿流体是两种不同来源的流体体系，与大井矿床其他研究成果一致。而铅锌碳酸盐阶段黄铁矿中包裹体流体 REE 配分曲线与石英包裹体流体及闪锌矿包裹体流体 REE 曲线形态类似，Eu 与 Ce 异常不明显，但轻重稀土分馏稍强，可能表明其流体来源稍浅，或有不同期次的浅源流体叠加（王莉娟等，2003）。

（二）其他微量元素特征

对铜锡矿石中石英和萤石进一步的包裹体微区分析（LA-ICP-MS）表明，大井矿床这类矿石中的流体可分为富 Sn 流体和富 Cu 流体：富 Cu 流体 Cu>Sn，Sr 大于 Rb 几至几十倍，并相对富 Na，主要产于萤石中；富 Sn 流体 Sn>Cu，Rb 大于 Sr 几至几十倍，相对集 K，产于石英及萤石中（图 6.14）。研究表明，两种流体可能具有不同的来源：富 Cu 流体可能来源于深源较基性岩浆，富 Sn 流体可能来源于浅源的花岗质岩浆，两种流体在中低

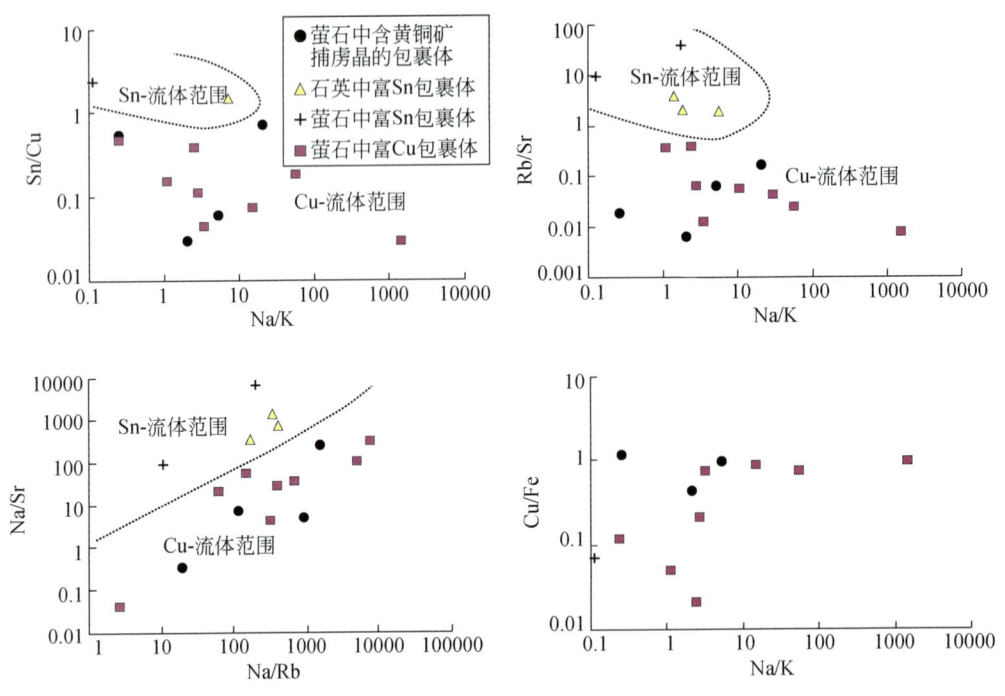

图 6.14 大井矿床单个流体包裹体元素比值图

原始数据据王莉娟等（2006）整理

温-低盐度阶段叠加富集成矿，形成大井矿床中心部位的富 SnCu 矿体（王莉娟等，2006）。

富 Sn 流体包裹体主要产于石英中，包括低温-低盐度、中低温-低盐度及高温-低盐度的流体包裹体，以高温-低盐度流体包裹体为主。少量富 Sn 流体包裹体出现在萤石中，主要为低温-低盐度包裹体。这种流体中 Rb 大于 Sr 几至几十倍，部分样品中 Sr 含量为 0，Sn 大于 Cu 或 Cu 为 0，或 Sn 与 Cu 均为 0，可能是由于包裹体太小，但它们的共同特征是 Rb 绝对大于 Sr，显示了富 Sn 流体的浅源特征。该流体中 Na 与 K 的含量基本相当，相对于富 Cu 流体，富 Sn 流体的 K 含量相对高，Fe 含量相对低，可能与它的浅源来源有关。上述特征反映了富 Cu 流体与富 Sn 流体是不同来源的流体。从早到晚，富 Sn 成矿流体存在从高温向低温的演化。

所测富 Cu 包裹体主要产于萤石中，以低温-中低盐度为主，也有少量高温-中低盐度包裹体。其重要特征为 Sr 大于 Rb 约十至几十倍、Cu 大于 Sn 约十至几十倍、Na 一般大于 K。该类包裹体中含一定量的 Fe，且 Fe 与 Cu 含量相近，或高于 Cu 含量几倍。一般 Sr 主要富集在岩浆分异的早期阶段，Rb 正相反，Rb/Sr 值随岩浆分异程度的增加而升高，在岩浆演化早期阶段，Rb/Sr 值通常近于常数，平均略小于 0.5，随分异作用的增强，Rb/Sr 值迅速增加达 10 以上（Nockolds and Allen，1953；赵振华，1997）。大井矿床含黄铜矿捕虏晶的流体包裹体强烈富集 Sr，表明富铜流体的来源较深。深源的富铜成矿流体从高温向低温演化，主要在中低温阶段成矿。另外，部分富铜流体包裹体也产于石英中，为中低温-低盐度阶段成矿。

第四节 成矿元素迁移、沉淀机制讨论

一、围岩蚀变特征

围岩蚀变是流体活动对造岩矿物的改造作用，蚀变矿物组合及变化特征直接反映了流体活动的物理化学条件。然而，大井矿床主要为热液充填型，其赋矿围岩又是结构紧密的黑色页岩（或浅变质为碳质板岩）、粉砂岩（及泥质板岩、粉砂质板岩）等，围岩蚀变较弱，主要表现为沿矿脉两侧的线型蚀变，蚀变宽度小，为研究流体的物理化学条件带来不便。

（一）蚀变矿物组合

大井矿床的围岩蚀变普遍但不强烈，蚀变主要呈充填脉状，分布广泛，但单体规模不大。矿体接触的围岩上下盘蚀变一般呈平行于矿体的带状分布，蚀变带的宽度为 0.1m 到数米不等，多小于 0.5m。围岩蚀变类型主要有硅化、绢云母化、绿泥石化、碳酸盐化、黑云母化、黏土化，偶有电气石化、萤石化。蚀变岩石的结构有粒状变晶结构、变余砂泥岩结构、交代变晶结构和脉状交代结构。蚀变岩石的构造有条带状构造、晶簇构造、滑动构造、脉状构造、角砾状构造、碎裂构造和块状构造。

从空间分布来看，矿区中部主要为硅化和绢云母化，并主要与铜、锡成矿密切；碳酸

盐化遍布全区，但东区和北区北部以碳酸盐化为主，其他蚀变微弱，其中含锰碳酸盐化与银矿化关系密切；黑云母化主要发育于西区，并见有其他矿段所没有的面型蚀变。从与脉岩的关系看，脉岩及两侧的围岩蚀变明显较强，这可能与脉岩的岩性和岩石粒度有关。一般中酸性岩石多形成绢云母化、帘石化、黏土化、硅化等，而中基性岩则以绿泥石化、碳酸盐化、绿帘石化等较为常见。

各种围岩蚀变组合在成矿阶段上的分期分带并不明显，如硅化、碳酸盐化、绿泥石化、绢云母化、黏土矿化等均可出现在各个阶段，萤石化也至少有三期，分别发育于上述三个阶段中。相对来讲，早期的锡石-毒砂-石英阶段以硅化、绢云母化更为普遍，晚期的铅锌碳酸盐阶段主要为碳酸盐化，而铜多金属硫化物阶段则硅化、绢云母化、碳酸盐化均普遍发育。因此早期的成矿流体更多表现出相对偏酸性特点，晚期则趋于相对偏碱性。

（二）蚀变矿物晕及标志

一般来讲，由于成矿期或主矿化阶段的蚀变与矿化范围大体一致，因此具有找矿指示意义的是那些成矿前的大规模高温蚀变组合。然而，正如前文所述，大井矿床主要以中低温充填成矿为主，具有标志意义的蚀变矿物晕发育较弱。具有标志意义的蚀变主要有以下几种：

一是成矿前的热液角砾岩。由于矿区范围内未发现致矿的同期岩体，夕卡岩化等热变质也不发育，成矿期的含矿热液很可能借助早期的断裂、裂隙等构造薄弱面继承贯入，而热液角砾岩就是热液与构造最佳的复合产物。这类成矿前的热液角砾岩以硅质胶结围岩地层为主要特征，分布范围比矿脉要大一些。矿脉晚于这种角砾岩，但常与之相伴（见第五章第二节）。

二是成矿前的石英脉和韧性变形，特别是韧性变形可能作为成矿的前奏，或成矿的早期阶段，在张-扭性主成矿构造之前应有一期挤压或压剪构造为前导。成矿前的石英一般为高温（300~370℃），流体包裹体具中等盐度（9.7%~12.0%），成分上相对富F贫Cl、富CO_2，CO_2逸度、H_2逸度和氧逸度均相对较高（艾霞和冯建忠，1992）。该阶段中硫化物成分特征与主成矿期存在一定联系和继承性，硫化物的成矿元素丰富、复杂，相对成矿期硫化物而言，黄铁矿富Co、Ni、Cu，毒砂富Cu，闪锌矿和黄铜矿富Ag等（王玉往等，2002c），反映出成矿元素尚未充分"分异"的特征。

三是黑云母化。与中酸性岩体有关的热液矿床成矿早期高温阶段均发育强烈的碱交代作用（胡受溪等，1982；杜乐天，1983，2002，2009），如铜矿中的钾长石化，钨、锡矿中的碱性长石化等。大井矿床尚未见到强烈的碱性长石化，但近矿围岩地层和脉岩中均发育不同程度的"面型"黑云母化（详见第七章），有些甚至可达到黑云母角岩。其实热液矿床中，除成矿前的高温蚀变矿物之外，还常发育大面积黑云母角岩化（如驱龙、甲玛等斑岩铜钼矿）和青磐岩化，这些可作为早期远温蚀变的标志。大井矿床中这类黑云母以富水和挥发分为特征，实际上多数为水黑云母化，成分上比成矿期石英脉中的黑云母更富Fe、Mg，而贫Al、Ti（第三章，表3.12）。

大井矿区青磐岩化亦不发育，但在矿脉中可出现不同形式的绿泥石化、碳酸盐化等，可作为脉石矿物或晚期细脉、网脉出现。有关的围岩蚀变，在矿脉两侧可出现数十厘米至数米宽所谓的近矿交代岩，锡铜矿脉两侧一般为电气石-绢云母-石英交代岩，可出现绿泥石和碳酸盐矿物；铅锌（铜）矿脉两侧一般为石英-绿泥石-水白云母（-蒙脱石-高岭石）岩。艾永富和刘国平（1998）研究了绿泥石的化学成分，认为大井矿床中绿泥石属富 Fe 贫 Mg 的鳞绿泥石和铁绿泥石，认为其较高的 $Fe+Al_{IV}$ 和 $Fe/(Fe+Mg)$ 值是大井式热液脉型锡-铜多金属矿床的重要特点，其含铁度和晶胞参数 b_0 值与深度呈正相关关系。

二、成矿元素的迁移沉淀形式

在综合分析大井矿床各成矿阶段矿物共生组合以及矿石围岩蚀变特征的基础上，结合流体包裹体成分，借鉴前人的实验研究和化学热力学推导结果，对研究区 Sn、Cu、Pb、Zn 在含矿热液中的迁移形式与沉淀机制进行初步探讨如下。

（一）Sn 在热液成矿过程中的迁移和沉淀

Sn 主要形成于锡石-毒砂-石英阶段，其主要矿物组合为锡石、毒砂、石英、萤石、黄铁矿以及少量黄铜矿、闪锌矿和碳酸盐。围岩蚀变以硅化、绢云母化最为普通，也发育绿泥石化、碳酸盐化及黏土矿化等。

包裹体测试结果表明该阶段成矿流体为 H_2O-NaCl-CO_2 型，包裹体成分中富含 Cl^-、SO_4^{2-}、Na^+、K^+ 等离子以及 CO_2、CH_4、H_2O 等气体，仅含少量 F^-，与该阶段存在大量萤石的事实不符。没有实验数据说明 Sn 能以 S 的配合物形式迁移，流体包裹体中高含量的 SO_4^{2-} 可能与该阶段毒砂、黄铁矿的大量形成有关。虽然 Sn 具有强烈的亲 F 特点，但 F 更具有亲熔体性（Keppler and Wylie，1991），也就是说 Sn 在岩浆中可能以氟化物或 F 的配合物形式存在，但在岩浆晚期热液中 Sn 和 F 则可能是分离的。但陈骏等（2000）也指出，在 300℃ 以上、近中性的高温含 F 热液中，占优势的 Sn 络合物应为 $Sn(OH)_4F_2^{2-}$，结合流体包裹体中也含少量的 F^-，因此也不排除部分 Sn 以羟基氟络合物形式迁移，但主要以 Cl 的络合物为主。因此，来自岩浆的 Sn 在晚期热液中可能以 Sn^{2+} 和 Sn^{4+} 的络合物 $SnCl_2^0$、$SnCl_3^-$、$SnCl_4^{2-}$ 以及 SnF_4^-、$Sn(OH)_4F_2^{2-}$ 等形式迁移。

结合矿脉对围岩发生一定规模的近矿围岩蚀变（主要是围岩中长石矿物的蚀变，如钾长石分解为石英和白云母，斜长石蚀变为绿泥石、方解石等），石英、绢云母（白云母）的形成是伴随 Sn 沉淀的主要产物，据此推测 Sn 在淀出成矿过程中可能的反应式有：

① $3KAlSi_3O_8$（钾长石）$+2H^+ = KAl_3Si_3O_{10}(OH)_2$（绢云母）$+6SiO_2+2K^+$

② $3CaAl_2Si_2O_8$（钙长石）$+ 8FeO +3CO_2+8H_2O = 2Fe_4Al_2AlSi_3O_{10}(OH)_8$（绿泥石）$+3CaCO_3+1/2O_2$

③ $3(Na,K)AlSi_3O_8$（钠钾长石）$+4CaCO_3+2H_2O+2SnF_4 = 2SnO_2$（锡石）$+6SiO_2$（石英）$+4CaF_2$（萤石）$+KAl_3Si_3O_{10}(OH)_2$（绢云母）$+4CO_2+2Na^++2(OH)^-$

④ $SnCl_2+2H_2O = SnO_2$（锡石）$+2HCl$

⑤ $SnCl_3^- + SnCl_4^{2-}+2OH^-+O_2 = 2SnO_2$（锡石）$+2HCl+5Cl^-$

⑥ $CaCO_3+Sn(OH)_4F_2^{2-} = CaF_2$（萤石）$+SnO_2$（锡石）$+CO_3^{2-}+2H_2O$

⑦ $Fe^{2+}+2HS^-+1/2O_2 = FeS_2$（黄铁矿）$+ H_2O$

⑧ $Fe^{3+} + AsO_4^{3-} + HS^- = FeAsS$（毒砂）$+ HSO_4^-$

（二）Cu 在热液成矿过程中的迁移和沉淀

研究表明，岩浆热液中常含有 H_2S、HCl、HF、SO_2、CO、CO_2、H_2、N_2 等挥发分，所以具有很强的形成金属络合物并使其迁移活动的能力；热液中，特别是低温下 H_2O-$NaCl$ 体系中，Cu 离子易于与 Cl 离子结合形成稳定的 $[CuCl_2]^-$、$[CuCl_3]^{2-}$ 或 $[CuCl_4]^{3-}$ 络合物（Xiao et al., 1998；Liu W H et al., 2001, 2002；Zajacz et al., 2011）；在含硫体系中或低的 HCl 浓度下，Cu 可主要以 Cu-HS 络合物形式存在，如 $Cu(HS)^0$、$Cu(HS)_2^-$ 等（Zajacz et al., 2011）。Cu^{2+} 是较好的配位体，能与许多配体 OH^-、Cl^-、F^-、H_2O、NH_3 等形成配合物。当成矿热液中 Cu^+、Cu^{2+}、Fe^{2+}、S^{2-}、HS^- 等离子浓度大大超过铜硫化物活度时，Cu 将以各种硫化物组合形式发生沉淀（金章东和李福春，1998）。

大井矿床 Cu 多金属硫化物阶段的主要矿物组合为黄铜矿-黄铁矿-菱铁矿-绿泥石以及磁黄铁矿、胶状黄铁矿、石英、绢云母、白铁矿，少量闪锌矿、方铅矿、黝锡矿、银的硫盐及硫化物等。该阶段围岩蚀变以硅化、绢云母化、碳酸盐化较为普遍，也可出现绿泥石化、黏土矿化。流体包裹体测试结果表明，该阶段成矿热液中富含 Cl^-、SO_4^{2-} 以及 F^-、HCO_3^- 等阳离子，Ca^{2+}、Na^+、K^+、Mg^{2+} 等离子以及 CO_2、CH_4 等气体，流体物理化学条件在相对中性环境（但与锡石-毒砂-石英阶段相比为相对偏碱性和还原环境）。结合矿脉对围岩发生一定规模的近矿围岩蚀变，绢云母、绿泥石以及石英、碳酸盐的形成是伴随 Cu 沉淀的主要产物，推测铜多金属硫化物成矿阶段可能的 Cu 沉淀反应有：

① $3KAlSi_3O_8$（钾长石）$+ 2H^+ = KAl_3Si_3O_{10}(OH)_2$（绢云母）$+ 6SiO_2 + 2K^+$

② $3CaAl_2Si_2O_8$（钙长石）$+ 8FeO + 3CO_2 + 8H_2O = 2Fe_4Al_2AlSi_3O_{10}(OH)_8$（绿泥石）$+ 3CaCO_3$（方解石）$+ 1/2O_2$

③ $CuCl_2^- + CuCl_3^{2-} + CuCl_4^{3-} + 6HS^- + 3Fe^{3+} = 3CuFeS_2$（黄铜矿）$+ 6HCl + 3Cl^-$

④ $FeCl_2 + 2HS^- = FeS_2$（黄铁矿）$+ 2HCl + 2e^-$

⑤ $Cu(HS)_2^- + 2H_2S + 2FeCl^+ = CuFeS_2$（黄铜矿）$+ FeS_2$（黄铁矿）$+ 2HCl + 2H^+$

⑥ $CuCl_4^{3-} + 2HS^- + 2CaCO_3 + Fe^{2+} = CuFeS_2$（黄铜矿）$+ 2CaCl_2 + 2HCO_3^- + e^-$

⑦ $CaCO_3 + FeCl_2 = CaCl_2 + FeCO_3$（菱铁矿）

（三）PbZn 在热液成矿过程中的迁移和沉淀

前人对热液矿床形成的物理化学条件研究表明，Pb 和 Zn 主要以氯络合物和硫化氢络合物在成矿热液中迁移。根据酸碱软硬度原理和各类实验结果，Pb 和 Zn 在热液中的存在形式相似，在相对偏氧化、偏酸性和贫 S 卤水中，Pb 和 Zn 均以氯化物的形式稳定存在并迁移（Helgeson, 1964；Ruaya and Seward, 1986；Giordano, 2002），如 $PbCl_n^{2-n}$、$ZnCl_n^{2-n}$ 等；但在相对偏碱性、富还原硫的低温条件下，则以硫氢络合物更重要（Barnes, 1979；张德会，1994），如 $Pb(HS)_2^0$、$Zn(HS)_n^{n-2}$ 等。此外，在特定条件下，如无氯离子或其浓度很低的情况下，或碱性环境下，还可以 $Pb(OH)^+$、$Pb(OH)_2^0$、$Zn(OH)^+$ 等形式迁移（Crerar et al., 1985；Wood et al., 1987）。随着物理化学条件的变化（如温度降低、还原

S、Cl⁻浓度降低，pH升高、氧逸度降低等），成矿流体中金属络合物分解，硫化物沉淀成矿。

大井矿床的Pb和Zn主要形成于铅锌碳酸盐成矿阶段，主要矿物组合为闪锌矿–黄铁矿–方铅矿–菱铁矿–绿泥石以及复硫盐矿物、白铁矿、银的硫盐及硫化物等。围岩蚀变主要为碳酸盐化和绿泥石化，成矿环境以中低温（多<220℃）、中偏酸性环境（pH多在4.9~6.53，少数在7.07~7.56，表6.2），但流体包裹体成分仍富含 Cl^-、F^-、SO_4^{2-}、HCO_3^-等阴离子和 Ca^{2+}、Na^+、K^+、Mg^+等阳离子，因此推测之前可能主要以氯化物络合物形式迁移，但可能亦有部分以硫氢络合物形式迁移。

根据该阶段最主要的脉石矿物为碳酸盐 [$(Ca,Fe,Mg)^{2+} + H_2O + CO_2 = (Ca,Fe,Mg)CO_3 + 2H^+$]，但围岩中尚普遍发育绢英岩化和绿泥石化，推测该阶段Pb、Zn沉淀的主要反应有：

① $3CaAl_2Si_2O_8$（钙长石）$+ 8FeO + 3CO_2 + 8H_2O = 2Fe_4Al_2AlSi_3O_{10}(OH)_8$（绿泥石）$+ 3CaCO_3$（方解石）$+ 1/2O_2$

② $FeCl_2 + 2HS^- = FeS_2$（黄铁矿）$+ 2HCl + 2e^-$

③ $PbCl_2 + H_2O + FeS_2 = PbS$（方铅矿）$+ FeCl_2 + 1/2O_2 + H_2S$

④ $ZnCl_2 + H_2O + FeS_2 = ZnS$（闪锌矿）$+ FeCl_2 + 1/2O_2 + H_2S$

⑤ $Pb(HS)_2 = PbS$（方铅矿）$+ H_2S$

⑥ $Zn(HS)_2 = ZnS$（闪锌矿）$+ H_2S$

⑦ $2PbCl_2 + 4H_2O + 3FeS_2 + CO_2 = 2PbS$（方铅矿）$+ FeCO_3$（菱铁矿）$+ 4H_2S + 2FeCl_2 + 3/2O_2$

⑧ $2ZnCl_2 + 4H_2O + 3FeS_2 + CO_2 = 2ZnS$（闪锌矿）$+ FeCO_3$（菱铁矿）$+ 4H_2S + 2FeCl_2 + 3/2O_2$

第七章 矿床成因及成矿模式

对于锡矿床类型的划分，传统上以工业类型为标准，一般分为四种，即含 Sn 伟晶岩型、锡石–石英型、锡石–硫化物型和砂锡矿（Taylor，1979），从大井矿床的基本地质特征看，其无疑属锡石–硫化物型。然而，这类矿床在成因上是极为复杂的，目前对锡矿床成因类型并无令人满意的划分。依据中国有色金属工业总公司北京矿产地质研究所（1987）对世界锡矿床的总结，锡矿床可分为六种：伟晶岩型、夕卡岩型、斑岩型、热液型、火山岩型、砂矿型，据此，大井矿床应属于热液型范畴，但"热液型"似乎包含了太广泛的成因含义。事实上，上述成因类型可能更适用于无硫化物的锡矿床。中国地质学家已经注意到了这一特点，叶绪孙等（1996）提出将中国锡矿床分为四种基本类型：含 Sn-Nb-Ta 的花岗岩型、斑岩型、锡石–硅酸盐型、锡石–硫化物型，从而对"锡石–硫化物型"赋予了成因意义，同时也说明这类矿床的特殊性和在成因研究中的不成熟性。

关于大井矿床成因的研究也体现了这一点。归纳起来，目前对该矿床成因的认识主要有以下几种：①与花岗岩有关（李国华，1986；黄世乾等，1986；姚德等，1990），但因矿区周围及钻孔（最深800m±）中从未见花岗岩体而受到反对者质疑。②与火山–次火山岩有关（艾霞和冯建忠，1992；张德全，1993c），其特点是否定了矿床与花岗岩有关，亦有人在此基础上提出。③硫化物矿浆型（张家荫等，1988；张家荫，1993），即认为同一岩浆房演化出了硫化物矿浆和火山–次火山岩，二者属"姐妹关系"。然而"火山–次火山论"完全排除了成矿与花岗岩的关系，但这显然不符合该区域大规模中生代钾长花岗岩成矿（特别是锡矿）的规律。④层控矿床或喷流沉积，并受糜棱岩化和岩浆作用的改造（任耀武和曹倩雯，1993，1996；任耀武，1994；刘建明等，2001；叶杰等，2002；王长明等，2006；王长明，2008，2010），并强调地层提供了主要物质来源。围绕大井矿床的成因问题，前人为寻找各自有利的证据，已作过多次研究，也是该矿床研究中讨论最多的主题。本章在总结前人研究成果的基础上，补充了部分分析测试数据，结合新发现的一些地质现象，对大井矿床成因特征进行综合剖析，并提出矿床的综合成矿模式。

第一节 成矿物质来源

一、金属物质来源

一般来说，对于锡石–硫化物型矿床，Sn 和其他金属元素的来源是不同的，如个旧（庄永秋等，1996）、大厂（叶绪孙等，1996；韩发等，1997）的锡石–硫化物矿床，国外如日本 Toyoha（Ohta，1995）、玻利维亚（Sugaki and Kitakaze，1988）的一些含 Sn 多金属脉型矿床。总的看，Sn 主要来自重熔的、S 型的、或钛铁矿系列的花岗质岩石或岩浆，而

Cu 等其他金属可能主要来自地层或其他类型的岩浆。

(一) 不同地质体中的成矿元素含量特征

从大井矿床的产出特征看,金属元素的成矿物质来源可能有三类:火山-次火山岩、钾长花岗岩和地层。从表 7.1 的对比不难看出,Sn 在岩浆岩中的含量明显高于地层,而地层中的 Cu、Pb、Zn、Ag 又明显高于岩浆岩,前人均将其与维氏值(Vinogradov, 1962)相比,结果高出数倍,故而得出地层为矿源层的结论。但进一步对其分析可以看出,大井矿区内林西组地层中的成矿元素含量明显高于区域上林西组地层,这是因为其作为矿床的围岩,在成矿过程中均受到不同程度的矿化和蚀变,致使其中的成矿元素含量偏高。而区域地层中的各元素含量除 Sn 外与维氏值基本相当。以上讨论难以说明成矿元素是否直接来自林西组地层,但可能说明区内马鞍子钾长花岗岩体为一富 Sn、富 Ag 的岩体,Sn 和 Ag 均高出维氏值一个数量级,但 Cu、Pb、Zn 与维氏值相当或略低,Sn 和 Ag 来自与之同源岩浆的可能性更大。值得说明的是,矿区内脉岩的成矿元素含量异常偏高,从前文年代学讨论可知,矿区内霏细岩、英安斑岩等脉岩均早于成矿,且多作为矿体的直接围岩,在成矿过程中与林西组地层一样不可避免地受到了不同程度的矿化和蚀变,亦不能说明成矿元素来自这些脉岩。

表 7.1　大井地区花岗岩、脉岩及地层中的成矿元素含量　　　　单位:10^{-6}

岩性类型	Sn	Cu	Pb	Zn	Ag	资料来源
马鞍子花岗岩	32	34	21	51	0.39	李鹤年等,1989
大井矿区脉岩	27.2~162	15.43~832.6	13~28.1	62.75~1662	0.1~1.5	任耀武和曹倩雯,1996
区域林西组地层	4.41	57.07	9.66	81.69	0.10	赵一鸣等,1994
大井林西组地层	9.4	104.9	54.03	159	0.12	任耀武和曹倩雯,1996
维氏值	2	55	12.5	70	0.07	刘英俊等,1984

(二) 矿石矿物的稀土元素示踪

对矿石矿物进行单矿物稀土元素分析,见表 7.2~表 7.5。

表 7.2　大井矿床胶状黄铁矿的稀土元素特征

	样品号	wy891613 (Py)	wy891613 (Cpy)	wy891120 (Py)	wy891120 (Cpy)	wy890407 (Py)	wy890407 (Cpy)	wy891401 (Py)	wy890823 (Cpy)
REE/10^{-6}	La	0.105	0.076	3.114	0.711	0.368	1.003	0.031	0.498
	Ce	0.174	0.099	6.465	1.435	0.356	2.034	0.041	0.849
	Pr	0.026	0.016	0.765	0.179	0.090	0.198	0.005	0.129
	Nd	0.100	0.054	2.770	0.713	0.335	0.659	0.020	0.508

续表

	样品号	wy891613 (Py)	wy891613 (Cpy)	wy891120 (Py)	wy891120 (Cpy)	wy890407 (Py)	wy890407 (Cpy)	wy891401 (Py)	wy890823 (Cpy)
REE/10^{-6}	Sm	0.021	0.020	0.716	0.186	0.081	0.136	0.011	0.118
	Eu	0.008	0.006	0.203	0.056	0.015	0.028	0.001	0.048
	Gd	0.030	0.020	0.929	0.223	0.074	0.135	0.018	0.135
	Tb	0.008	0.005	0.171	0.040	0.011	0.016	0.004	0.018
	Dy	0.024	0.015	1.146	0.255	0.059	0.104	0.025	0.106
	Ho	0.008	0.004	0.234	0.051	0.011	0.020	0.005	0.020
	Er	0.018	0.009	0.586	0.129	0.030	0.061	0.013	0.051
	Tm	0.003	0.003	0.073	0.016	0.005	0.010	0.001	0.008
	Yb	0.013	0.006	0.365	0.093	0.026	0.069	0.008	0.046
	Lu	0.003	0.003	0.040	0.013	0.004	0.010	0.001	0.006
	ΣREE	0.538	0.335	17.576	4.099	1.465	4.481	0.184	2.538
REE 参数	LREE/HREE	4.18	4.25	3.96	4.01	5.66	9.54	1.49	5.51
	$(La/Yb)_N$	5.66	8.23	5.75	5.18	9.44	9.83	2.81	7.25
	$(La/Sm)_N$	3.11	2.40	2.73	2.40	2.85	4.63	1.75	2.66
	$(Gd/Yb)_N$	1.94	2.58	2.05	1.94	2.27	1.58	1.88	2.36
	Eu*	0.91	0.95	0.76	0.84	0.58	0.61	0.27	1.15
	Ce*	0.78	0.64	0.98	0.94	0.46	1.04	0.72	0.79

表 7.3 大井矿床毒砂的稀土元素特征

	样品号	wy062000	Zk1-5,430	wy890407	wy891401	wy891401	YX-6	YX-7	DJ2-2-2	DJ2-4-2	DJ2-5	DJ2-8a	DJ2-9-2
REE/10^{-6}	La	0.493	3.304	1.433	1.354	0.078	20.971	3.448	0.159	0.074	0.884	0.742	1.521
	Ce	0.971	7.631	2.726	1.975	0.168	42.628	6.396	0.273	0.029	1.630	1.411	2.872
	Pr	0.119	0.820	0.336	0.348	0.028	4.858	0.729	0.045	0.014	0.223	0.230	0.380
	Nd	0.423	3.218	1.315	1.321	0.131	18.656	2.021	0.189	0.088	0.933	0.961	1.563
	Sm	0.090	0.728	0.318	0.324	0.113	3.643	0.514	0.144	0.158	0.405	0.549	0.508
	Eu	0.015	0.259	0.054	0.070	0.026	0.653	0.194	0.006	0.003	0.031	0.106	0.041
	Gd	0.084	0.754	0.273	0.314	0.274	3.385	0.409	0.039	0.019	0.205	0.279	0.208
	Tb	0.016	0.111	0.039	0.058	0.066	0.473	0.065	0.006	0.007	0.035	0.052	0.030
	Dy	0.080	0.669	0.221	0.320	0.500	2.086	0.350	0.030	0.047	0.188	0.259	0.125
	Ho	0.016	0.125	0.046	0.071	0.101	0.389	0.077	0.006	0.012	0.035	0.056	0.025
	Er	0.040	0.350	0.141	0.181	0.254	1.100	0.191	0.019	0.032	0.095	0.169	0.059
	Tm	0.005	0.059	0.021	0.028	0.030	0.145	0.022	0.002	0.005	0.011	0.025	0.005
	Yb	0.025	0.391	0.120	0.136	0.161	1.135	0.124	0.012	0.017	0.054	0.169	0.023
	Lu	0.004	0.059	0.020	0.025	0.016	0.187	0.018	0.001	0.012	0.005	0.026	0.004
	ΣREE	2.380	18.476	7.063	6.524	1.945	100.309	14.558	0.931	0.517	4.734	5.034	7.364

续表

	样品号	wy062000	Zk1-5,430	wy890407	wy891401	wy891401	YX-6	YX-7	DJ2-2-2	DJ2-4-2	DJ2-5	DJ2-8a	DJ2-9-2
REE 参数	LREE/HREE	7.81	6.34	7.01	4.76	0.39	10.27	10.59	7.10	2.42	6.54	3.86	14.37
	$(La/Yb)_N$	13.28	5.69	8.05	6.70	0.32	12.46	18.75	8.93	2.93	11.04	2.96	44.58
	$(La/Sm)_N$	3.44	2.86	2.84	2.63	0.43	3.62	4.22	0.69	0.29	1.37	0.85	1.88
	$(Gd/Yb)_N$	2.70	1.55	1.83	1.86	1.37	2.41	2.66	2.62	0.90	3.06	1.33	7.30
	Eu*	0.52	1.06	0.55	0.66	0.44	0.56	1.25	0.18	0.09	0.29	0.74	0.33
	Ce*	0.94	1.09	0.91	0.68	0.87	0.98	0.93	0.77	0.20	0.86	0.82	0.89

表7.4 大井矿床黄铜矿的稀土元素特征

	样品号	Zk1-5,430	wy891401	YX-3	YX-8	YX-9	YX-10	DJ2-2-1	DJ2-4-1	DJ2-8b	DJ2-9-1
REE $/10^{-6}$	La	3.041	0.334	1.380	9.389	7.186	3.273	0.209	0.044	3.333	7.304
	Ce	6.796	0.505	2.532	16.775	14.253	6.258	0.427	0.091	6.599	14.252
	Pr	0.768	0.089	0.315	1.892	1.818	0.722	0.056	0.017	0.842	1.854
	Nd	3.001	0.359	1.259	6.677	7.502	2.912	0.273	0.078	3.156	7.512
	Sm	0.659	0.115	0.224	1.154	1.935	0.583	0.096	0.062	0.689	1.597
	Eu	0.174	0.023	0.042	0.243	0.424	0.160	0.010	0.004	0.144	0.139
	Gd	0.595	0.135	0.266	1.104	2.641	0.541	0.111	0.036	0.528	1.044
	Tb	0.088	0.024	0.032	0.176	0.564	0.092	0.023	0.007	0.063	0.113
	Dy	0.464	0.159	0.144	0.927	3.835	0.551	0.114	0.039	0.202	0.290
	Ho	0.093	0.033	0.030	0.211	0.946	0.126	0.025	0.007	0.030	0.035
	Er	0.284	0.080	0.067	0.648	2.905	0.383	0.065	0.018	0.058	0.061
	Tm	0.044	0.009	0.007	0.085	0.420	0.053	0.006	0.002	0.005	0.006
	Yb	0.320	0.053	0.049	0.541	2.735	0.331	0.035	0.012	0.034	0.022
	Lu	0.053	0.006	0.008	0.089	0.389	0.043	0.004	0.001	0.004	0.002
	∑REE	16.378	1.921	6.355	39.911	47.553	16.028	1.454	0.418	15.687	34.231
REE 参数	LREE/HREE	7.45	2.86	9.54	9.56	2.29	6.56	2.80	2.43	15.98	20.76
	$(La/Yb)_N$	6.41	4.29	18.99	11.70	1.77	6.67	4.03	2.47	66.09	223.83
	$(La/Sm)_N$	2.90	1.83	3.88	5.12	2.34	3.53	1.37	0.45	3.04	2.88
	$(Gd/Yb)_N$	1.50	2.08	4.38	1.65	0.78	1.32	2.56	2.42	12.53	38.29
	Eu*	0.83	0.55	0.53	0.65	0.57	0.86	0.30	0.24	0.70	0.31
	Ce*	1.04	0.69	0.89	0.91	0.93	0.94	0.93	0.80	0.93	0.91

表 7.5 大井矿床闪锌矿、方铅矿、锡石的稀土元素特征

	样品号	闪锌矿			方铅矿		锡石		
		wy890707	wy890707	wy890407	wy890823	wy890407	W9902-4	wy091103	861-5A
REE/10^{-6}	La	1.319	2.063	0.410	6.989	0.073	6.212	1.082	0.408
	Ce	3.008	4.723	0.803	13.659	0.035	11.230	1.637	0.939
	Pr	0.311	0.534	0.101	1.629	0.003	1.740	0.230	0.138
	Nd	1.198	1.948	0.406	5.776	0.011	6.642	0.938	0.533
	Sm	0.306	0.443	0.104	1.146	0.022	0.836	0.099	0.080
	Eu	0.111	0.060	0.020	0.368	0.002	0.123	0.018	0.025
	Gd	0.340	0.399	0.099	1.056	0.000	0.443	0.081	0.088
	Tb	0.058	0.066	0.011	0.156	0.000	0.068	0.016	0.015
	Dy	0.326	0.438	0.073	0.903	0.001	0.400	0.106	0.117
	Ho	0.066	0.104	0.016	0.179	0.000	0.086	0.026	0.025
	Er	0.165	0.320	0.045	0.475	0.002	0.234	0.069	0.061
	Tm	0.024	0.059	0.008	0.066	0.000	0.037	0.011	0.010
	Yb	0.123	0.410	0.056	0.438	0.002	0.228	0.072	0.065
	Lu	0.023	0.065	0.008	0.059	0.000	0.037	0.013	0.011
	ΣREE	7.376	11.629	2.159	32.898	0.153	28.316	4.398	2.515
REE 参数	LREE/HREE	5.56	5.25	5.85	8.88	26.52	17.47	10.16	5.42
	$(La/Yb)_N$	7.26	3.39	4.91	10.77	21.10	18.37	10.13	4.23
	$(La/Sm)_N$	2.71	2.93	2.49	3.84	2.05	4.67	6.87	3.21
	$(Gd/Yb)_N$	2.24	0.78	1.42	1.95	—	1.57	0.91	1.09
	Eu*	1.05	0.43	0.60	1.00	0.56	0.56	0.60	0.91
	Ce*	1.09	1.06	0.92	0.94	0.33	0.81	0.75	0.95

可以看出,本区主要金属矿物的稀土元素表现为两类不同的特征(图7.1,图7.2):

第Ⅰ类轻稀土分馏强烈,但重稀土基本无分异,其特点是 $(La/Sm)_N \gg 1$,$(Gd/Yb)_N$ 值在1.0附近(0.75~1.40),主要是锡石和个别闪锌矿(wy890707)和黄铜矿(YX-8);其他硫化物为第Ⅱ类,表现出轻、重稀土分馏基本相当,除具有不同程度的 Eu 异常外,稀土配分曲线平直。

锡石的稀土元素特征与本区的钾长花岗岩、霏细岩稀土模式极为一致,亦与林西组砂岩有相似之处,且与华南 S 型花岗岩特征相似。锡石的这种稀土模式特征表明其来源可能与霏细岩和钾长花岗岩有直接亲缘关系。wy890707 样品的闪锌矿和 YX-8 的黄铜矿也具有该类稀土元素特征,前者为成矿前韧性变形的含锡石英岩,可能与锡矿化有一定关系,也可能在揉皱变形和糜棱岩化过程中萃取了部分林西组地层物质所致;后者为西区地层中的浸染状黄铜矿,该区浸染状黄铜矿、黄铁矿、毒砂发育,除 YX-8 样品黄铜矿外,该区其他黄铜矿、毒砂的稀土元素虽不属典型的Ⅰ类稀土特征,稀土配分曲线平直或重稀土有一定程度分异,但总体较弱,表现出与 YX-8 黄铜矿和锡石具有相关或相似的特点。

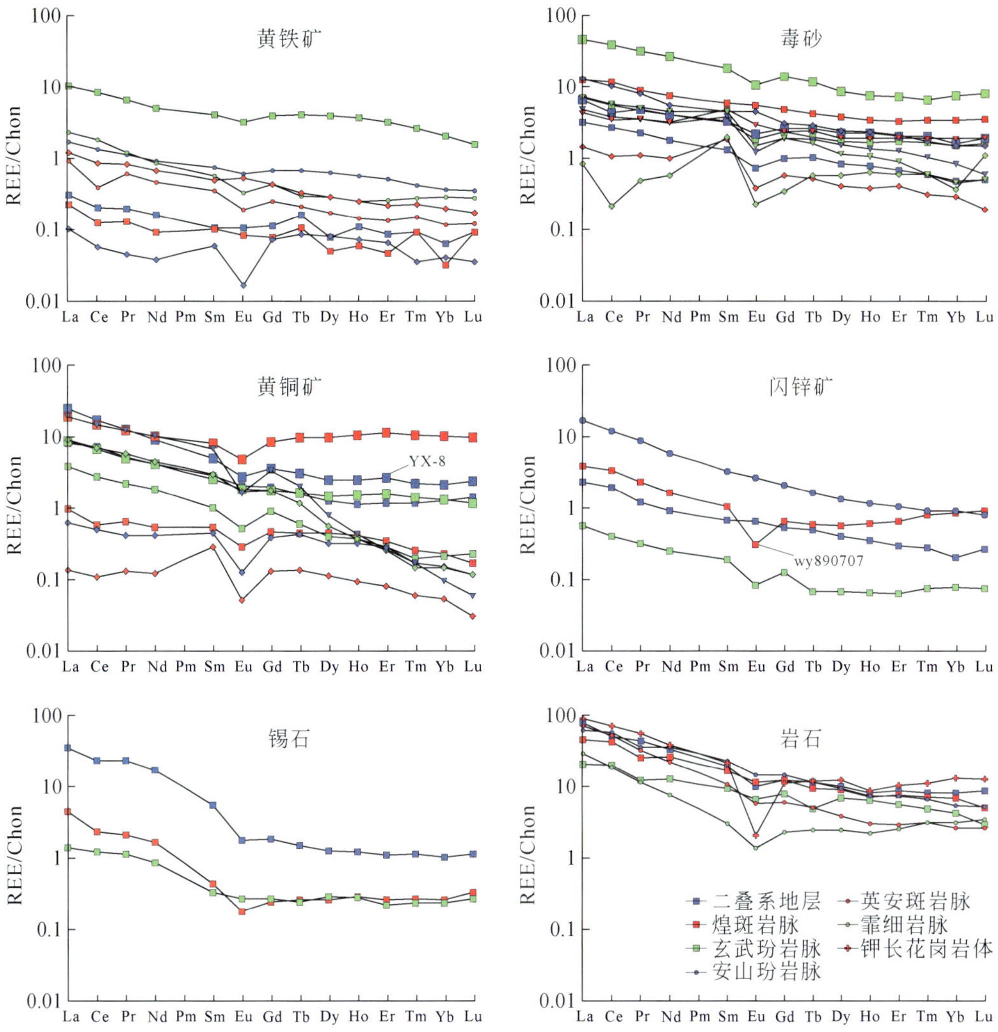

图 7.1 大井矿床金属矿物及有关岩石稀土元素配分曲线

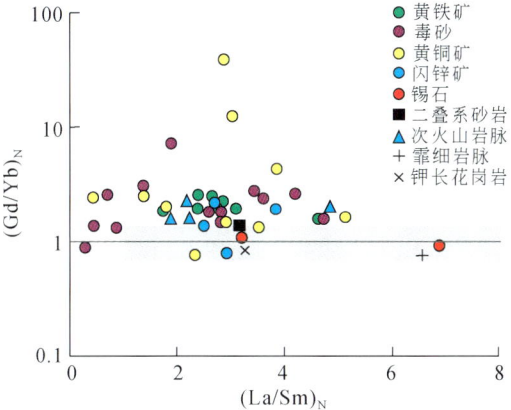

图 7.2 稀土元素 $(La/Sm)_N$-$(Gd/Yb)_N$ 图

第Ⅱ类包括了大井矿床的大部分金属硫化物，其稀土元素配分曲线总体平直，轻重稀土之间的分异差别不大，与矿区内辉绿岩脉、煌斑岩脉以及次火山岩脉的稀土配分曲线特征相似，表现为深源岩浆系列特点，也就是说在稀土元素特征方面，主要硫化物来源可能与这些辉绿岩、煌斑岩、次火山岩脉具有一定关系。

（三）Pb 同位素特征

从收集到的大井矿床 44 个 Pb 同位素数据（表 7.6）来看，硫化物方铅矿的 $^{206}Pb/^{204}Pb$、$^{207}Pb/^{204}Pb$、$^{208}Pb/^{204}Pb$ 值分别为 18.29~18.70、15.51~15.85、37.47~39.01，黄铁矿分别为 18.29~18.35、15.51~15.59、38.04~38.31，闪锌矿分别为 18.26~18.29、15.48~15.52、37.92~38.03；脉石矿物萤石的 $^{206}Pb/^{204}Pb$、$^{207}Pb/^{204}Pb$、$^{208}Pb/^{204}Pb$ 值分别为 18.26、15.56、38.42，钾长石分别为 18.30~18.96、15.60~16.33、38.47~39.24。上述数值均属于正常 Pb 范围，在 $^{206}Pb/^{204}Pb$-$^{207}Pb/^{204}Pb$ 图和 $^{206}Pb/^{204}Pb$-$^{208}Pb/^{204}Pb$ 图上主要落在造山带演化线附近（图 7.3），但也有部分样品点分布于上地壳和地幔的演化线附近，表明 Pb 来自深源壳幔混合部位。

表 7.6 大井矿床 Pb 同位素特征

测试对象	$^{206}Pb/^{204}Pb$	$^{207}Pb/^{204}Pb$	$^{208}Pb/^{204}Pb$	资料来源
方铅矿	18.3402	15.5681	38.1903	姚德等，1990
方铅矿	18.3303	15.7404	38.7294	
方铅矿	18.432	15.7	38.6	
方铅矿	18.289	15.514	38.04	
方铅矿	18.309	15.539	38.08	
方铅矿	18.305	15.519	38.06	
方铅矿	18.47	15.7	38.55	
方铅矿	18.70	15.85	39.01	冯建忠等，1994
方铅矿	18.30	15.53	38.00	
方铅矿	18.30	5.50	37.98	
方铅矿	18.46	15.72	38.67	
方铅矿	18.49	15.76	38.91	
方铅矿	18.53	15.78	38.99	
方铅矿	18.30	15.52	38.05	
方铅矿	18.45	15.67	37.47	
方铅矿	18.33	15.56	38.19	
方铅矿	18.33	15.56	38.17	
方铅矿	18.39	15.63	38.41	
方铅矿	18.50	15.73	38.62	
方铅矿	18.33	15.56	38.17	
方铅矿	18.34	15.59	38.27	

续表

测试对象	$^{206}Pb/^{204}Pb$	$^{207}Pb/^{204}Pb$	$^{208}Pb/^{204}Pb$	资料来源
方铅矿	18.331	15.564	38.206	储雪蕾等，2002
方铅矿	18.341	15.573	38.234	
方铅矿	18.368	15.609	38.355	
方铅矿	18.341	15.568	38.209	
黄铁矿	18.352	15.594	38.308	
黄铁矿	18.336	15.573	38.237	
黄铁矿	18.346	15.584	38.277	
黄铁矿	18.285	15.516	38.046	
黄铁矿	18.292	15.514	38.035	
黄铁矿	18.293	15.518	38.054	
闪锌矿	18.261	15.482	37.935	
闪锌矿	18.279	15.508	38.026	
闪锌矿	18.272	15.502	37.999	
闪锌矿	18.29	15.515	38.012	
闪锌矿	18.257	15.476	37.916	
萤石	18.259	15.563	38.417	
钾长石	18.9647	16.3359	39.2352	姚德等，1990
钾长石	18.2987	15.5951	38.4726	
辉绿玢岩*	18.262	15.461	37.875	储雪蕾等，2002
含橄煌斑岩	18.249	15.457	37.865	
黑色页岩	18.473	15.506	38.183	
黑色页岩	18.59	15.498	38.061	
黑色页岩	20.156	15.613	38.551	

* 原文为玄武玢岩。

图7.3显示，无论在$^{206}Pb/^{204}Pb$-$^{207}Pb/^{204}Pb$还是在$^{206}Pb/^{204}Pb$-$^{208}Pb/^{204}Pb$的Pb同位素分布图上，硫化物及脉石矿物（萤石、钾长石）都在一条直线上，呈很好的线性排列，从而区别于含放射性成因Pb的林西组地层（黑色页岩）。由于闪锌矿的$^{207}Pb/^{204}Pb$和$^{208}Pb/^{204}Pb$值普遍比黄铁矿和方铅矿低，它们排列在直线的下半段（幔源为主），而黄铁矿和方铅矿多分布在直线的上半段（上、下地壳）。另外，与成矿关系密切的脉岩（辉绿玢岩和煌斑岩）的Pb同位素组成也落在矿石铅的直线上，而且位于矿石铅数据的下端，与闪锌矿毗邻，说明它们可能具有亲缘关系。值得说明的是，该直线斜率很陡，不具有等时线年龄意义，是一条混合线。由此看来，矿石铅与围岩地层关系不大，混合线表明矿石中Pb是由两种来源的Pb按不同比例混合而成的。

（四）PGE含量特征

来自PGE元素的研究也证明矿床中的硫化物来源与矿区基性脉岩（幔源为主）有亲

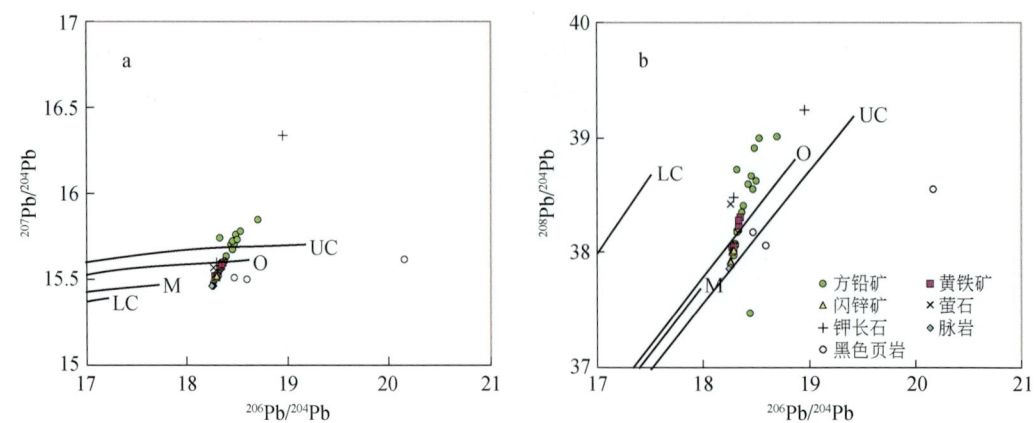

图 7.3 大井矿床 $^{206}Pb/^{204}Pb$-$^{207}Pb/^{204}Pb$ 图（a）和 $^{206}Pb/^{204}Pb$-$^{208}Pb/^{204}Pb$ 图（b）

UC、LC、O 和 M 分别为上地壳、下地壳、造山带和地幔的 Pb 同位素演化曲线

据 Zartman and Doe，1981；同位素数据来自表 7.6

缘关系。储雪蕾等（2002）研究对比了矿床的硫化物矿石（包括黄铜黄铁矿石和铅锌矿石）与基性脉岩（辉绿岩和煌斑岩）的 PGE 元素特征，发现：①大井矿区两个基性脉岩样品具有典型的大陆玄武岩 PGE 分布特征，为具有较明显正斜率的曲线，两条曲线十分接近，表明了它们为同源的、来自地幔的玄武质岩浆。②铅锌矿石与基性岩脉有着类似的正斜率铂族元素分布，反映了它们在物质来源上的密切关系。而以黄铜矿、毒砂和黄铁矿为主的矿石铂族元素分布变化较大，有的接近地幔二辉橄榄岩的铂族元素分布，有的与偏基性岩石的铂族元素分布接近，但 Ru 含量偏高，反映了母岩浆中 S 达到或接近饱和。矿石和基性脉岩的铂族元素特征显示岩浆来源于地壳深部，成矿物质主要由古生代期间增生的地壳提供，并有一些地幔物质加入。

以上讨论说明，大井锡-铜多金属矿床的成矿物质来源是不同的：Sn 和 Ag 很可能来自与马鞍子钾长花岗岩同源同成分的高演化岩浆；Cu、As、Zn 等来源较深，很可能与矿区内辉绿岩、煌斑岩等幔源岩浆同源；而 Pb 和 Fe 可能来自深源壳幔混合部位。

二、S-O-H-C 稳定同位素来源特征

（一）S 同位素特征

前人对大井矿床进行过大量的 S 同位素测试，除一件黄铁矿样品 $\delta^{34}S$（‰）值为 +13.8（张家荫等，1988）外（原因不明），其他近 180 余件 S 同位素值均分布于 -6 ~ +4 之间的狭小范围内（张家荫等，1988；华北有色地质勘查综合普查大队第一普查队，1990[①]；冯建忠等，1994；赵一鸣等，1994；储雪蕾等，2002）。

---

① 华北有色地质勘查综合普查大队第一普查队．1990 内蒙古自治区林西县官地乡大井矿区铜锡多金属矿控矿因素和矿床成因等问题的初步研究．

从收集到的 151 件样品（其中本次工作测试 17 件）的 $\delta^{34}S$（‰）值（图 7.4）来看，大井矿床硫化物的 $\delta^{34}S$ 值呈非常窄的塔式分布，其平均值在 0～+1‰附近，非常接近正常地幔 0±1‰的范围（Eldridge et al., 1991），表明该矿床的 S 可能来自幔源岩浆。

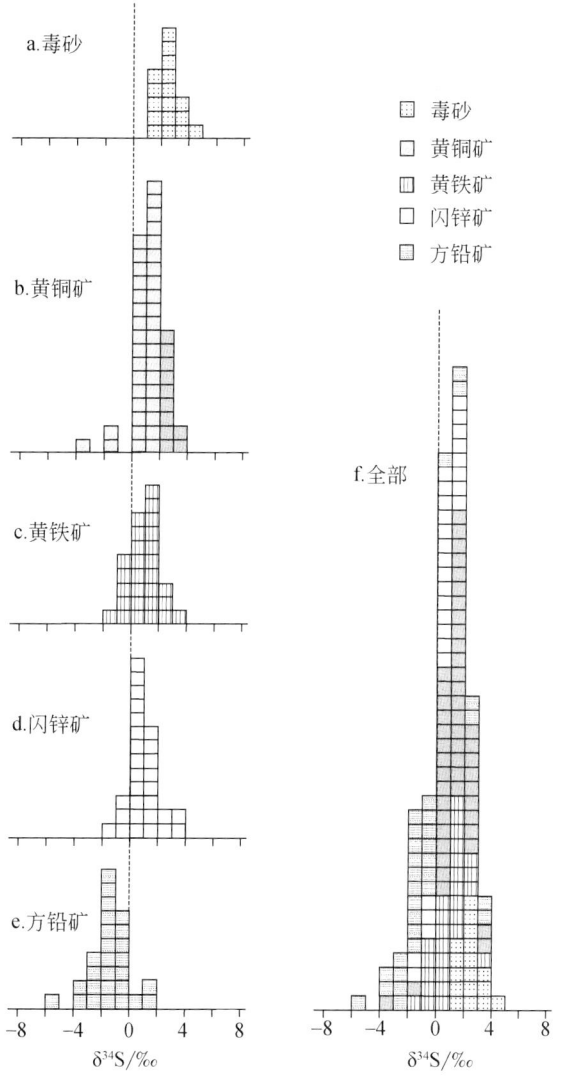

图 7.4 大井矿床 S 同位素直方图

数据来自刘伟等，2002；储雪蕾等，2002 和本书

从图 7.4 可以看出，五种硫化物的 $\delta^{34}S$（‰）值大体有毒砂>黄铜矿≥黄铁矿≥闪锌矿>方铅矿的规律，这与矿床成矿阶段的顺序相吻合，表明在成矿演化过程中 S 同位素也在逐渐发生分馏。该顺序也同矿物与 H_2S 之间的 S 同位素平衡分馏系数 $\delta^{34}S$（Py）>$\delta^{34}S$（Sp）≥$\delta^{34}S$（Ccp）>$\delta^{34}S$（Gn）大体一致（Ohmoto and Rye, 1979），说明大井矿床的硫化物矿物，包括方铅矿、闪锌矿、黄铜矿、黄铁矿和毒砂等基本上达到了 S 同位素平衡。

上述 S 同位素证据也基本上排除了林西组地层提供成矿所需 S 的可能性。林西组地层为一套湖相沉积的泥质、粉砂质碎屑岩，含磷质结核，有机碳也很高，表明生物活动较强。因为晚二叠纪海水硫酸盐的 S 同位素组成为+10‰ ~ +15‰（Claypool et al., 1980; Strauss, 1997），蒸发岩为+5‰ ~ +35‰（张理刚，1985），而细菌的还原作用则会产生更大的 S 同位素分馏，一般在 20‰ ~ 60‰（Ohmoto and Rye, 1979; Ohmoto and Goldhaber, 1997）。如果大井矿床存在同生沉积作用，其 S 同位素应不可避免地具有明显生物成因的 S 同位素特征，即使有部分热液改造期间来自深部的岩浆 S 加入，也不会抹去原生物成因 S 的烙印。因此，大井矿床矿石的 S 同位素证据不支持同生-准同生沉积-热液再造的观点。

（二）H-O 同位素特征

大井矿床不同矿物组合中矿物的 O 同位素 $\delta^{18}O_{H_2O}$ 值为 -12.24‰ ~ 16.9‰（表 7.7），变化范围较宽，反映出大气降水和岩浆水的双重特征。总体来看，早期阶段，即铜多金属硫化物阶段以前，$\delta^{18}O_{H_2O}$ 基本为正值，岩浆来源为主，而晚期（铅锌碳酸盐阶段以后）大气水占主导。

表 7.7　大井矿床氧同位素组成

矿化阶段	测定矿物	$\delta^{18}O_{H_2O}$/‰	资料来源	矿化阶段	测定矿物	$\delta^{18}O_{H_2O}$/‰	资料来源
早期石英脉	石英	10.86	冯建忠等，1994	铅锌碳酸盐	菱铁矿	11.73	储雪蕾等，2002
	石英	7.15			菱铁矿	12.04	
	锡石	4.58			菱铁矿	12.04	
	锡石	4.51			石英	-2.57	冯建忠等，1994
锡石-毒砂-石英	石英	8.90	张德全，1993c		石英	-10.60	张德全，1993c
	石英	9.00			石英	7.36	姚德等，1990
	石英	8.30		成矿后	方解石	-12.04	冯建忠等，1994
	石英	8.90			方解石	5.23	储雪蕾等，2002
	石英	9.60			方解石	0.18	
	锡石	6.30			方解石	4.93	
	锡石	6.60			石英	7.36	姚德等，1990
铜多金属	石英	3.49	冯建忠等，1994	？？	石英	-14.24	冯建忠等，1994
	石英	-0.38			菱铁矿	4.60	
	锡石	2.70	张德全，1993c		方解石	5.88	
	石英	2.80			菱铁矿	6.27	
	石英	2.80			方解石	4.71	
	石英	3.40			菱铁矿	4.01	
	石英	13.73	姚德等，1990		方解石	3.98	
	石英	14.39			菱铁矿	6.35	
	菱铁矿	12.35	储雪蕾等，2002		方解石	16.90	牛树银等，2008
	方解石	11.73			方解石	-2.10	

从表7.7可以看出，不同矿物的O同位素组成变化范围较大，特别是石英和方解石，这可能主要是因为前人对成矿阶段的认识不甚统一，石英和方解石又是矿床中的贯通矿物，特别是发育成矿前和成矿后的热液脉体，对解释O同位素来源造成一定影响。表7.7中锡石和菱铁矿的数据应该可靠，因为锡石主要产于锡石-毒砂-石英阶段，菱铁矿可见于铜多金属阶段和铅锌碳酸盐阶段，二者在成矿前和成矿后脉体中很少发育，其O同位素组成可能反映原成矿热液的O同位素组成。锡石的$\delta^{18}O_{H_2O}$值在+2.7‰~+6.6‰，菱铁矿$\delta^{18}O$值在+4.01‰~+12.35‰，与基性-超基性岩（+5‰~+7‰，据张理刚，1985）值相当，反映其可能主要来自岩浆。

大井矿床的H同位素见表7.8。可以看出，矿床的δD_{H_2O}值较低，在-146.5‰~-88.2‰，基本排除有变质水的可能，但反映出大气降水和岩浆水的双重特点。从流体包裹体的δD-$\delta^{18}O$图解（图7.5）看，成矿流体的H、O同位素值靠近岩浆水范围，但成矿后石英中的流体靠近雨水线。总体来看，矿床成矿期应以岩浆水为主，但也有大气水的混入，而晚期石英脉则主要为大气降水。

表7.8　大井矿床H同位素特征

矿物组合/成矿阶段	测定矿物	δD_{H_2O}/‰	资料来源
锡石-毒砂-石英	石英	-134.6	刘伟等，2002
	石英	-114.9	
	石英	-114.1	
	石英	-121.2	
	石英	-150.9	
	石英	-117.3	本书
铜多金属	石英	-119.0	刘伟等，2002
	石英	-107.7	
	石英	-105.7	
	石英	-88.2	
	石英	-98.3	
	石英	-137.1	
	石英	-112.5	本书
铅锌碳酸盐	石英	-121.8	刘伟等，2002
	石英	-146.5	
	石英	-114.5	本书
成矿后	石英	-107.9	冯建忠等，1994
？？	方解石	-91.0	牛树银等，2008
	方解石	-105.0	

（三）C同位素特征

矿石中主要成矿阶段中菱铁矿、方解石的$\delta^{13}C$为-7.3‰~-2.9‰（表7.9），具有相

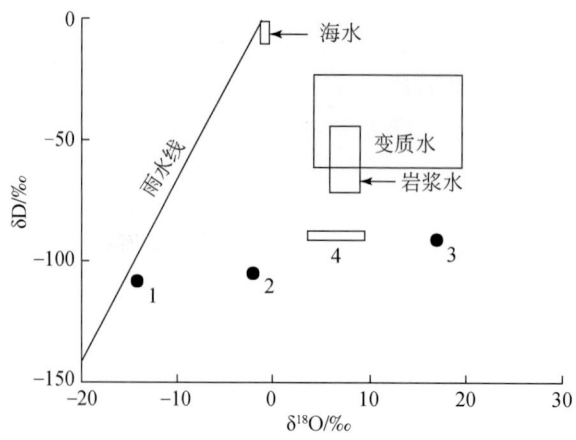

图 7.5 大井矿床 δD-δ¹⁸O 图解

1. 成矿后石英，数据来自冯建忠等（1994）；2、3. 方解石，数据来自牛树银等（2008）；4. 据赵一鸣等（1994）

对接近的 $\delta^{13}C$ 值，表明不同期次的流体具有相同、均匀的碳源。各类碳酸盐脉的 $\delta^{13}C$ 值主要分布在 -5‰ 附近，即通常认定的地幔 $\delta^{13}C$ 值（Ohmoto and Rye，1979）或很多幔源岩浆 CO_2 的 $\delta^{13}C$ 值（Kyser，1986）附近，表明成矿热液中 CO_2 主要是岩浆携带的深源碳，但也不排除少量来自大气降水淋滤围岩地层碳的可能。

表 7.9 大井矿床 C 同位素

矿物组合/成矿阶段	测定矿物	$\delta^{13}C$/‰	资料来源
铜多金属	菱铁矿	-5.5	储雪蕾等，2002
	方解石	-4.6	
	白云石	-6.6	刘伟等，2002
	白云石	-6.0	
	白云石	-4.7	
	方解石	-5.2	
铅锌碳酸盐	菱铁矿	-5.8	储雪蕾等，2002
	菱铁矿	-6.5	
	菱铁矿	-5.7	
	白云石	-5.4	刘伟等，2002
	方解石	-7.0	
成矿后	方解石	-4.8	冯建忠等，1994
	方解石	-4.5	储雪蕾等，2002
	方解石	-4.8	
	方解石	-4.8	

续表

矿物组合/成矿阶段	测定矿物	$\delta^{13}C/‰$	资料来源
??	菱铁矿	-3.70	冯建忠等，1994
	方解石	-2.90	
	菱铁矿	-6.00	
	方解石	-6.00	
	菱铁矿	-4.90	
	方解石	-4.90	
	菱铁矿	-5.00	
	方解石	-7.3	牛树银等，2008
	方解石	-4.7	

上述同位素数据资料表明，矿床中的 S 来自幔源岩浆，H、O 同位素特征说明成矿热液以岩浆水为主，但也有大气水的混入，C 同位素特征表明成矿热液中的 CO_2 主要是由岩浆携带的深源碳。另外，牛树银等（2008）对黄铜矿和闪锌矿中的 He、Ar 同位素进行了研究，其 $^3He/^4He$ 值范围为 $3.58×10^{-6} \sim 4.39×10^{-6}$，$^{40}Ar/^{36}Ar$ 值为 $299 \sim 307$，亦显示深部地幔流体参与了成矿作用。

第二节 近岩体型矿化的可能与探讨

大井矿床为一与岩浆作用有关的热液脉状矿床，这类矿床经常与岩体型矿床密切共生。在世界范围内，内生锡矿均与花岗岩有密切的时空联系，多产于花岗岩的内外接触带附近。赣南地区钨锡多金属矿"五层楼"+"地下室"的模式表明，热液脉状矿体下部的"地下室"可包括三类矿化（许建祥等，2008）：岩体型的矿化（如湘南骑田岭岩体）、岩体外接触带的破碎带（如八仙脑）和岩体外接触带沿层交代型矿化（如瑶岗仙）。大兴安岭南段的锡多金属矿床，如黄岗、毛登、敖瑙达巴也均产于岩体内外接触带。因此，在大井矿床寻找岩体型矿化一直是众多地质学家关注和期望的。

前面章节研究表明，老区中部 F_2 附近和西区可能是该矿床的两个矿化中心，深部极有可能存在隐伏岩体，具有向岩体型矿化转变的可能。从目前的矿化和蚀变情况来看，西部的可能性更大，因为该区已出现类似斑岩型矿化的一些特征（王玉往等，2010）。

一、细脉浸染型矿化

大井西部（46 线以西）浸染状矿化较为发育，特别是 20 线 ~ -29 线，矿化范围将近 $1km^2$。如 Zk-19-6 孔在孔深 220m 以上为脉状铜锡矿化，$220 \sim 370m$ 为脉状与浸染状矿化共存，370m 以下为断续的浸染状和细脉浸染状矿化，特别是在 $420 \sim 480m$ 基本为连续浸染状铜矿体（图 7.6a、b）；Zk1-3 孔自 $220 \sim 320m$ 亦主要为浸染状矿化，断续可达 100m（图 7.6c、d）。

这些细脉浸染状矿化的围岩多为粒度较粗的砂岩、粉砂岩、粉砂质页岩等，也有少量黑色页岩，矿化组合主要为黄铜矿、黄铁矿、磁黄铁矿、毒砂等，可顺层或切层，顺层者曾被有些学者误认为是同生沉积矿化（图2.13b、c，图2.14a、b）。有时在霏细岩脉（图4.2）、闪长岩脉（图4.7）中也发育细脉浸染状的黄铜矿、毒砂矿化。

图7.6　大井矿床西区浸染状矿化特征

a、b为Zk-19-11中的断续细脉浸染状矿化。a.347m，黑色页岩（Bs）地层中的星点浸染状毒砂（Apy）和微细黄铜矿（Ccp）与脉体中（Apy-Ccp脉）矿物组成一致；b.440m，黑色页岩中细脉浸染状黄铜矿-黄铁矿（Ccp-Py）矿石，后又有毒砂石英细脉（Apy-Qv）穿插。c和d为Zk1-3中的断续浸染状铜矿化。c.247m；d.318m，矿物代号同前

二、围岩的面型蚀变特征

与矿区其他位置不同，西区（主要是深部，200m以下）常发育面型蚀变，蚀变带在数米宽范围内未见明显的脉体穿插。蚀变特征常出现褪色（图7.7a）和角岩化（图7.7b），并伴随有不同程度的绿泥石化、绢云母化、硅化、阳起石化，以及黄铁矿化、磁黄铁矿化等（图7.7b、c、d），局部有时可出现黑云母化，这表明已局部形成钾化（带），类似于斑岩型矿化的外蚀变带。

三、深成侵入岩体

据王荣全（2007）报道，在矿区西部-29线施工Zk-29-3钻孔，终孔时于596.90～601.93m范围内发现闪长岩体，因井故无法继续施工，岩石类型为细粒闪长岩，认为属隐伏岩体边缘相。岩体外接触带于561.86～596.90m范围内发现灰白色角岩和石英状砂岩，穿层厚度为35.04m，热变质程度较强。且该钻孔脉岩数多达12条，相邻钻孔Zk-49-2则发现18条，分别相当于大井矿床其他钻孔的5～8倍，间接反映了深部岩浆活动强烈的特征。成矿元素分析显示，亲酸性元素Mo、Bi、Be在480～602m范围内逐渐增强，在560m之后的角岩带上达到高峰，其含量特征为w（Mo）为80×10^{-6}～100×10^{-6}、w（Be）>100

图 7.7 大井矿床西区的面型蚀变

a. 黑色页岩（Bs）中的浸染状黄铜矿-黄铁矿化（Ccp-Py）伴随强烈的褪色（4~5m），Zk11-3，476~487m；b. 角岩化粉砂岩中的黑云母（Bi）和磁黄铁矿（Po），Zk-14-3，390m，正交偏光；c. 角岩化页岩（H-Bs）中的黑云母化（Bi）、硅化-绢云母化（Si-Ser）和浸染状黄铁矿化（Py），Zk1-9，481m，正交偏光；d. 粉砂岩中黑云母化（Bi）和毒砂（Apy）、黄铜矿（Ccp）化，Zk-19-11，正交偏光

$\times 10^{-6}$、w（Bi）为 121×10^{-6}~233×10^{-6}。上述特征均预示着深部有隐伏酸性深成岩体的存在。

值得说明的是，该隐伏岩体虽然不一定就是成矿母岩，但若存在斑岩型矿化，小型斑岩体往往就在酸性岩体旁侧。

四、成矿地球化学特征

如第三章所述，大井矿床西区北部毒砂的成分具有高 As 原子百分数的特征，As（at.%）可达 33%~34%，与老区东部-北区交界的另一矿化中心一致，高于其他地区（一般<33%），说明该区为一高温毒砂聚集区。除此之外，该区其他成矿地球化学特征也表现出不同于相邻地区的异常特征。

（一）流体包裹体特征

前已述及，大井矿床的流体包裹体以液相和气液相为主，较少出现大气液比包裹体，盐度较低，在 0~21%，且主要在 10% 以下。但来自西区 YX-7 样品的大气液比包裹体非常发育，有些含盐类子矿物较多，气液包裹体盐度平均为 12.84%，含子矿物包裹体盐度为 33.22%~51.55%，平均 40.16%，显然不是普通的热液脉状矿床特征，更不是同生沉积矿床，而是典型的近岩体型矿床特点，因为即使是与火山岩浆作用有关的块状硫化物矿床，其流体盐度也很少超过 15%（表 7.10）。

表 7.10 矿床的包裹体类型与盐度

矿床（类型）	包裹体类型	最高盐度/NaClwt%	资料来源
大井西区	液体、气液、CO_2 气体	33.22~51.55	本书
大井其他地区	液体、气液	12.5~21	艾霞和冯建忠，1992
华南地区石英脉型 W 矿	两相液体，两相气体，含子矿物，气液	1~7	卢焕章等，2005
华南地区斑岩 W 矿		31~33	
斑岩 CuMo 矿床	液体、小气液比、大气液比（>60%）	50~60，有时>70	
日本黑矿		2.1~8.4	Urabe and Sato, 1978

（二）稀土元素特征

该区硫化物（黄铜矿和毒砂）的稀土总量较大井矿床其他地区毒砂、黄铜矿明显偏高，部分样品稀土元素具轻稀土富集，而重稀土平缓的特征，与本区钾长花岗岩和霏细岩脉的稀土模式极为相似（图 7.1）。本区有关的岩浆岩中，钾长花岗岩具有最高的稀土总量（$\Sigma REE=226.43\times10^{-6}$），比各种脉岩（$50.35\times10^{-6}$~$136.79\times10^{-6}$）高 2~4 倍，该区硫化物相对高的稀土含量，可能表明其与深成岩体有一定关系。

值得注意的是，大井老区和北区（靠近 F_2 附近的矿化中心）的锡石-毒砂-石英矿石（含少-微量黄铜矿）的毒砂和黄铜矿特征亦与该区相似，具有较高的稀土总量和较强的轻稀土富集（图 7.8）；不同的是，其重稀土分馏更为明显。可能反映出这两个中心的硫化物，虽然都来自深部岩体，但可能岩体的演化阶段有所差异。

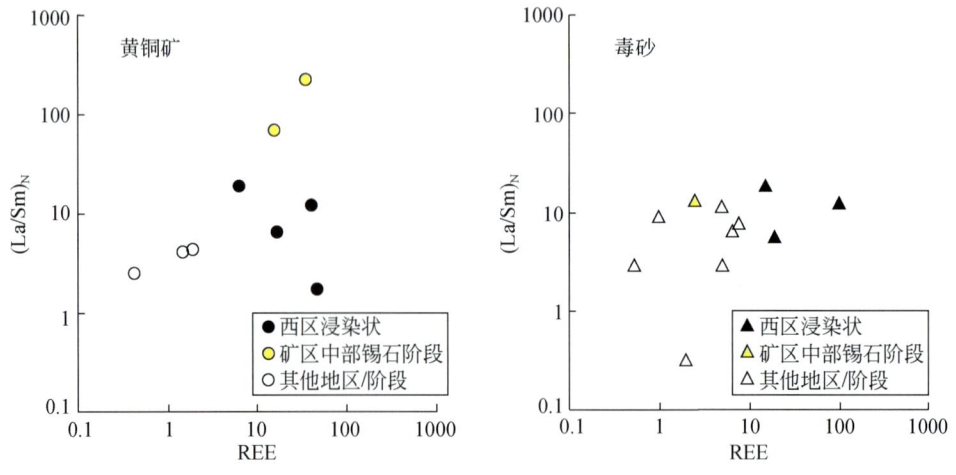

图 7.8 大井矿床毒砂、黄铜矿的 ΣREE-$(La/Sm)_N$ 图解

（三）S 同位素特征

从 S 同位素特征看（表 7.11），西区浸染状矿石中毒砂的 $\delta^{34}S$ 值为+2.1‰~+2.9‰，与老区东部毒砂（+2.0‰~+4.4‰）范围一致；黄铜矿为+2.2‰~+2.8‰，也与老区东

部黄铜矿（+2.4‰~+3.7‰）范围一致。该特征一方面说明，这些浸染状硫化物非二叠纪地层同生沉积的硫源，也反映出整个大井矿床不同类型矿石的S同位素来源基本一致，即深源岩浆硫的特点。

表7.11 大井矿床西区北部和老区东部硫化物的S同位素特征对比表

样品分布	采样位置	样品类型及描述	测试样号	测试矿物	$\delta^{34}S$/‰
西区北部	Zk-19-11，395m	豆状、鲕状浸染状Cu矿化砂板岩	YX-2	黄铜矿	2.2
	Zk-19-11，367m	树枝状Cu-石英脉穿插的黑色页岩	YX-3	黄铜矿	2.4
	Zk-19-11，347.8m	层纹状毒砂、黄铁矿浸染的砂板岩	YX-6	毒砂	2.9
	Zk-19-11，441m	黑色页岩中的毒砂-石英脉	YX-7	毒砂	2.1
	Zk-19-11，440m	板岩中层纹状细脉浸染的黄铜矿、黄铁矿	YX-8	黄铜矿	2.8
	Zk-19-11，440m	板岩中条带状细脉浸染的黄铜矿、黄铁矿	YX-9	黄铜矿	2.8
老区东部（二采区）	290m中段，88#W	致密块状铜锡矿石	DJ2-2-1	黄铜矿	3.0
			DJ2-2-2	毒砂	2.0
	290m中段，88#E	致密块状铜锡矿石	DJ2-4-1	黄铜矿	2.6
			DJ2-4-2	毒砂	3.5
	290m中段，88#E	含锡石的富毒砂矿石	DJ2-5	毒砂	3.1
	320m中段，88#W	富毒砂的锡铜-石英脉	DJ2-8a	毒砂	3.0
	320m中段，88#W	富Cu的铜锡-石英脉	DJ2-8b	黄铜矿	2.4
	320m中段，88#W	致密块状铜锡矿石	DJ2-9-1	毒砂	4.4
			DJ2-9-2	黄铜矿	2.8
	320m中段，88-1#W	富Cu的铜锡-石英脉	DJ2-10	黄铜矿	3.7

第三节 成矿模式

一、成矿深度与剥蚀深度探讨

大井矿床是与深成岩体有关的岩浆热液矿床，还是与次火山岩有关的（浅成）火山热液矿床，一直是其成因争议的焦点。二者在地球化学、成矿物质来源，甚至成矿机理某些方面是相似的，其主要差别是在成矿深度上。据统计，与花岗岩有关的脉状（钨、锡、钼）矿床深度在1.5~5km，甚至可延伸至8km；斑岩型矿床在1~6km，最深9km；相应地，浅成热液矿床的深度在50~1100m，很少能超过1500m（斯米尔诺夫，1985；张德会等，2011）。如前文所述，不同方法估算的大井矿床成矿深度在0.4~5.56km（详见第六章），相当于浅成-中深成热液矿床。

马鞍子岩体为一深成岩基，出露面积大于200km²，参考邵济安等（1998）的估算，区域花岗岩的成岩压力在160~216MPa，相当于5.3~7.1km。因此，尽管从岩体含矿性来看，大井矿床可能与马鞍子岩体有一定关系，但直接的成矿地质体应该是更高位的浅成斑岩体或次火山岩体。

结合形成时代相同/相近的西北部马鞍子岩体、大井矿床的矿体以及西南部小城子-康家营子一带晚侏罗世火山岩的出露情况，该区从东向西可能经历了阶梯式抬升的构造活动。其可能的剥蚀情况如图7.9所示。

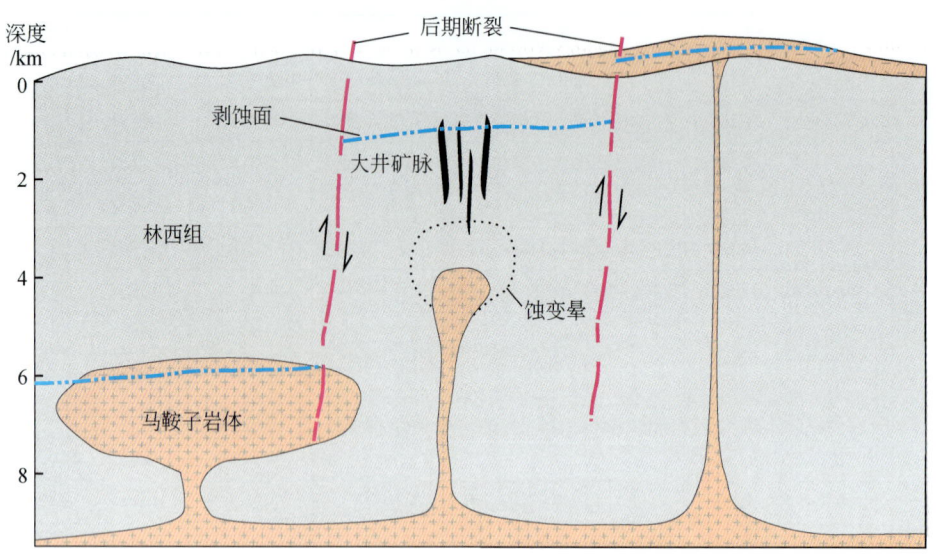

图7.9 大井地区有关岩浆岩的空间关系及剥蚀深度示意图

二、成矿作用与矿床成因总结

综合前述章节有关论述，大井矿床的成矿作用可总结如下。

（1）大井锡-铜多金属矿床为一与燕山期岩浆作用有关的矿床。矿床的锡石U-Pb年龄（144±16Ma）和脉石矿物蚀变绢云母的Ar-Ar年龄138.3Ma（艾永富和张晓辉，1996）均为燕山晚期，与马鞍子钾长花岗岩的锆石U-Pb年龄146±3.7Ma（刘伟等，2007）在误差范围内基本同期。可以认为，矿床的主要成矿期应在138～144Ma，即早白垩世，与大兴安岭南段中生代火山-侵入岩高峰期，也就是中生代伸展造山事件的高峰期相吻合。

（2）矿床主要物质组分Sn、Cu、Pb、Zn、Ag具有不同的来源，Sn和Ag与马鞍子钾长花岗岩可能来自同一岩浆源区，Cu、Zn（Co、As）可能来自与辉绿岩、煌斑岩脉同成分的基性岩浆房，Pb和Fe可能为二者的混合产物。矿床中的S和流体成分主要来自岩浆，流体中可能少部分来自天水和淋滤的地层。

马鞍子岩体和区域的钾长花岗岩，其岩石化学特征属钙碱性富硅富碱岩体，贫Sr、Ba，在K_2O-Na_2O-CaO、Q-Ab-Or图上落入壳源区，$Al_2O_3/(Na_2O+K_2O+CaO)$分子数比值大于1.1，Na_2O/K_2O值小于1，稀土元素具强烈的Eu负异常（0.20），副矿物属钛铁矿系列，岩石磁化率低，具有高演化、低氧化岩浆特征。矿区发育的辉绿岩、煌斑岩则属于低演化、高氧化岩浆。因此推测，大井多元素矿床可能是双岩浆源复合成矿的结果，矿区物探显示的局部重力高异常（图2.6）也佐证了矿区深部可能存在中基性岩浆房的底垫。

（3）大井矿床的成矿作用主要表现为：矿床主体为热液充填式成矿，细脉浸染只发生在局部（主要在西区北部）；无论锡矿脉，还是铜矿脉、铅锌矿脉，均表现为受右旋（剪切）性质的断裂-裂隙系统控制，以张扭性脉状充填为主，存在矿液致裂作用。

（4）矿床中不同金属元素的主成矿阶段和矿物组合是不同的，锡的主成矿阶段最早，矿物组合以锡石-毒砂-石英为主，高氧逸度（f_{O_2}多$>10^{-34}$，最高达10^{-26}）、相对高温阶段（主成矿期在300~480℃）和相对较深的环境下成矿；Cu、Pb、Zn、Ag主要形成于多金属硫化物阶段，是在低氧逸度（f_{O_2}多$<10^{-35}$，最低达10^{-46}）、相对低温（基本低于300℃）、较浅的环境下成矿，其中Cu和Pb-Zn又可分为两个主要阶段分别成矿。不同阶段的脉动式成矿特征明显，表现为不同成矿阶段内成矿温度和其他物理化学条件递变，但各阶段之间重叠的特征。

（5）矿床的矿化分带与上述成矿阶段的早晚顺序基本一致。矿区分别以F_2断裂附近的老区-北区南部地带和西区的F_1断裂东侧为中心形成矿化分带。前者从内到外表现出Sn-Cu-PbZn的分带；后者Sn含量较低，主要为毒砂-Cu-PbZn的分带。

三、大井矿床成矿模式

综上所述，大井矿床为一Sn、Cu、多金属多阶段形成的矿床，以热液充填脉状为主，Sn和Cu多金属为不同来源的双岩浆源复合成矿的结果，其中Sn主要来自成分类似马鞍子钾长花岗岩的高演化、低氧化碱长花岗质岩浆，Cu多金属主要来自隐伏于矿区深部的低演化、高氧化钙碱性中酸性岩浆。由不同岩浆演化出的含矿热液相继就位于相同（近）的容矿断裂系统中，形成了多期复合矿脉和因断裂扩展-热液贯入的脉动式矿化分带，较好地展示了"浆-裂-期-带"四位一体的成矿特点。"浆"即双岩浆源的复合作用，形成矿区的两个隐伏岩体，它们是矿化源头和矿化中心；"裂"即断裂活动，指矿区以F_1和F_2断裂为导矿构造的导矿-运矿-储矿构造体系；"期"指成矿期次、成矿阶段，即早期的锡石阶段、中期的铜多金属阶段、晚期的铅锌阶段；"带"指矿化分带，即由矿化中心向周围的Sn（Cu）→Cu（Sn、Pb、Zn、Ag）→Pb、Zn（Ag）分带。四者在大井矿区的有机结合，形成了目前的大井矿床。成矿模式如图7.10所示，具体可描述为：

在晚侏罗世末—早白垩世，大兴安岭南部发生强烈的构造和岩浆作用。大井地区主要受NW-SE向的挤压应力作用，由于应力方向不一致，矿区构造主要表现为剪切应力作用，在F_1与F_2之间形成了右行旋扭构造，使F_1和F_2主要呈左行走滑，并派生出了近SN向压扭性断裂（F_3、F_4、F_5、F_6等）和NWW向的张扭性断裂/裂隙构造。与此同时，在板内伸展造山过程中，幔源岩浆底侵导致地壳熔融形成深部岩浆房，由于深部分异和岩浆房的不均一性，形成上部壳源物质占主导的花岗质岩浆和下部幔源物质为主的拉斑玄武质岩浆，二者先后沿深部隐伏构造上侵到大井矿区深部，并进一步分异演化，分别形成富Sn的高演化、低氧化碱长花岗质岩浆和富Cu多金属的低演化、高氧化钙碱性中酸性岩浆。早期的碱长花岗质岩浆侵位并分异出的富Sn热液沿NE向断裂（F_2和F_1）上升，在NWW向断裂-裂隙中充填，首先形成锡石-毒砂-石英矿脉；随后，钙碱性中酸性岩浆侵位，并可能进一步淋滤周围林西组地层中的铜多金属成矿物质，形成了富含Cu多金属的热液，继

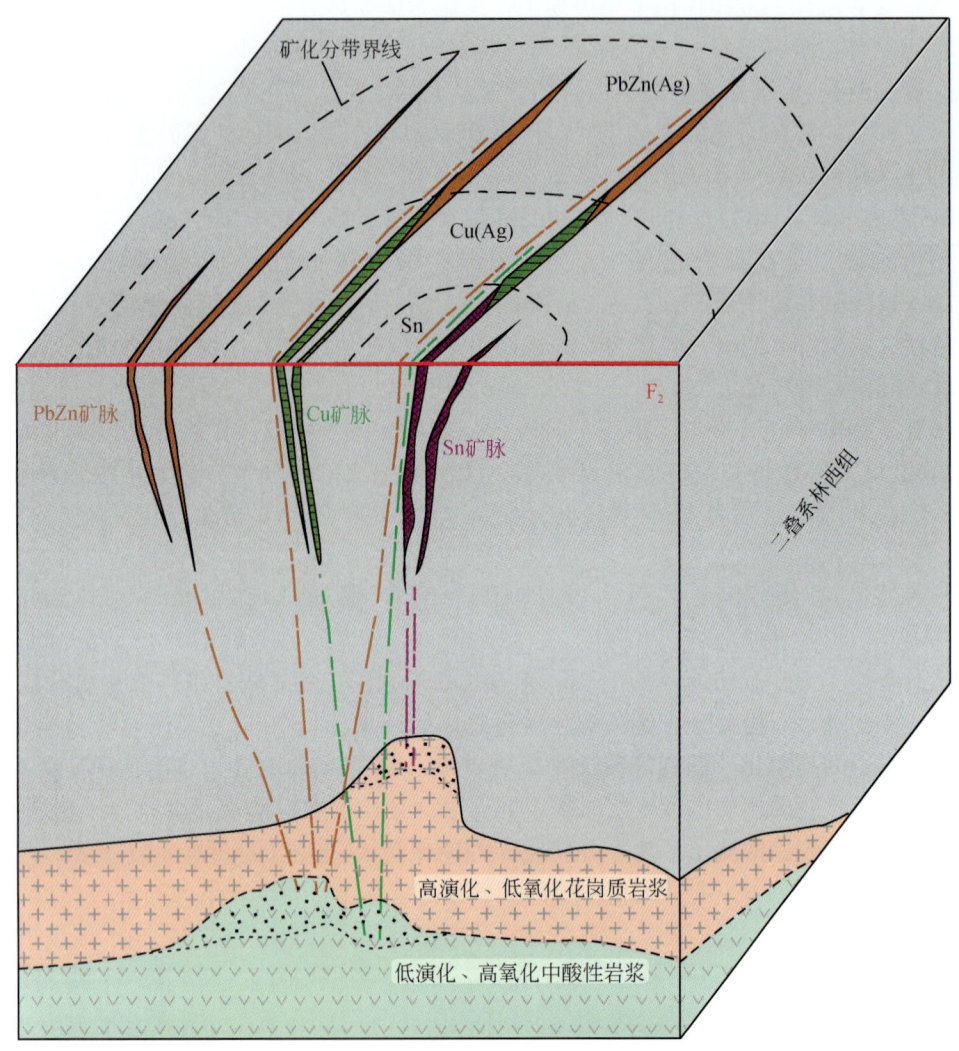

图 7.10 大井 Sn-Cu 多金属矿床双岩浆源复合成矿模式与断裂-热液脉动式矿化分带

承和迁就了同一裂隙空间，并对早期锡矿脉进行了强烈改造和再造，形成 Cu 多金属矿脉；之后，中酸性岩浆进一步演化出富 PbZn 的含矿热液，再次继承先期的成矿构造，沿早期矿脉与围岩接触的薄弱处充填成矿，形成同构造生长的复合侧脉，并继续在走向上扩展，充填形成晚阶段的单一 PbZn 矿脉，同时在侧向上，向外沿平行裂隙充填形成新的矿脉，由此形成了自矿化中心向外的 Sn（Cu）→Cu（Sn、Pb、Zn、Ag）→Pb、Zn（Ag）叠加水平分带。

第八章 找矿预测及靶区验证

第一节 矿区本身的找矿问题

一、矿脉分布规律及找矿预测

大井矿床是一个脉状矿床，单条矿脉规模较小，矿脉多，产状变化大，勘探程度不一（大多为普查区），易于漏掉或错划矿体。由于矿体产状变化较大，实际揭露矿体与勘探所圈矿体有较大差别。从坑道设计图与实际坑道图对比来看，原勘探中所连矿体多数不能代表实际矿体，矿体的连接与实际不符，且部分矿体为假矿体。矿脉产状变化对于勘探的准确性具有一定影响，成矿预测工作中应对此有足够认识。例如实际开采中发现，尽管多数矿脉为向北倾，但矿区东部矿体变为陡倾，老区东部和北区部分矿体有南倾现象。因此，边采边探、探采结合是最现实而有效的找矿途径，这已得到生产部门的证实。在预测新区时，不应受原勘探矿体局限，加强井下编录工作是这类矿床找矿预测最有效的手段。

从实际矿体分布来看，有以下规律值得注意。

第一，矿区的矿脉有主矿脉与次要矿脉之分，主矿脉受主构造控制、次要矿脉受次要构造控制，次要构造是在主构造两侧形成的平行或斜列式次级断层构造（详见第五章）。所谓主矿脉，即厚度大于 0.5m 的较稳定矿体，次要矿脉宽多不足 10cm。例如，从实际坑道揭露看，这类主矿体在老区有 10 余条，对矿体分布图的编制和矿体构造的研究认为，至少有 3 条可延入东区，但东区目前仅发现（开采）2 条。

第二，主矿脉与次要矿脉构成矿脉群，这种矿脉群在三维空间上常表现出等间距性，脉群之间，特别是 Cu（Sn）脉群之间常有 50~300m 的无矿间隔，矿区范围内的深、边部找矿可遵循此规律布置探矿工程。如老区东南部和西南部的空白区（图 8.1）以及矿区的深部等。

另外需要说明的是，大井矿床现有工程，特别是详查和勘探区的工程控制深度大多在 400m 标高以上，根据脉群向 NE 侧伏和脉群之间常有的等间距特征预测，在老区深部越过无矿空间有可能找到新的矿脉，特别是南区脉群在老区深部的侧伏延伸部位（图 8.2）。

第三，从元素等值线图（图 3.21，图 3.23）可以看出，矿区范围内尚有多处具有工业价值的主矿体未设坑道开拓，如南区 F_2 南延的深部、老区西部 CuSn 矿体的西延、北区北部铅锌矿化区的深部等。其次，矿化区边缘、外部，亦有多处因无品位资料而未封闭，如东区北部的铅、锌矿化，西区北部的 CuSn 矿化等。

第四，大井矿床矿体受右旋剪切形成的张扭性构造控制，这就使矿体膨大部位的 NWW 或近 EW 向矿体延伸极短，但在其尖灭部应注意 NW 向矿体的再现。

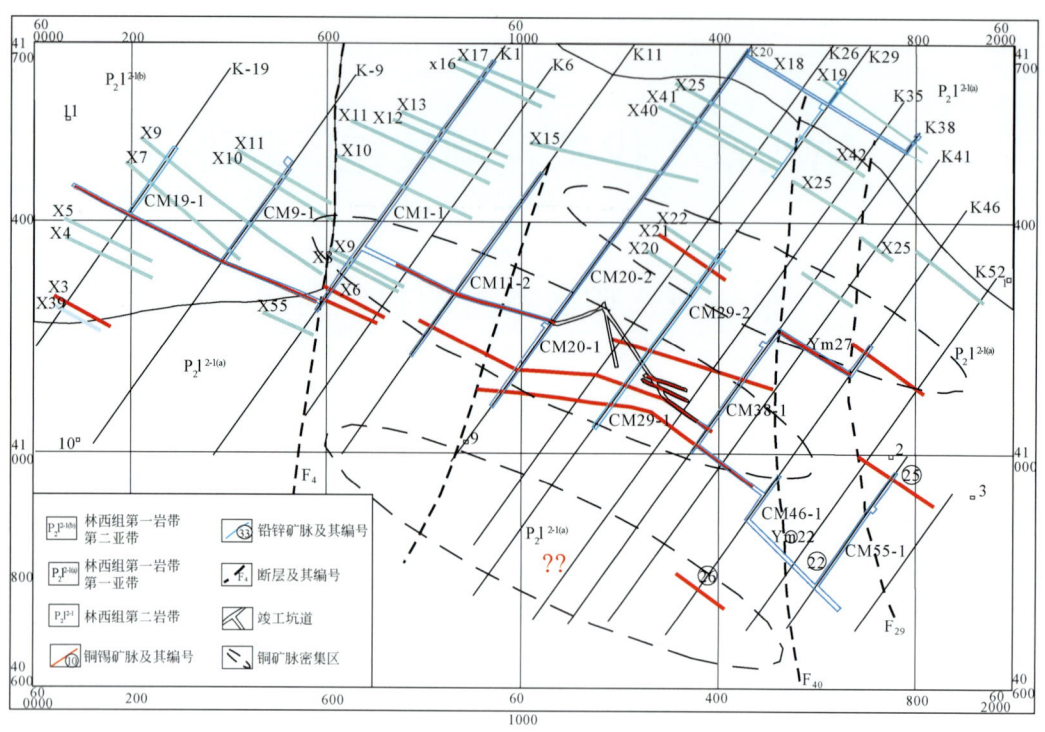

图 8.1　大井老区一采区 520m 中段地质简图

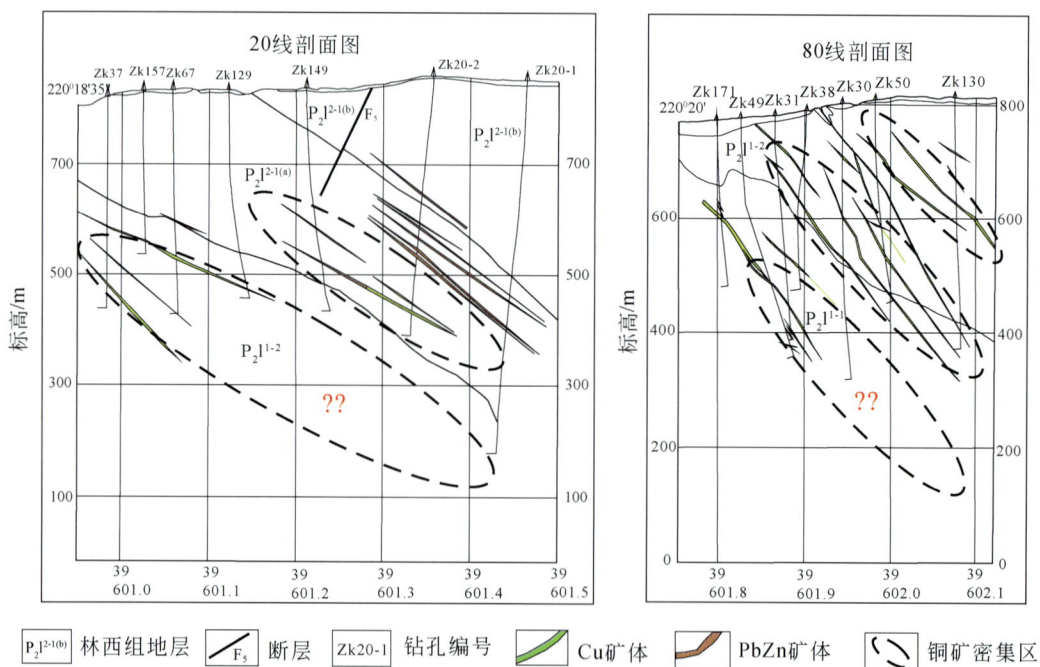

图 8.2　大井矿床 20 线和 80 线剖面图

综上所述，大井矿区本身找矿预测应侧重两个方面：一是现有矿体集中区之间的空白区，包括老区西北部-西区（即 F_1 断裂附近，老区西部 CuSn 矿体的西延）、西南区-东南区（即 F_2 断裂南延的两侧）、东区北部和北区北部（铅锌矿化区的深部）等四个地区；二是矿区深部（主要是 400m 标高以下）。目前值得优先考虑的是老区深部。

二、找矿新类型及前景

一是斑岩型矿化。矿区深部找矿的第二种可能是寻找隐伏的斑岩型矿化，即敖瑙达巴式或毛登式与花岗斑岩-花岗闪长斑岩有关的 Cu-Sn-Ag 矿床。从世界范围看，（内生）锡矿床均与花岗岩类有密切的时空联系，产于花岗质岩体的内外接触带附近，大兴安岭南段的锡多金属矿床（如黄岗、安乐、敖瑙达巴等）也是如此。

据重磁资料推测，大井矿区中部和西南部（分别位于 F_2 和 F_1 断裂带附近）深处约 2000m 处存在隐伏花岗岩体。在岩体顶部的突出部位应存在隐伏的斑岩型矿化和相应的蚀变（如面型分布的云英岩化、绢英岩化、角岩化等）。其上部的强 Sn、Cu 矿化区应更接近深部突出的小岩株或岩凸——矿化中心。从图 3.24 中可看出，大井矿区深部可能有两个矿化中心，主中心在老区 46～86 线，次要中心在西区。目前在西区（偏北）深部已出现斑岩型矿化的特征，从一般成矿规律和找矿信息看，大井矿深部应存在一个与斑岩型矿化有关的成矿空间。但探索这一空间需慎重，因为矿体埋深大，相应要求有较高的品位和较大的规模，而这不大符合所预期的斑岩型矿化特点，这类矿化可能会有较大的规模，但一般不会有很高的品位。

二是独立的富 Sn 或富 Cu 矿体，特别是富 Sn 矿体，在过去的勘查中未得到应有的重视。本书研究表明，大井脉状矿床存在独立的锡成矿阶段，可出现富厚独立锡矿体，锡石粒度大，Sn 品位高（>2%，可达 10.7%），该阶段的矿物组合为锡石-毒砂-萤石-石英，其矿化特征与邻区安乐锡矿床类似。独立的贫硫化物富锡矿体在过去勘查中未得到足够重视，是一个具有找矿潜力的新矿石类型，主要目标区是老区北部和北区沿 F_2 断裂两侧的深部。

三是独立银矿的找矿问题。大井矿床 Ag 只作为伴生组分参与储量计算和在采选中回收，尽管 Ag 有局部富集，但目前均未圈定出具工业价值的独立银矿体。在成矿阶段研究中发现，在无矿的块状黄铁矿阶段亦局部形成了独立矿体（老区西部 535m 中段），值得注意。所谓无矿，是指无工业 Cu、Pb、Zn、Sn 矿化，但分析显示，Ag 可达 43.2g/t，可达边界品位。另外，成矿前的无矿石英脉和韧性变形岩石中，Ag 亦有一定富集，可分别达 17.9g/t 和 48.3g/t，矿区西南部甚至出现独立的银矿体——含 Ag 石英脉，其 Ag 可达 213.2～232.1g/t。因此无矿黄铁矿脉、成矿前的无矿石英脉和韧性变形岩石，甚至不具工业价值的贫 Cu、PbZn 矿脉，是否具有独立 Ag 矿开采价值，都是值得今后重视的问题。

三、综合评价和综合利用问题

大井矿床是一个复杂的多元素组合矿床，有用元素多，综合利用潜力大。从目前矿山选矿情况来看，主要是对锡石、黄铜矿、闪锌矿、方铅矿四种矿物回收，而矿床中另外两种主要金属矿物毒砂和黄铁矿均作为尾矿处理。

（1）矿床中As（毒砂）的含量已达综合利用品位，只是由于选矿工艺所限而未加利用。矿区内与Cu（Sn）矿体伴生的As品位一般0.25%~1.85%，平均0.83%，金属量有3.5万t。毒砂中含有较高的Ag、Co、Bi，单矿物分析结果含Ag 219~366g/t，平均290g/t；Co 0.200~0.345%，平均0.275%，最高可达2.91%，电子探针分析毒砂中Co平均含量0.38%；含Bi 0.222%，最高达2.40%。概算仅老区毒砂中含Ag 22t，Co 209t，Bi 169t，具有较高的综合利用价值。

（2）黄铁矿中亦含Co、Ni、Cu等有益元素，特别是早期石英脉中黄铁矿平均含Co达0.27%，Ni 0.77%，推测含Au亦较高。据赵利青等（2002）对1#矿体650m中段菱铁矿-黄铁矿矿石分析，Au可达1.2g/t。

（3）据赵利青等（2002）对大井老区选厂尾砂（毒砂+硫铁矿）分析，尾砂中Au、Ag、Cu、Zn四种元素平均含量分别达0.45~0.98g/t、185~201g/t、0.18%~0.41%和0.43%~0.73%。

（4）精矿中有益组分，如Au、In等稀贵金属具回收利用价值。据华北有色地质勘查局综合普查大队（1994）[①] 资料，矿床中伴生Au 0.11~0.112g/t，铅锌矿石组合样中Au含量为0.12g/t，方铅矿矿石中Au达23.66g/t。因此，在大井矿床找金仍有一定潜力。In主要赋存于Cu、Zn硫化物和硫盐矿物中。根据单矿物分析，In在黄铜矿中含量为90~2100g/t，闪锌矿中为340~840g/t，方铅矿中为390~2350g/t，锡石中为100~600g/t；In在精矿粉中含量为：铜精矿189~227g/t，锌精矿154g/t，铅精矿85g/t，估计大井矿区中含In>768t（Ishihara et al.，2007）。近年来，由于液晶显示设备快速发展的需求，金属In的价格迅猛增长，In的综合回收将带来巨大经济效益。

第二节　矿区外围地质条件分析及找矿方向

矿化自然（地质）边界是一个立体边界。矿化自然边界的确定，是矿区找矿预测的关键科学问题，它决定了现有矿区深边部是否具有进一步的找矿前景。大井矿化边界的确定曾经历了两个阶段：1972~1976年，辽宁省地质局昭盟二队经系统的钻探控制，确定了现在称为老区的矿化边界，面积约2.75km^2。由于在其外围的普查钻孔未发现一定规模的工业矿体，而终止了矿区勘探，提交了老区的勘探报告，作为矿山开发的依据；1986~1994年，华北有色地质勘查局在分析前人资料的基础上，认为大井矿床的矿化边界尚未封闭，其外侧仍有找矿前景，随后开展了地物化综合找矿工作，发现并勘查了老区外围的东区、南区、北区、西区的矿体群，使大井矿区控制的矿化面积增加到7.62km^2，新增储量/资源量：Cu 18万t、Sn 5万t、PbZn 180万t、Ag 3290t，使大井由中型矿床一跃变为大型，由锡铜矿床变为铜锡银铅锌的多金属矿床。

经过两轮勘查所控制的矿化边界，是否就是大井矿化区的自然边界？换言之，在所控

---

① 华北有色地质勘查局综合普查大队.1994.内蒙古自治区林西县宫地乡大井铜锡多金属矿（普查区）普查地质报告.

制 7.62km² 以外的地区，是否还有进一步的找矿前景？这是我们试图解决的关键问题之一。

研究表明，大井矿化区是一个受区域拉分断裂控制、四周被断裂围限的菱形断块，其东、西边界断裂分别为 NE 向的两棵树断裂和小北沟断裂（F_{25}），南、北边界断裂则为近 EW 向的 F_{36} 和新民屯-官地断裂。在上述四条边界断裂圈定的大井矿化区内地层、矿脉（断裂）和岩脉的主体走向为 NW 向，而外围地层构造走向则为 NE 向，与区域主体走向一致。由此把这一菱形地质异常区（断块区）的边界断裂作为大井矿化区的自然边界（王京彬等，2005）。该自然边界的确定，表明大井矿区边部找矿（特别是向西和向北）仍有较大前景：①在由矿化自然边界断裂所圈定的面积约 30km² 的菱形块断区内，除已勘查的 7.62km² 外，尚有 20 多 km² 的远景区；②大井矿区的容矿构造系统和脉岩均延伸至西部和北部远景区内，当年在主勘查区外，为验证物探激电异常而施工的验证钻孔曾打到矿体或矿化体，证实在已控制的勘查区外仍有矿化；③原认为矿化向西不过 F_1 断裂，而事实上，F_1 断裂西侧的 -29 线仍打到较好的工业铜锡矿体，证实矿化已越过 F_1 断裂。

大井外围找矿首先应在已探明矿区的近外围。根据矿床的构造控制模式，NE 向的断裂 F_1 和 F_2 及其派生的 SN 向断裂是矿区的重要导矿系统。综合研究认为，以下四个地区为优先考虑的找矿有利远景区（图 8.3）。

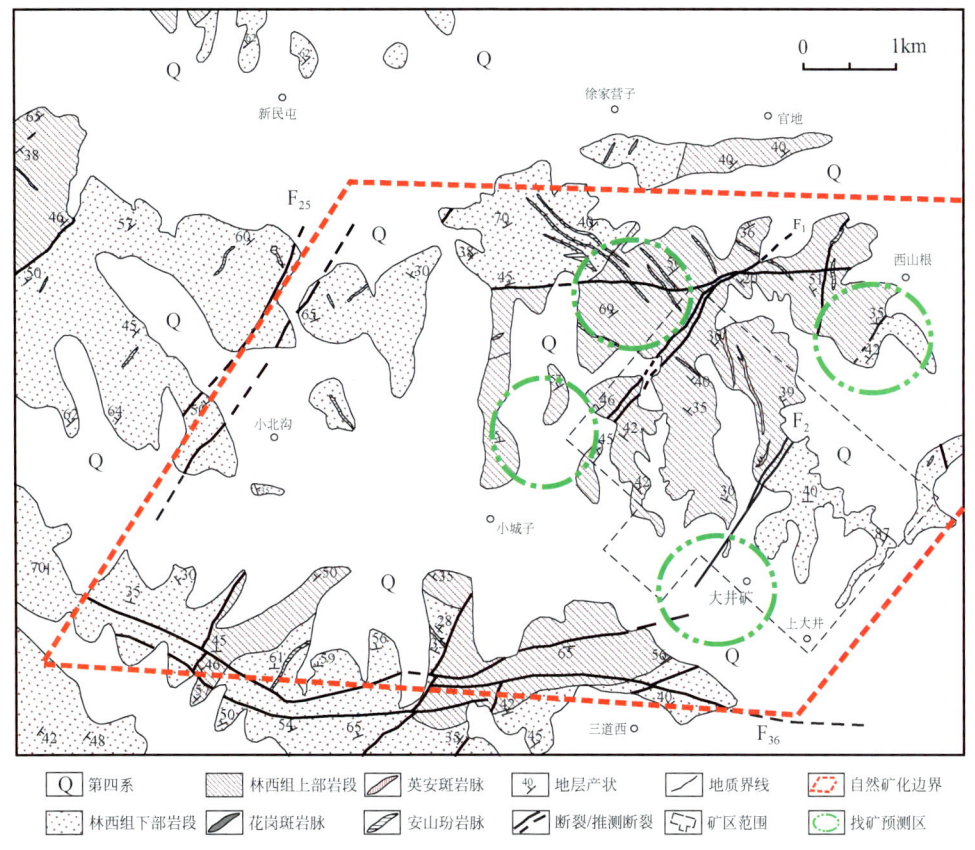

图 8.3 大井外围找矿预测区

一是西山根一带。该区为一重、磁、电综合异常带，位于 F_2 断裂的向北延伸方向，矿化未完全探明。沿 F_2 断裂向北，当年在主勘查区外，为验证物探激电异常而施工的钻孔均多已打到矿体和矿化体，是一重要找矿远景区。

二是三道西北部。该区为 F_2 导矿断裂南延附近，靠近原普查区（东南区）的南部。东南区为大井矿床除老区以外的又一铜矿化（脉）密集区，向南，深部矿化出现与老区相似的矿化组合，如闪锌矿等的矿物成分亦较相似。

三是小城子北部。为 F_1 断裂南侧（小城子-IP_3 异常区），北邻西南区（小城子）铜矿脉密集区。目前，F_2 断裂附近的矿化中心已为勘探证实，F_1 断裂附近亦初步显示了与以 F_2 断裂为中心的矿化分带相类似的特征，北部和西部铅锌外带并未封闭，从成矿元素分带图和（Cn+Sn）/（Pb+Zn）值走向分布图（图 5.20）上可见，在西部-19 线附近深部出现了第二个比值高峰区，暗示了西部可能存在第二个矿化中心。

四是徐家营子南部。该区 NW 向脉岩密集，并向南东延入大井西区北部（发育近 $1km^2$ 的细脉浸染型矿化和蚀变），是斑岩型矿化有利的找矿远景区。

上述四个预测区，虽有个别钻探验证，但工作程度较低，且现有工程并未设在预测区中心，为具有前景的找矿远景区。

第三节 靶区验证

根据上述成矿预测，北京矿产地质研究院于 2007~2009 年曾在赤峰大井子矿业公司矿权范围内选择了三个预测区进行验证，即矿区西北部 F_1 断裂带附近、老区深部和 F_2 断裂南延的空白区域（东南区-西南区），三个预测区均属于原大井矿区本身范围内的深部和空白区。在上述三个预测区通过施工验证，见矿情况良好，总计新探获（122b+333）金属量 Sn 8484.67t、Cu 66185.72t、Pb+Zn 112360.59t、Ag 385.55t。

结　　语

内蒙古大井锡-铜多金属矿床自勘探以来，积累了丰富的勘查和科研资料。作者所在的北京矿产地质研究院曾先后三次承担了有关大井矿床研究工作，即 1985~1990 年国家科技攻关、1995~2001 年的中日合作研究（中国矿物资源探查研究中心）、2006~2012 年的危机矿山找矿勘查与典型矿床研究。本专著是对上述研究成果的系统总结。按照叶天竺教授级高工（2010）提出的"成矿地质作用与成矿地质体、矿田构造与成矿结构面、成矿流体与成矿作用特征标志""三位一体"学术思想和研究思路，对大井矿区成矿地质背景、成矿地质作用、成矿期次与矿化分带、矿田构造、成矿时空结构、流体成矿作用和成矿物质来源等方面开展了系统研究，揭示了"岩浆作用-断裂活动-成矿阶段-矿化分带"之间的内在规律性，建立了大井锡-铜多金属矿床酸性-中酸性岩浆的双岩浆源复合成矿模式，并进一步总结了矿床的成矿规律、找矿方向，预测了找矿靶区。主要认识和结论如下。

1. 大井矿床成矿构造系统

大井矿床是一个热液脉状矿床，其矿脉特点是，主矿体均由 NWW（或 NW）向和近 EW 向矿体组成。在平面上构成"W"形构造形态，反映了容矿构造受到来自 NW-SE 的左旋张剪性应力控制，在矿体膨大部位（NWW 或近 EW 向）表现为张性，而在 NW 方向为压扭性构造；在垂直方向矿脉则呈"缓—陡—缓"的阶梯状变化，剖面上具正断层性质，属左行-斜滑断层。这种左旋张剪性构造控矿特点是区域右旋剪应力作用的反映：区域性的 NE 向构造在大井矿区表现为两条 NE 向左旋走滑断裂（F_1 和 F_2）特征，其结果不仅产生了近 SN 向的派生断裂（成矿通道之一），也拉动了区内林西组地层总体右旋，使矿区范围内的地层产状走向 NW。如此大规模的剪应力作用，导致矿区内的地层既产生密集的张裂隙群，又因总体扭动而使之不致破碎不堪而相对封闭。而且由于断裂的走滑作用常形成局部扩容区，并在扩容区内发育良好正断层-走滑断层网络系统，因而成为最有利的赋矿空间。

2. 成矿阶段与矿化分带

大井矿床属于多元素多阶段矿床，其明显特点是成矿阶段与矿化分带具有高度吻合特征。矿床的主成矿期从早到晚发育三个成矿阶段，即①锡石-毒砂-石英阶段，②铜多金属（锡石-硫化物）阶段，③铅锌碳酸盐阶段。从矿体分带特征、矿物组合及矿物成分的空间变化、元素的分带性等特征分析，矿区主要的矿化中心有两个，一个在矿区中部，即老区东部—北区南部一带，另一个在矿区的西南部。两个矿化中心分别位于 NE 向的 F_2 和 F_1 断裂附近，地球物理推测的两个高位隐伏花岗质岩体也分别位于这两条断裂之上。在水平分带上矿体、矿物及元素变化呈现出自矿化中心向外的 Sn→SnCu→PbZn 分带变化规律，在成矿物理化学条件上则表现为成矿温度和压力降低的趋势。三个主成矿阶段与矿化分带

——对应。有意义的是，这种时空统一的矿化结构特征正是矿区断裂-裂隙构造逐次扩容造成的。

3. 成矿流体特征

大井矿床的成矿流体包裹体以及硫化物化学成分特征显示：不同阶段的成矿温度、成矿压力、氧逸度、酸碱度、包裹体气、液相成分等参数从早阶段到晚阶段具有一定的变化趋势，但更多表现为各种参数相互重叠和过渡的特征；就单个阶段来讲，不同深度、不同位置的流体物理化学参数范围变化很大。这说明该矿床在成矿过程中流体的性质并非连续递变，而是脉动式变化，例如成矿温度并不是顺序递降，而是在不同阶段各自由高温到低温递降，反映出成矿过程中的多期次脉动式成矿特征。

4. 成矿地质体的厘定

大井锡-铜多金属矿床形成于燕山期，与岩浆作用密切有关。大井矿区脉岩发育，它们与矿脉空间上相伴出现，并被矿脉穿切。根据英安斑岩的锆石 U-Pb 定年（237～240Ma）、矿体锡石的 U-Pb 定年（144Ma）和蚀变绢云母的 Ar-Ar 定年（138Ma）等年龄资料分析，大井矿区内的霏细岩和英安斑岩等脉岩是成矿前岩浆活动的产物，不是成矿地质体，只是对成矿构成了有利的构造空间。根据矿床的地球化学特征，主要金属成矿元素和 S 等主要来自深源岩浆（壳、幔混合源），C、H、O 等同位素特征反映出成矿流体亦主要来自岩浆本身，但在上升过程中由于构造裂隙作用，有天水的渗透，并淋滤了少量的地层物质。总体来看，成矿物质主要来自岩浆，其他来源只是次要的。根据以上分析，矿床的成矿地质体目前尚未出露，推测可能为与周围火山岩和马鞍子钾长花岗岩体同期同源的小型岩株，其中 Sn 的成矿地质体可能为成分近似于马鞍子岩体的高演化、低氧化碱长花岗岩，而 Cu、PbZn 的成矿则可能与偏中性的较低演化岩浆（如火山旋回中发育的安山岩、英安岩等岩类）有关。

5. 双岩浆源复合成矿模式

大井矿床为一 Sn、Cu、PbZn、Ag 多阶段复合形成的矿床，以热液充填脉状为主，Sn 和 Cu 多金属为不同来源的双岩浆源复合成矿的结果。不同岩浆演化的含矿热液相继就位于相同（近）的容矿断裂系统中，形成了多阶段复合矿脉和因断裂扩展-热液贯入的脉动式矿化分带，较好地展示了"浆-裂-期-带"四位一体的成矿特点。"浆"即双岩浆源复合作用，形成了矿区的两个隐伏岩体，它们是矿化源头和矿化中心；"裂"即断裂活动，指矿区以 F_1 和 F_2 断裂为导矿构造的导矿-运矿-储矿构造体系；"期"指成矿期次、成矿阶段，即早期的锡石阶段、中期的铜多金属阶段、晚期的铅锌阶段；"带"指矿化分带，即由矿化中心向周围的 Sn（Cu）→Cu（Sn、Pb、Zn、Ag）→Pb、Zn（Ag）分带，四者在大井矿区的有机结合，形成了目前的大井矿床。

6. 找矿预测

在总结大井矿床成矿规律、建立成矿模式的基础上，结合矿床的勘探程度和矿山生产实际情况，对矿区本身和矿区外围进行了找矿预测。①对于矿区本身，根据矿脉的分布和产出规律，提出东区北部、南区 F_2 断裂南延部、矿区西北部（即西区北部）、北区北部铅锌矿化区以及老区的深部为优先考虑的五个找矿预测区。②提出了在大井矿区，斑岩型矿化、独立锡矿和独立银矿为值得探索和具有找矿前景的新类型，并对矿床综合评价和有用元素的综合利用提出了建议。③在"成矿自然边界"理论基础上,指出矿区外围西山根一带、三道西北部、小城子北部和徐家营子南部等四个地区具有良好找矿前景。其中,在矿区内的三个预测靶区,通过危机矿山接替资源找矿勘查项目及大井子矿业有限公司自筹资金施工验证,见矿情况良好,达到了预期目的,总计探获(333)金属量 Sn 8484.67t,Cu 66185.72t,Pb+Zn 112360.59t,Ag 385.55t。

尽管本专著对大井矿床的成矿地质特征、成矿规律和成矿作用进行了比较系统的综合分析与讨论,但仍不能完全涵盖该矿床的全部特点,并且依然存在许多未能解决的问题,例如:成矿地质体的寻找与新类型找矿问题仍悬而未决,并由此限定了锡与其他金属元素的物质来源仍属推断而不能严格厘定;成矿机理问题尚未彻底解决,较浅的成矿深度与较深的成矿物质来源特点难以吻合;近岩体型矿化的预测还有待验证;等等。有待各位对大井矿床感兴趣的同仁继续深入思考和开展进一步工作。

参 考 文 献

艾霞, 冯建忠. 1992. 内蒙大井锡多金属矿床成矿地质特征及成因探讨. 有色金属矿产与勘查, (1-2): 82~92

艾永富, 刘国平. 1998. 内蒙大井矿床的绿泥石研究. 北京大学学报（自然科学版）, 34 (1): 97~105

艾永富, 张晓辉. 1996. 内蒙大井矿床的脉岩与成矿//中国地质学会编, "八五"地质科技重要成果学术交流会议论文选集. 北京: 冶金工业出版社: 231~234

陈宏威. 2007. 大兴安岭中南段铜多金属矿成矿特征与找矿方向. 中国地质大学（北京）硕士学位论文

陈骏, 王汝城, 周建平, 等. 2000. 锡的地球化学. 南京: 南京大学出版社

陈志广, 张连昌, 周新华, 等. 2006. 满洲里新右旗火山岩剖面年代学和地球化学特征. 岩石学报, 22 (12): 1~16

储雪蕾, 霍卫国, 张巽. 2002. 内蒙古林西县大井铜多金属矿床的硫、碳和铅同位素及成矿物质来源. 岩石学报, 18 (4): 566~574

代军治, 毛景文, 杨富全, 等. 2006. 华北地台北缘燕辽钼（铜）成矿带矿床地质特征及动力学背景. 矿床地质, 25 (5): 598~612

邓晋福. 1987. 岩石相平衡与岩石成因. 武汉: 地质学院出版社

邓晋福, 赵国春, 苏尚国, 等. 2005. 燕山造山带燕山期构造叠加及其大地构造背景. 大地构造与成矿学, 29 (2): 157~165

董长海, 乔兰. 1987. 大兴安岭南段黄岗梁–大井地区花岗岩类侵入体成因及含锡岩体判别. 华北有色金属地质, (1): 2~12

杜乐天. 1983. 碱交代作用的共性和归类. 矿床地质, 2: 33~41

杜乐天. 2002. 碱交代岩研究的重大成因意义. 矿床地质, 21 (增刊): 953~958

杜乐天. 2009. 碱性地幔流体与富碱热液成矿. 矿床地质, 5: 599~610

段吉业, 张梅生. 1994. 东北北部古生代生物古地理格局. 中国满洲里–绥芬河地学断面域内岩石圈结构及其演化的地质研究. 北京: 地震出版社

冯建忠. 1988. 大井多金属矿床成矿地质条件及成因探讨. 矿产地质动态, (11): 6~11

冯建忠. 1992a. 大井锡多金属硫化物矿床地质特征及成因. 内蒙古地质, (1): 69~77

冯建忠. 1992b. 内蒙林西县大井多金属矿床成矿物理化学条件及成因探讨. 黑龙江地质, 3 (2): 36~46

冯建忠, 艾霞, 吴俞斌. 1990. 内蒙大井多金属矿床微量元素特征及地质意义. 有色金属矿产与勘查, (4): 47~52

冯建忠, 艾霞, 吴俞斌, 等. 1994. 内蒙大井多金属矿床稳定同位素地球化学特征. 吉林地质, 13 (3): 60~66

高德臻, 蒋干清. 1998. 内蒙古苏尼特左旗二叠系的重新厘定及大地构造演化分析. 中国区域地质, 17 (4): 403~411

郭利军, 谢玉玲, 侯增谦, 等. 2009. 内蒙古拜仁达坝银多金属矿产地质及成矿流体特征. 岩石矿物学杂志, 28 (1): 26~36

韩发, 赵汝松, 沈建忠, 等. 1997. 大厂锡多金属矿床地质及成因. 北京: 地质出版社

洪大卫, 黄怀曾, 肖宜君, 等. 1994. 内蒙古中部二叠纪碱性花岗岩及其地球动力学意义. 地质学报, 68 (3): 119~230

胡健民, 刘晓文, 赵越, 等. 2004. 燕山板内造山带早期构造变形演化—以辽西凌源太阳沟地区为例. 地学前缘, 11 (3): 255~271

胡受溪, 周顺元, 任启江, 等. 1982. 碱交代成矿模式及其成矿机制的理论基础. 地质与勘探, 1: 1~4

参考文献

胡泽宁.1988.云龙锡矿锡石的标型特征.矿物学报,8(4):381~384

黄民智,唐少华.1988.大厂锡矿矿石学概论.北京:北京科学技术出版社

黄世乾,林达富,晏汝逊,等.1986.大井锡-银-铜矿床及其成因.地质与勘探,22(6):28~32

江思宏,聂凤军,刘翼飞,等.2010.内蒙古拜仁达坝及维拉斯托银多金属矿床的硫和铅同位素研究.矿床地质,28(1):101~112

江思宏,梁清玲,刘翼飞,等.2012.内蒙古大井矿区及外围岩浆岩锆石U-Pb年龄及其对成矿时间的约束.岩石学报,28(2):495~513

金章东,李福春.1998.斑岩型铜矿床成矿过程中铜的迁移与沉淀机制研究新进展.矿产与地质,12(2):73~78

李春昱,王荃,刘雪亚,等.1982.亚洲大地构造图及其说明书.北京:地质出版社

李国华.1986.大井锡-多金属矿田控矿因素及找矿方向初步探讨.地质与勘探,22(2):29~30

李国华.1988.内蒙大井锡-多金属矿床控矿因素及找矿方向的探讨.矿产地质动态,(9):10~14

李鹤年,段国正,郝立波,等.1997.中国大兴安岭银矿.长春:吉林科学技术出版社

李鹤年,段国正,姚德,等.1989.内蒙赤峰北部锡多金属成矿带花岗岩地球化学特点及成矿作用.长春地质学院学报,19(2):131~140

李锦轶,高立明,孙桂华,等.2007.内蒙古东部双井子中三叠世同碰撞壳源花岗岩的确定及其对西伯利亚与中朝古板块碰撞时限的约束.岩石学报,23(3):565~582

李开文,张乾,王大鹏,等.2013.云南蒙自白牛厂多金属矿床锡石原位LA-MC-ICP-MS U-Pb年代学.矿物学报,33(2):203~209

李如满,康利祥.2004.大井锡多金属成矿地质特征及找矿方向探讨.矿产与地质,18(6):517~522

李双林,欧阳自远.1998.兴蒙造山带及邻区的构造格局与构造演化.海洋地质与第四纪地质,18(3):45~54

李延祥,王兆文,王连伟,等.2001.大井古铜冶炼技术及产品特征初探.有色金属,53(3):92~96

李延祥,朱延平,贾海新,等.2004.辽西地区早期冶铜技术.广西民族学院学报(自然科学版),20(2):11~20

李振祥,谢振玉,刘召,等.2008.内蒙古西乌珠穆沁旗花敖包特银铅锌矿矿产地质特征及成因初探.地质与资源,17(4):278~282

廖震,王玉往,王京彬,等.2012.内蒙古大井锡多金属矿床岩脉:LA-ICP-MS锆石U-Pb定年及其地质意义.岩石学报,28(7):2292~2306

林强,葛文春,吴福元,等.2004.大兴安岭中生代花岗岩类的地球化学.岩石学报,20(3):403~412

林石.1997.地球物理勘查在探明隐伏大井锡铜多金属矿床中的应用.国外地质勘探技术,(5):1~5

刘红涛,翟明国,刘建明,等.2002.华北克拉通北缘中生代花岗岩:从碰撞后到非造山.岩石学报,18(4):433~448

刘建明,叶杰,张安立,等.2001.一种新类型热水沉积岩-产在湖相断陷盆地中的菱铁绢云硅质岩.中国科学(D辑),31(7):570~577

刘建明,张锐,张庆洲.2004.大兴安岭地区的区域成矿特征.地学前缘,11(1):269~277

刘建雄,李四娃,刘瑞平.2006.内蒙古中部达茂旗查干呼绍地区槽台断裂位置的探讨.地质调查与研究,29(3):161~171

刘伟,李新俊,谭骏.2002.内蒙古大井铜锡银铅锌矿床的流体混合作用-流体包裹体和稳定同位素证据.中国科学(D辑),32(5):405~414

刘伟,潘小菲,谢烈文,等.2007.大兴安岭南段林西地区花岗岩类的源岩地壳生长的时代和方式.岩石学报,23(2):441~460

刘翼飞, 聂凤军, 江思宏, 等. 2012. 内蒙古拜仁达坝铅-锌-银矿床: 元素分带及其成因. 吉林大学学报（地球科学版）, 42（4）: 1055~1068
刘英俊, 曹励明, 李兆麟, 等. 1984. 元素地球化学. 北京: 科学出版社
刘永江, 张兴洲, 金巍, 等. 2010. 东北地区晚古生代区域构造演化. 中国地质, 37（4）: 943~951
柳长峰, 张浩然, 於炀森, 等. 2010. 内蒙古中部四子王旗地区北极各岩体锆石定年及其岩石化学特征. 现代地质, 24（1）: 112~119
卢焕章, 范宏瑞, 倪培, 等. 2005. 流体包裹体. 北京: 科学出版社
路凤香, 舒小辛, 赵崇贺. 1991. 有关煌斑岩分类的建议. 地质科技情况, 10（增刊）: 55~62
吕志成, 李鹤年, 刘丛强, 等. 2000. 大兴安岭中南段花岗岩中黑云母矿物学地球化学特征及成因意义. 矿物岩石, 20（3）: 1~8
吕志成, 郝立波, 段国正, 等. 2002. 大兴安岭南段早二叠世两类火山岩岩石地球化学特征及其构造意义. 地球化学, 31（4）: 338~346
吕志成, 段国正, 郝立波, 等. 2004. 大兴安岭中南段中生代中基性火山岩岩石学地球化学研究. 高校地质学报, 10（2）: 186~198
马寅, 赵强. 1989. 大井铜多金属矿床脉冲瞬变电磁法的直接找矿效果. 地质与勘探, 25（1）: 44~46
毛景文, 谢桂青, 张作衡, 等. 2005. 中国北方中生代大规模成矿作用的期次及其地球动力学背景. 岩石学报, 21（1）: 169~188
毛骞, 孙世华, 张福勤, 等. 2000. 大兴安岭南端花岗岩磁化率及其岩石学意义. 地球物理学进展, 15（3）: 54~60
南京大学地质系. 1981. 华南不同时代花岗岩类及其与成矿关系. 北京: 科学出版社
内蒙古自治区地质矿产局. 1991. 内蒙古自治区区域地质志. 北京: 地质出版社
牛树银, 孙爱群, 王宝德, 等. 2008. 内蒙古大井铜锡多金属矿成矿物质来源及成矿作用探讨. 中国地质, 35（4）: 714~724
彭恩生, 孙振家. 1994. 脉状矿床成矿构造研究. 长沙: 中南工业大学出版社
任纪舜. 1991. 论中国大陆岩石圈构造的基本特征. 中国区域地质, 4: 289~293
任纪舜, 牛宝贵, 刘志刚. 1999. 软碰撞、叠覆造山和多旋回缝合作用. 地学前缘, 6（3）: 85~93
任耀武. 1994. 大兴安岭中南段铜多金属矿床的重要矿源层. 华北地质矿产杂志, 9（3）: 313~316
任耀武, 曹倩雯. 1993. 内蒙古大井锡-铜多金属矿床成因刍议. 矿物岩石地球化学通讯, （4）: 211~213
任耀武, 曹倩雯. 1996. 再论内蒙古大井锡铜多金属矿床成因. 吉林地质, 15（2）: 45~51
芮宗瑶, 施林道, 方如恒, 等. 1994. 华北陆块北缘及邻区有色金属矿床地质. 北京: 地质出版社
尚庆华. 2004. 北方造山带内蒙古中、东部地区二叠纪放射虫的发现及意义. 科学通报, 49（24）: 2574~2579
邵济安. 1991. 中朝板块北缘中段地壳演化. 北京: 北京大学出版社
邵济安. 2009. 深部作用在华北中生代陆内造山过程中的主导性-对断块构造力源机制的讨论. 地质科学, 44（4）: 1094~1104
邵济安, 张履桥, 牟保磊. 1998. 大兴安岭中南段中生代的构造热演化. 中国科学（D辑）, 28（3）: 193~200
盛继福, 张德全, 李岩. 1995. 大兴安岭中南段金属矿床流体包裹体研究. 地质学报, 69（1）: 56~65
盛继福, 付先政, 李鹤年, 等. 1999. 大兴安岭中段成矿环境与铜多金属矿床地质特征. 北京: 地震出版社: 139~169
施光海, 苗来成, 张勤福, 等. 2004. 内蒙古锡林浩特A型花岗岩的时代及区域构造意义. 科学通报, 49（4）: 384~389

斯米尔诺夫 ВИ. 1985. 矿床地质学. 矿床地质学翻译组译. 北京：地质出版社
孙德有, 吴福元, 李惠民, 等. 2000. 小兴安岭西北部造山后 A 型花岗岩的时代及与索伦山-贺根山-扎赉特碰撞拼合带东延的关系. 科学通报, 45（20）：2217~2222
孙德有, 吴福元, 张艳斌, 等. 2004. 西拉木伦河-长春-延吉板块缝合带的最后闭合时间——来自吉林大玉山花岗岩体的证据. 吉林大学学报（地球科学版），34（2）：175~183
孙德有, 苟军, 任云生, 等. 2011. 满洲里南部玛尼吐组火山岩锆石 U-Pb 年龄与地球化学研究. 岩石学报, 27（10）：3083~3094
孙丰月, 王力. 2008. 内蒙拜仁达坝银铅锌多金属矿床成矿条件. 吉林大学学报（地球科学版），38（3）：376~383
唐克东. 1995. 中国及邻区大陆边缘构造. 地质学报, 69（1）：16~30
陶继雄, 白立兵, 宝音乌力吉, 等. 2003. 内蒙古满都拉地区二叠纪俯冲造山过程的岩石记录. 地质调查与研究, 26（4）：241~249
陶则熙. 2006. 内蒙古自治区阿尔哈达铅锌矿矿床地质特征. 地质找矿论丛, 21（增刊）：74~76
汪矛忠. 1991. 高精度磁测在内蒙大井锡多金属矿区的找矿效果. 矿产与勘查, (4)：42~44
王长明. 2008. 大兴安岭中南段喷流-沉积成矿特征与成矿预测. 中国地质大学（北京）博士学位论文
王长明. 2010. 内蒙古大井矿床碳氧同位素组成及其成因意义. 吉林大学学报（地球科学版），40（4）：810~820
王长明, 张寿廷, 邓军. 2006. 大兴安岭南段铜多金属矿成矿时空结构. 成都理工大学学报（自然科学版），33（5）：478~484
王伏泉. 1989. 从构造地球化学角度分析大井矿床的形成. 地质与勘探, 25（9）：46~52
王刚. 1994. 林西大井古铜矿遗址. 内蒙古文物考古, (1)：45~50
王国政. 1997. 内蒙古安乐锡铜矿床地质特征及成因. 矿床地质, 16（3）：260~271
王国政. 2002. 包盖沟锡矿-黑英岩钠长岩型高温热液矿床. 地质与勘查, 38（2）：42~45
王国政, 雷蕴芬, 罗太阳, 等. 1991. 内蒙古白音诺铅锌矿床地质特征及成矿作用. 矿床地质, 10（3）：204~216
王汉生. 1991. 内蒙古赤峰北部大井多金属矿床控矿构造研究. 有色矿冶, (4)：1~4
王汉生. 1992. 内蒙大井多金属矿床矿脉与控矿关系. 有色矿冶, (4)：1~3
王汉生, 李欲晓. 1995. 岩组分析在大井矿床构造研究中的应用. 地质找矿论丛, 10（1）：16~24
王京彬, 王玉往, 王莉娟. 2000. 大兴安岭中南段铜矿成矿背景及找矿潜力. 地质与勘探, 36（5）：1~4
王京彬, 王玉往, 王莉娟. 2005. 大兴安岭南段锡多金属成矿系列. 地质与勘查, 41（6）：15~20
王莉娟, 王玉往, 王京彬. 2000. 大井矿床锡铜矿体成矿流体研究及其成因意义. 岩石学报, 16（4）：609~615
王莉娟, 王京彬, 王玉往, 等. 2003. 蔡家营、大井多金属矿床成矿流体和成矿作用. 中国科学（D辑），33（10）：941~950
王莉娟, 王京彬, 王玉往, 等. 2004. 内蒙古东部与矽卡岩矿床有关的花岗岩氧同位素特征——以浩布高矿床为例. 地质论评, 5：513, 560
王莉娟, 王玉往, 王京彬, 等. 2006. 内蒙古大井锡多金属矿床流体成矿作用研究：单个流体包裹体组分 LA-ICP-MS 分析证据. 科学通报, 51（10）：1203~1210
王荣全, 王国政, 曹书武, 等. 2007. 大井锡多金属矿床深部闪长岩体的发现及找矿意义. 矿产与地质, 21（20）：169~171
王湘云. 1997. 内蒙古布敦花岩浆杂岩体成岩成矿特征初析. 内蒙古地质, 2：29~38

王一先, 赵振华. 1997. 巴尔哲超大型稀土铌铍锆矿床地球化学和成因. 地球化学, 26 (1): 24~35
王永争, 覃功炯, 欧强. 2001a. 内蒙古林西大井铜锡多金属矿区上二叠统林西组之研究. 矿产与地质, 15 (3): 205~211
王永争, 覃功炯, 欧强. 2001b. 内蒙古林西大井铜锡多金属矿区构造与成矿. 地质与勘探, 37 (5): 19~23
王玉往, 王京彬, 王莉娟. 2001. 大井矿床成矿阶段划分. 中国地质学会编, "九五" 地质科技重要成果学术交流会议论文选集. 北京: 地质出版社: 408~411
王玉往, 曲丽莉, 王莉娟, 等. 2002a. 大井锡多金属矿床矿化中心讨论. 地质与勘探, 38 (2): 23~27
王玉往, 王京彬, 王莉娟, 等. 2002b. 内蒙古大井矿床中银矿物的研究. 地质论评, (5): 526~533
王玉往, 曲丽莉, 王京彬, 等. 2002c. 大井锡铜多金属矿床主要矿石矿物成分及其时空演化. 矿床地质, (1): 23~34
王玉往, 王京彬, 王莉娟. 2003. 黄铁矿中富铜闪锌矿的斑点状结构. 矿物学报, (1): 11~16
王玉往, 王京彬, 王莉娟. 2005. 大兴安岭南段上二叠统林西组中的火山岩. 矿产与地质, 19 (1): 1~6
王玉往, 王京彬, 王莉娟. 2006. 内蒙古大井锡多金属矿床锡矿物特征. 地质与勘探, 42 (4): 51~56
王玉往, 王莉娟, 张会琼, 等. 2010. 内蒙古大井矿床之找矿新类型探索. 矿产勘查, 1 (1): 33~38
王之田, 张树文, 孙树人, 等. 1997. 大兴安岭东南缘成矿集中区成矿演化特征与找矿潜力. 有色金属矿产与勘查, 6 (增刊): 4~12
王忠, 朱洪森. 1999. 大兴安岭中南段中生代火山岩特征及演化. 中国区域地质, 18 (4): 351~372
吴福元, 叶茂, 张世红. 1995. 中国满洲里–绥芬河地学断面域的地球动力模型. 地球科学–中国地质大学学报, 20: 535~539
吴福元, 李献华, 杨进辉, 等. 2007. 花岗岩成因研究的若干问题. 岩石学报, 23 (6): 1217~1238
肖成东, 张忠良, 赵利青. 2004. 东蒙地区燕山期花岗岩Nd、Sr、Pb同位素及其岩石成因. 中国地质, 31 (1): 57~63
谢玉华. 1988. 内蒙某锡多金属矿床矿石矿物成分的初步研究. 华北有色金属地质, (1-2): 38~45
谢玉华, 张家荫. 1990. 内蒙某锡多金属矿床银的硫盐矿物初步研究. 地质与勘探, 26 (8): 24~29
徐锦山. 1991. 内蒙古大井南矿带高精度磁测找矿效果. 地质与勘探, 27 (12): 35~39
徐毅. 2005. 黄岗–甘珠尔庙成矿带多金属矿构造控矿特征分析. 中国地质大学 (北京) 硕士学位论文
许建祥, 曾载淋, 王登红, 等. 2008. 赣南钨矿新类型及 "五层楼+地下室" 找矿模型. 地质学报, 82 (7): 880~886
薛钢, 骆剑英, 刘金玉, 等. 2006. 大兴安岭中南段中生代火山岩特征及成因. 内蒙古科技与经济, 4: 100~102
杨武斌, 单强, 赵振华, 等. 2011. 巴尔哲地区碱性花岗岩的成岩和成矿作用: 矿化和未矿化岩体的比较. 吉林大学学报 (地球科学版), 41 (6): 1689~1704
杨志达, 鲍修坡. 1997. 黄岗–甘珠尔庙地区多金属矿床地质地球化学//赵一鸣, 张德全, 等. 大兴安岭及其邻区铜多金属矿床成矿规律与远景评价. 北京: 地震出版社: 125~144
姚德, 李鹤年, 段国正. 1990. 赤峰北部大井锡多金属矿床成矿作用地球化学及找矿方向. 地质与勘探, 26 (2): 5~9
叶杰, 刘建明, 张安立, 等. 2002. 沉积喷流型矿化的岩石学证据以大兴安岭南段黄岗和大井矿床为例. 岩石学报, 18 (4): 585~595
叶绪孙, 严云秀, 何海州. 1996. 广西大厂超大型锡矿床成矿条件. 北京: 冶金工业出版社
有色北京矿产地质研究所. 1987. 国外主要有色金属矿产. 北京: 冶金工业出版社
曾庆栋, 刘建明, 褚少雄, 等. 2011. 西拉木伦成矿带中生代花岗岩浆活动与钼成矿作用. 吉林大学学报

(地球科学版), 41 (6): 1705~1804

翟德高, 刘家军, 杨永强, 等. 2012. 内蒙古黄岗梁铁锡矿床成岩、成矿时代与构造背景. 岩石矿物学杂志, 31 (4): 513~523

翟明国. 2004. 华北克拉通 2.1~1.7Ga 地质事件群的分解和构造意义探讨. 岩石学报, 20 (6): 1343~1354

张春华. 2004. 内蒙大井锡多金属矿床矿石的物质成分及特征. 矿产与地质, 18 (1): 13~17

张德会. 1994. 热液成矿环境中络合物研究的进展. 地质科技情报, 13 (3): 69~80

张德会, 徐九华, 余心起, 等. 2011. 成岩成矿深度: 主要影响因素与压力估算方法. 地质通报, 30 (1): 112~125

张德全. 1993a. 大兴安岭南段不同构造环境中的两类花岗岩. 岩石矿物学杂志, 12 (1): 1~11

张德全. 1993b. 敖瑙达巴斑岩型锡多金属矿床地质特征. 矿床地质, 12 (1): 10~19

张德全. 1993c. 大井银铜锡矿体——一个潜火山热液矿床的特征和成因. 火山地质与矿产, 14 (1): 37~47

张德全, 赵一鸣. 1993. 大兴安岭及邻区铜多金属矿床论文集. 北京: 地震出版社

张德全, 刘勇, 李大新. 1993. 大兴安岭地区与铜多金属成矿有关的侵入岩//张德全, 赵一鸣主编. 大兴安岭及邻区铜多金属矿床论文集. 北京: 地震出版社: 50~64

张德全, 艾霞, 鲍修波. 1994. 黄岗-甘蛛尔庙中生代活化区有色金属矿床//芮宗瑶, 施林道, 方如恒, 等. 华北陆块北缘及邻区有色金属矿床地质. 北京: 地质出版社: 314~345

张会琼, 王京彬, 王玉往, 等. 2011. 内蒙古大井锡多金属矿床脉岩的成矿与找矿意义. 地质与勘探, 47 (3): 344~352

张吉衡. 2006. 大兴安岭地区中生代火山岩的年代学格架. 吉林大学硕士学位论文

张吉衡. 2009. 大兴安岭中生代火山岩年代学及地球化学研究. 中国地质大学（武汉）博士学位论文

张家荫. 1993. 大井铜锡多金属矿床稀土元素特征及其地质意义. 有色金属矿产与勘查, 2 (1): 31~38

张家荫, 谢玉华. 1992. 大井银锡多金属矿床矿石初步研究. 华北有色金属地质, (1): 7~18, 48

张家荫, 谢玉华, 林达富, 等. 1988. 大井锡多金属矿床成因新探, 华北有色金属地质, (1-2): 8~14

张炯飞, 庞庆邦, 朱群, 等. 2003. 内蒙古孟恩陶勒盖银铅锌矿床白云母 Ar-Ar 年龄及其意义. 矿床地质, 22 (3): 253~256

张理刚. 1985. 稳定同位素在地质科学中的应用. 西安: 陕西科学技术出版社

张连昌, 陈志广, 周新华, 等. 2007. 大兴安岭根河地区早白垩世火山岩深部源区与构造-岩浆演化: Sr-Nd-Pb-Hf 同位素地区化学制约. 岩石学报, 23 (11): 2823~2835

张连昌, 英基丰, 陈志广, 等. 2008. 大兴安岭南段三叠纪基性火山岩时代与构造环境. 岩石学报, 24 (4): 911~920

张巧梅, 翟东兴, 李华. 2013. 内蒙古毛登钼锡铜矿床地质特征及成因探讨. 矿产勘查, 4 (3): 248~256

张晓晖, 张宏福, 汤艳杰, 等. 2006. 内蒙古中部锡林浩特-西乌旗早三叠世 A 型酸性火山岩的地球化学特征及其地质意义. 岩石学报, 22 (11): 2769~2780

张永北, 孙世华, 本间弘次, 等. 2003. 大兴安岭南段林西地区中生代酸性岩类岩浆的混染作用. 岩石学报, 19 (3): 369~384

张玉涛, 张连昌, 英基丰, 等. 2007. 大兴安岭塔河地区早白垩世火山岩地球化学及源区特征. 岩石学报, 23 (11): 2811~2822

赵春荆, 彭玉鲸, 党增欣, 等. 1996. 吉黑东部构造格架及地壳演化. 沈阳: 辽宁大学出版社

赵国春, 孙敏, Wilde S A. 2002. 华北克拉通基底构造单元特征及早元古代拼合. 中国科学（D）辑, 32 (7): 538~549

赵国龙, 杨桂林, 王忠, 等. 1989. 大兴安岭中南部中生代火山岩. 北京: 北京科学技术出版社
赵利青, 覃功炯, 孙世华, 等. 2002. 内蒙古大井锡–多金属矿床伴生金矿化特征及矿床成因. 黄金地质, 8 (3): 7~13
赵一鸣, 张德全. 1997. 大兴安岭及其邻区铜多金属矿床成矿规律与远景评价. 北京: 地震出版社
赵一鸣, 王大畏, 张德全, 等. 1994. 内蒙古东南部铜多金属成矿地质条件及找矿模式. 北京: 地震出版社
赵越, 杨振宇, 马醒华. 1994. 东亚大地构造的重要转折, 地质科学, 29 (2): 105~119
赵越, 徐刚, 张栓宏, 等. 2004. 燕山运动与东亚构造体质的转变. 地学前缘, 11 (3): 319~328
赵振华. 1997. 微量元素地球化学原理. 北京: 科学出版社
赵芝. 2008. 内蒙古大石寨地区早二叠世大石寨组火山岩的地球化学特征及其构造环境. 吉林大学硕士学位论文
赵忠华, 孙德有, 苟军, 等. 2011. 满洲里南部塔木兰沟组火山岩年代学与地球化学. 吉林大学学报 (地球化学版), 41 (6): 1865~1880
郑翻身, 蔡红军, 张振华. 2006. 内蒙古拜仁达坝维拉斯托超大型银铅锌矿的发现及找矿意义. 物探与化探, 30 (1): 13~20
周振华, 吕林素, 冯佳睿, 等. 2010a. 内蒙古黄岗矽卡岩型锡铁矿床辉钼矿 Re-Os 年龄及其地质意义. 岩石学报, 26 (3): 667~679
周振华, 吕林素, 杨永军. 2010b. 大兴安岭南段黄岗花岗岩体 LA-ICP-MS 锆石 U-Pb 年代学和 Hf 同位素组成及其地质意义. 矿床地质, 29 (增刊): 559~560
朱立军, 张杰. 1994. 桂北地区锡多金属矿床中锡石的成因矿物学研究. 矿物学报, 14 (1): 32~39
朱永峰, 孙世华, 毛骞, 等. 2004. 内蒙古锡林格勒杂岩的地球化学研究: 从 Rodinia 聚合到古亚洲洋闭合后碰撞造山的历史记录. 高校地质学报, 10 (3): 343~355
庄永秋, 王任重, 杨树培, 等. 1996. 云南个旧锡铜多金属矿床. 北京: 地震出版社
Barnes H L. 1979. Solubilities of ore minerals//Barnes H L, Ed. Geochemistry of Hydrothermal Ore deposit. 2nd ed. New York: Wiley: 405~461
Bartos P J. 1989. Prograde and Retrograde Base Metal Lode Deposits and Their Relationship to Underlying Porphyry Copper Deposits. Economic Geology, 84: 1671~1683
Baumgartner R, Fontbote L, Venneman T. 2008. Mineral zoning and geochemistry of epithermal polymetallic Zn-Pb-Ag-Cu-BI mineralization at Cerro de Pasco. Peru. Economic geology, 103: 493~537
Bendezú R, Fontboté L. 2009. Cordilleran epithermal Cu-Zn-Pb-A (Au-Ag) mineralization in the Colquijirca district, central Peru: Deposit-scale mineralogical patterns. Economic Geology, 104: 905~944
Beuchat S, Moritz R, Pettke T. 2004. Fluid Evolution inthe W-Cu-Zn-Pb San Cristobal Vein, Peru: Fluid Inclusion and Stable Isotope Evidence. Chemical Geology, 210: 201~224
Bralia A, Sabatini G, Troja F. 1979. A Revaluation of the Co/Ni ratio in pyrite as a geochemical tool in ore genesis problems. Mineralium Deposita, 14: 353~374
Brimhal G. 1979. Lithologic determination of mass trans fer mechanisms of multiple-stage porphyry copper mineralization at Butte, Montana: Vein formation by hypogene leaching and enrichment of potassium-silicate protore. Economic Geology, 74: 556~589
Cerny P, Harris D C. 1978. The Tanco pegmatite at Bernic Lake, Manitoba. XI. Native elemenets, alloys, sulfides and sulfosalts. Canadian Mineralogist, 16: 625~640
Campbell F A, Ethier V G. 1984. Nickel and cobalt in pyrrhotite and pyrite from Faro and Sullivan orebodies. Canadian Mineralogist, 22: 503~506

Clark L A. 1960. The Fe-As-S system: phase relations and applications. Economic Geology, 55: 1345~1381

Claypool G E, Holser W T, Kaplan I R, et al. 1980. The age curves of sulfur and oxygen isotopes in marine sulfate and their mutural interpretations. Chemical Geology, 28: 199~260

Coleman R G. 1989. Continental growth of Northwest China. Tectonics, 8 (3): 621~635

Crerar D A, Wood S A, Barantley S. 1985. Chemical controls on solubility of ore-forming minerals in hydrothermal solutions. Canadian Mineralogist, 23: 333~352

Deen J A, Rye R O, Munoz J L, et al. 1994. The magmatic hydrothermal system at Julcani, Peru: Evidence from fluid inclusions and hydrogen and oxygen isotopes. Economic geology, 89: 1924~1938

Einaudi M T, Hedenquist J W, Inan E E. 2003. Volcanic, geothermal and ore-forming fluids: Rulers and witnesses of processes within the Earth. Society of Economic Geologists and Geochemical Society, Special Publication, 10: 285~313

Einaudi M T. 1982. Description of skarns associated with porphyry copper plutons, southwestern Northe American//Titley S R (ed). Advances in the geology of geology of porphyry copper deposits, southwestern North America. Tucson: University of Arizona Press: 139~184

Eldridge C S, Compston W, Williams W, et al. 1991. Isotope evidence for the involvement of recycled sediments in diamond formation. Nature, 353, 649~653

Ernst R E, Buchanan K L, Campbell I H. 2005. Frontiers in large igneous province research. Lithos, 79: 271~297

Fan W M, Gao F, Wang Y J, et al. 2003. Late Mesozoic calc-alkaline volcanism of post orogenic extension in the northern Da Hinggan mountains, northeastern China. Journal of volcanology and Geothermal Research, 121: 115~135

Faure G. 1977. Principles of Isotope Geology. New York: John Wiley & Sons: 97~146

Geissman J W, Kelly W C, Voo V D, et al. 1980. Paleo-magnetic Documentation of the early, high-temperature zone of mineralization at Butte, Montana. Economic Geology, 75: 1216~1219

Giordano T H. 2002. Transport of Pb and Zn by carboxylate complexes in basinal ore fluids and related petroleum-field brines at 100℃: the influence of pH and oxygen fugacity. Geochemical Transactions, 38: 56~72

Grigore S, Stephen E K, Stephen C. 1999. Geochemistry and texture of gold-bearing arsenian pyrite, Twin Creaks, Nevada: Implications for deposition of gold in Carlin-type deposit. Economic Geology, 94: 405~422

Hawley J E, Nichol I. 1961. Trace elements in pyrite, pyrrhotite and chalcopyrite of different ores. Economic Geology, 6: 467~487

Helgeson H C. 1964. Complexing and hydrothermal ore deposition. New York: Pergamon Presss

Hu A Q, John B M, Zhang G, et al. 2000. Crustal evolution and Phanerozoic crust growth in northern Xinjiang: Nd isotope evidence: Part I. Isotopic characterizationo of basement rocks. Tectoophysics, 328: 15~51

Irvine T N, Baragar W R A. 1971. A guide to the chemical classification of the common volcanic rocks. Canadian Journal of Earth Sciences, 8: 523~548

Ishihara S, Qin K Z, Wang Y W. 2007. Resource evaluation of Indiumin the Dajing tin-polymetallic deposits, Inner Mongolia. Resource Geology, 58 (1): 72~79

Jahn B M, Griffin W L, Windley B. 2000. Continental growth in the Phanerozoic: Evidence from Central Asia. Tectonophysics, 328: vii~x

Kato Y. 1999. Rare earth elements as an indicator to origins of skarn deposits: Examples of the Kamioka Zn-Pb and Yoshiwara-Sannotake Cu (-Fe) deposits in Japan. Resource Geology, 49: 183~198

Keppler H, Wyllie P J. 1991. Partitioning of Cu, Sn, Mo, W, U and Th between melt and aqueous fluid in the systems hapolgranite-H_2O-HCl and haplogranite-H_2O-HF. Contributions to Mineralogy and Petrology, 109: 139~150

Kissin S A, Owens D R, Roberts W L. 1978. Černyite, a copper-cadmiun-tin sufide with the stannite structure. Canadian Mineralogist, 16: 139~146

Kretschmar U, Scott S D. 1976. Phase relations involving arsenopyrite in the system Fe-As-S and their application. Canadian Mineralogist, 14: 364~382

Kyser T K. 1986. Stable isotope variations in the mantle//Valley J W, Taylor H P Jr, O'Neil J R (eds). Stable Isotopes in High Temperature Geological Processes. Reviews in Mineralogy, 16: 141~164

Le Bas M J, Le Maitre R W, Streckeisen A. 1986. A Chemical classification of volcanic rocks based on the total alkali-silica diagram. Journal of Petrology, 27: 745~750

Liu W H, Brugger J, Mcphail D C. 2002. A spectrophotometric study of aqueous copper (I) -chloride complexes in LiCl solutions between 100℃ and 250℃. Geochimica et Cosmochimica Acta, 66: 3615~3633

Liu W H, McPhail D C, Brugger J. 2001. An experimental study of copper (O) -chloride and copper (I) -acetate complexing in hydrothermal solutions between 50℃ and 250℃ and vapor-asturated pressure. Geochimica et Cosmochimica Acta, 65: 2937~2948

Liu W, Li X J, Tan J. 2001. Petrogenetic and metallogenetic background of the Dajing Cu-Sn-Ag-Pb-Zn ore deposit, Inner Mongolia, and characteristics of m ineralizing fluid. Resource Geology, 51: 321~331

Lusk J, Scott S D, Ford C E. 1993. Phase relations in the Fe-Zn-S system to 5kbars and temperatures between 325℃ and 150℃. Economic Geology, 88: 1880~1903

Maruyama S. 1997. Pacifi-type orogeny revisited: Miyashiro-type orogeny proposed. The Island Arc, 6: 91~120

Meng Q R. 2003. What drove late Mesozoic extension of the northern China-Mongolia tract? Teclonophysics, 369: 155~174

Miao L C, Fan W M, Liu D Y, et al. 2008. Geochronology and geochemistry of the Hggenshan ophiolitic complex: Implications for late-stage tectonic evolution of the Inner Mongolia-Daxinganling Orogenic Belt, China. Journal of Asian Earth Sciences, 32 (5/6): 348~370

Mullen E D. 1983. MnO-TiO_2-P_2O_5: a minor element discriminant for basaltic rocks of oceanic enviroments and its implications for petrogenesis. Earth Planet Science Letter, 62: 53~62

Muller D, Rock N M S, Groves D L. 1992. Geochemical discrimination between shoshonitic and postassic volcanic rocks from different tectonic settings: A pilot study. Mineralogy and Petrology, 4: 259~289

Nakazawa H, Morimoto N. 1971. Phase relations and superstructures of pyrrhotite, Fe_{1-x}S. Material Resources Bulletin, 6: 345~358

Neiva A M R. 1984. Geochemistry of tin-bearing granitic rocks. Chemical geology, 43: 241~256

Neiva A M R. 1996. Geochemistry of cassiterite and its inclusions and exsolution products from tin and tungsten deposits in Portugal. Canadian Mineralogist, 34: 745~768

Nockolds R K, Allen R. 1953. The geochemistry of some igneous rock series: Part1 calc-alkali rocks. Geochim Cosmochim Acta, 4: 105~142

Ohmoto H, Goldhaber M B. 1997. Isotopes of sulfur and carbon//Barnes H L (ed) . 3rd edition. Geochemistry of Hydrothermal Ore Deposits. New York: John Wiley & Sons Inc: 517~611

Ohmoto H, Rye R O. 1979. Isotopes of sulfur and carbon//Barnes H L (ed) . 2nd edition. Geochemistry of Hydrothermal Ore Deposits. New York: John Wiley & Sons Inc: 509~567

Ohta E. 1995. Common features and genesis of tin-polymetallic veins. Resource Geology Special Issue, 18: 187~202

Oliver L R. 1996. Pyrite composition and ore genesis in the Prince Lyell copperdeposit, Mt Lyell mineral field, western Tasmania, Australia. Ore Geology Reviews, 10: 231~250

Pascua M I, Murciego A, Pellitero E, et al. 1997. Sn-Ge-Cd-Cu-Fe-Beraing sulfides and sulfosalts from the Barquilla deposit, Salamanca, Spain. The Canadian Mineralogist, 35: 39~52

Pearce J A, Harris N B W, Tiudle A G. 1984. Trace element discrimination diagrams for the tectonic interpretation of granite rocks. Jouranl of Petrology, 25: 956~983

Pearce J A. 1982. Trace element characteristics of lavas from destructive plate boundaries. Thorps RS. Andesites. New York: John Wiley & Sons: 525~548

Pearce T H, Gorman B E, Birkett T C. 1977. The relationship between major element chemistry and tectonic environment of basic and intermediate volcanic rocks. Earth Planet Science Letter, 36: 121~132

Peccerillo A, Taylor S R. 1976. Geochemistry of Eocene calc-alkaline rocks from Kastamonu area, Northern Turkey. Contributions to Mineralogy and Petrology, 58: 63~81

Rock N M S, Bowes D R, Wright A E. 1991. Lamprophyres. Glasgow: Blackie

Ruaya J R, Seward T M. 1986. The stability of chlorozinc (II) complexes in hydrothermal solutions up to 350℃. Geochimica et Cosmochimica Acta, 50 (5): 651~661

Sack R O, Goodell P C. 2002. Retrograde reactions involving galena and Ag-sulphosalts in a zoned ore deposit, Julcani, Peru. Mineralogical Magazine, 66: 1043~1062

Sengör A M C, Natal'in B A, Burtman V S. 1993. Evolution of the Altaid tectonic collage and Palaeozoic crustal growth in Eurasia. Nature, 364: 299~307

Sharp Z D, Essene E J, Kelly W C. 1985. A re-examination of the arsenopyrite geothermometer: pressure considerations and applications to natural assemblages. Canadian Mineralogist, 23: 517~534

Strauss H. 1997. The isotopic composition of sedimentary sulfur through time. Palaeogeophy Palaeoclim afology Palaeoecolgy, 132: 97~118

Sugaki A, Kitakaze A. 1988. Tin-bearing minerals from Bolivian polymetallic deposits and their mineralization stages. Mining Geology, 38: 419~435

Sun S S, McDonough W F. 1989. Chemical and isotopic systematics of ocean basalts: implications for mantle composition and processes//Saunders A D, Norry M J (eds). Magmatism in ocean basin. Geological Society of London, Special Publication, 42: 313~345

Taylor R G. 1979. Geology of tin deposits. Amsterolam: Elsevier

Urabe T, Sato T. 1978. Kuroko deposits of theKosaka mine, Northeast Honshu, Japan: Products of submarine hot springs deposit. Nature, 399: 676~679

Vinogradov A P. 1962. Average contents of chemical elements in the principal types of igneous rocks of the earth's crust. Geochemisry, 7: 641~664

Wang F, Zhou X H, Zhang L C, et al. 2006. Late Mesozoic volcanism in the Great Xing'an Range (NE China): Timing and implications for the dynamic setting of NE Asia. Earth and Planetary Science Letters, 251: 179~198

Wang Y W, Shimazaki H, Wang J B, et al. 2003. An unusual texture: skeletal sphalerite in pyrite form Dajing deposit, China. Resources Geology, 53 (1): 67~72

Wang Y W, Wang J B, Uemoto T, et al. 2001. Geology and mineralization at Dajing tin-polymetallic ore deposit, the Inner Mongolia, China. Resources Geology, 51 (4): 307~320

Wang Y W, Wang J B, Wang L J, et al. 2006. Tin mineralization in the Dajing tin – polymetallic deposit, Inner Mongolia, China. Journal of Asian Earth Sciences, 28 (4-6): 320~331

Watanabe Y. 1990. Pull-apart vein system of theToyoha deposit, the most productive Ag-Pb-Zn vein type deposit in Japan. Mining Geology, 40 (4): 269~278

Wolf K A. 1976. Handbook of strata-bound and stratiform ore deposits. Amsterdam: Elsevier

Wood D A, Joron J L, Treuil M, et al. 1979. Elemental and Sr isotope variations in basic lavas from Iceland and the surrounding ocean floor. Contributions to Mineralogy and Petrology, 70: 3219~3339

Wood D A. 1980. The application of a Th-Hf-Ta diagram to problems of tecnomagmatic classication and to establishing the nature of crustal contamination of basaltic lavas of the British Teriary volcanic province. Earth and Planetary Science Letters, 50: 11~30

Wood S A, Crerar D A, Boresik M P. 1987. Solubilityof the assemblage pyrite-pyrrhotite-magnetite-sphalerite-galena-gold-stibnite-bismuthinite-argentite-molybdenite in H_2O-NaCl-CO_2 solutions from 200℃ to 350℃. Economic Geology, 82: 1864~1887

Wu F Y, Sun D Y, Ge W C, et al. 2011. Geochronology of the Phanerozoic granitoids in Northeastern China. Journal of Asian Earth Science, 41 (1): 1~30

Xiao W J, Windley B F, Hao J, et al. 2003. Accretion leading to collsion and the Permian Solonker suture, Inner Mongolia, China: Termination of the Central Asian orogenic belt. Tectonics, 22 (6): 1069

Xiao Z, Gammons C H, Williams-Jones A E. 1998. Experimental study of copper (Ⅰ) chloride complexing in hydrothermal solutions at 40 to 300℃ and saturated water vapor pressure. Geochimica et Cosmochimica Acta, 62: 2949~2964

Ying J F, Zhou X H. Zhang L C, et al. 2010. Geochronological and geochemical investigation of the late Mesozoic volcanic rocks from the Northern Great Xing'an Range and their tectonic implications. International Journal of Earth Sciences, 99 (2): 357~378

Zajacz Z, Seo J H, Candela P A, et al. 2011. The solubility of copper in high-temperature magmatic vapors: A quest for the significance of various chloride and sulfide complexes. Geochimica et Cosmochimica Acta, 75: 2811~2827

Zartman R E, Doe B R. 1981. Plumbo tectonic—the model. Tectonophysics, 75: 135~162

Zeng Q D, Liu J M, Chu S X, et al. 2012. Mesozoic molybdenum deposits in the East Xingmeng orogenic belt, northeast China: characteristics and tectonic setting. International Geology Review, 54 (16): 1843~1869

Zhai M G, Liu W J. 2003. Palaeoproterozoic tectonic history of the North China craton: a review. Precambrian Research, 122: 183~199

Zhang J H, Gao S, Ge W C, et al. 2010. Geochronology of the Mesozoic volcanic rocks in the Great Xing'an Range, northernesatern China: Implications for subduction-induced delamination. Chemical Geology, 276 (3): 144~165

Zhao Z H, Bai Z H, Xiong X L, et al. 2000. Geochemistry of alkali-rich igneous rocks of Northern Xinjiang and its implications for geodynamics. Acta Geologica sinica, 74 (2): 321~328

Zhu Y F, Sun S G, Gu L B. 2001. Permian volcanism in the Mongolian orogenic zone, northeast China: geochemistry, magma sources and petrogenesis. Cambridge University Press, 138 (2): 101~115

Zindler A, Hart S. 1986. Chemical geodynamics. Annual Review of Earth and Planetary Science, 14: 493~571

Abstract

The Dajing deposit in the south section of the Da Hinggan Mountains, Eastern Inner Mongolia, is located in the Dajing town of Linxi County, which belongs to the Chifeng district of the Inner Mongolia province.

The Dajing deposit is a well-known tin-copper polymetallic deposit in North China, with large reserves of Sn, Ag and Zn, medium-sized reserves of Cu and Pb and comprehensive amounts of various elements including S, Co and In. The total area of the Dajing ore district is 7.62 km^2. Following the historical prospecting and exploration stages, the Dajing deposit was divided into six ore districts / blocks (Fig. 1): the term "Local Block" refers to the exploration scope (2.75 km^2) of the Second Geological Team of the Zhaowuda League in the Liaoning Province; "North Block" refers to the northern part of the "Local Block", which is between exploration lines 46 and 96; "East Block" is north of the south margin line of the "Local Block" and contains the district to the east of exploration line 96; "West Block" is to the west of exploration line 46 and to the north of the south margin line of the "Local Block"; "Southwest Block" is to the southwest of the "Local Block" and south of "West Block", while to the west of exploration line 74; "Southeast Block" is southeast of the "Local Block" and south of "East Block", while to the east of exploration line 74.

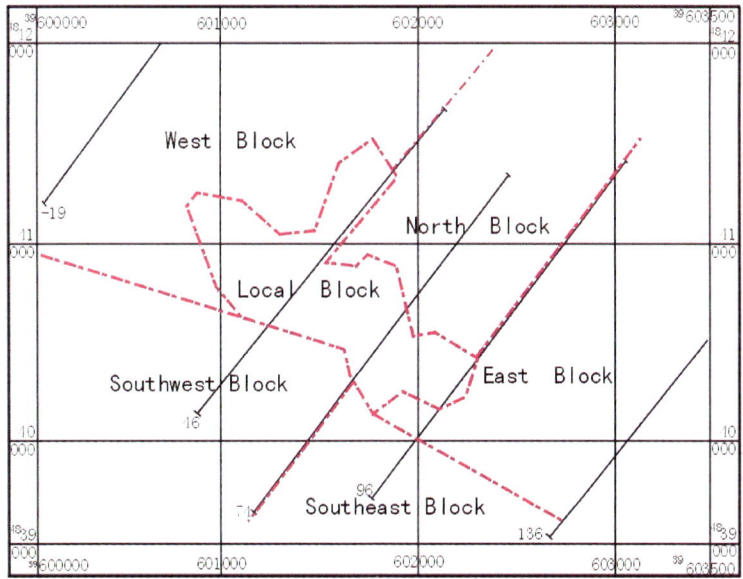

Fig. 1 A sketch map showing the ore blocks of the Dajing ore deposit

The Dajing deposit is well known as the "ancient copper capital city in North China". According to surveys carried by the Archaeological Team of the Liaoning Province Museum in 1975 and 1976, the history of mining and smelting in the Dajing copper deposit could date back more than 2700-2900 years. The regular geological and exploration work of the mining district began with the foundation of the P. R. China (after 1949), and can be divided into four periods: (1) The 1st period was between 1959 and 1970, during which the ore deposit was discovered and preliminarily evaluated; (2) The 2nd period was between 1972 and 1976 consisting of an exploration stage before the construction of the mine, during which the exploration work revealed a medium-sized copper-tin polymetallic deposit; (3) The 3rd period was between 1982 and 1994 consisting of an exploration stage following the construction of the mine, during which the Dajing deposit was developed into a multi-element deposit with a large tin-zinc-sliver deposit and a medium-sized copper-lead deposit; and (4) The 4th period was between 2007 and 2009 consisting of a deep and marginal mineral exploration for a crisis mine, which increased the mining reserves and defused the pressure of a resource shortage. The amount of ore bodies and resource reserves of all the exploration stages mentioned above is listed in Table 1.

Table 1 Proven ore veins and metal reserves in the ore blocks of Dajing

Ore block		Exploration areas and detailed survey areas				General survey area	Total
		Local Block	East Block	South Block	North Block		
Area/km^2		2.75	0.5	2.3	0.7	3	7.62
Amount of ore veins		114	180	50	220	158	>722
Amount of ore bodies		33	62	50	55	158	358
Metallic reserves	Cu/10^4t	7.7	0.5	2.6	7.1	14.9	32.8
	Sn/10^4t	2.11	0.77	0.45	1.90	3.18	8.41
	Pb/10^4t	1.5	6.2		1.0	21.7	>30.4
	Zn/10^4t	3.7	36.2	10.0	2.7	115.1	167.7
	Ag/t	474	565	330	393	2237	3999

At the same time, some work has been carried to increase the resourse reserves since the construction of the mine, which not only controlled the boundary of the main ore bodies but also discovered some new recoverable ore bodies.

Due to the complex geological features of ore deposit and its distinctive economic value, many Chinese geologists have studied this ore deposit from different perspectives. In the process of prospecting and exploration, during all the periods mentioned above, each exploration project had described the geological features of the ore deposit, done basic research work on deposit types, and submitted relevant geological reports.

Extensive scientific research began at the 2nd comprehensive prospecting and exploration stage. During the period between 1985 and 1995, the State Science and Technology Commission organized the the 7th and 8th Five-year Plan, which was concerned with key scientific and technical projects and prospecting predictions with regard to the south section of the Da Hinggan Mountains, including the Dajing ore deposit. These plans were mainly operationalized by the Beijing Institute of Geology for Mineral Resources and the North China Geological Exploration Bureau, both of which belong to the China National Nonferrous Corporation (CNNC), and the Academy of Geological Sciences and the Inner Mongolia Geological Bureau, both of which belong to the Ministry of Geology and Mineral Resources (MGMR). During this period, the Northeast University (former Northeast Institute of Technology), Changchun Geological College and Changsha Institute of Tectonic Geology, Chinese Academy of Sciences (CAS), and Peking University also took part in research projects and Dajing mine studying programs. More than 30 papers were published covering geological features, the genesis of deposit, ore-controlling structures, dyke investigation, mineralogy, deposit geochemistry, prospecting prediction and geophysics. On the whole, the deficiencies of scientific research in this period are obvious for the following reasons. Firstly, most research doesn't conduct a thorough analysis. Secondly, the inner relationship amongst the metal element assemblages of the ore deposit has not yet been discovered. Thirdly, unanimity of opinion regarding the genesis of the deposit has not been reached.

During the period between 1998 and 2001, the Chinese Research Center of Mineral Resources Exploration of Sino-Japanese cooperation convened Chinese-Japanese geologists and started programs which targeted multi-discipline comprehensive studies including the background of regional mineralization, deposit geology, fluid isotopic geochemistry and geophysics (shallow artificial seismic exploration). The program had proposed a series of studies that would lead to new understanding in areas such as the geological background of mineralization, ore-forming mechanism, and the metallogenic model and prospecting prediction of the Dajing tin-copper polymetallic deposit. Studies into the regional magmatic evolution, sedimentary environment of Permian strata, ore-controlling structures, mineralization stage classification and mineralization distribution law had been conducted and a regional deposit model had been established through the execution of the program. More than 60 documents that comprehensively summarized the achievements of this program were published, and 10 of them were concerned with the Dajing ore deposit. All these achievements had given new perspectives to scientific research and prospecting work in this area.

During the period between 2007 and 2012, the program of Exploration and Technical Theory, Methods for the Crisis Mine was carried out and had made a systematic study on the Dajing typical ore deposit. Based on the new achievements and new discoveries made during prospecting work, in the guiding ideology of the three key elements regarding the "ore-forming geological body, ore-field structure and ore-forming fluid", systematic studies on the regional geological background, geological features of deposit, mineralization periods, mineralization stage, ore-forming geology process, ore-forming geological body, ore-field structure system and ore-forming structural plane, ore-forming fluids and ore-forming geochemical indicators were carried out during the program. Furthermore, prospecting target areas were located.

Infurther development of the research project mentioned above, other geologists have done some supplementary research.

The prospecting and scientific research work mentioned above have clarified that the Dajing deposit is a medium-high mesothermal hydrothermal deposit of a vein type related to Mesozoic magmatism, and researchers have reached an unanimous view on areas including ore geological features, genetic type, metallogenetic law, ore-controlling factors and the metallogenic model. But there are still some obvious problems.

This monograph is asynthesis of years of research on the Dajing deposit based on the series of prospecting and scientific research data of the last more than 20 years. It systematically analyzes and comprehensively researches the Dajing geological achievements. The preface, chapter 8 and concluding remarks were written by Wang Yuwang and Wang Jingbin. Chapter 1 was written by Long Lingli. Chapter 2 was written by Liao Zhen and Wang Yuwang. Chapters 3, 5 and 7 were written by Wang Yuwang. Chapter 4 was written by Long Lingli, Zhang Huiqiong and Liao Zhen. Chapter 6 was written by Wang Yuwang and Wang Lijuan. The English translation was carried out by Shi Yu and reviewed by Long Lingli. The illustrations and photos were edited and reviewed by Li Dedong and Tang Pingzhi. Wang Yuwang and Wang Jingbin reviewed and revised the manuscript and produced the final version.

This monograph follows the academic ideas and research outlook of three key elements of geology, which are research into the ore-forming geological process and ore-forming geological body, ore-field structure and ore-forming structural plane, and ore-forming fluid and ore-forming geochemical indicators of the metallogenetic law. Based on an in-depth analysis of the geological, ore-field structure, spatio-temporal structure of ore bodies, fluid-metallogenetic process and the sources of ore-forming material, this monograph reveals new data about the internal relationship among the magmatism, fault activity, mineralization stage and the mineralization zoning, the set up of the composite metallogenic model of the double magma source of alkali feldspar granitic magma and calc-alkalic intermediate-acid magma from the Dajing tin-copper polymetallic deposit, and summarizes the metallogenetic law, prospecting direction and prospecting target areas of the Dajing deposit. The main findings and conclusions of the monograph are as follows.

1. The ore-field structure system of the Dajing deposit

As a hydrothermal deposit of the vein type, the characteristics of the ore veins distribution pattern of the Dajing deposit are as follows. The main orebody of the Dajing deposit is composed of the NWW or NW direction orebody and the near EW direction orebody. Moreover, it appears to have the shape of W grapheme, which shows that the ore-hosting structure was controlled by the NW-SE direction sinistral extensional shear stress. Furthermore, the ore-hosted structure appears extensional in the NWW or near EW direction, which was the swollen or thick part of orebody, and like a compress-shear structure in the NW direction. In the vertical direction, the ore vein had a ladder pattern of gentle-steep-gentle where the ore-hosted structure displayed the properties of a normal fault and leftward-slip fault. The ore-controlling characteristics of this sinistral extensional shear structure are the expression of regional dextral shear stress, which is as follows. Two sinistral strike-slip faults (F_1 and F_2) in the Dajing ore district are the representation of the regional NE direction structure, which not only resulted in the occurrence of a nearly north-south direction derived fault, but also induced the general dextral of the Linxi Formation. The attitudes of strata of the mining area are also extended northwest for these reasons. Under the influence of such a kind of extensive shear stress, an extensive tension fissure zone was developed in the strata, and the strata were not excessively broken and remained relatively closed. Since the strike slip fault may form a series of partial expansion areas with a perfect normal and strike-slip fault network system, the expansion area in the Dajing ore district was the best ore-hosting site.

2. Mineralization stages and mineralization zoning

The Dajing ore deposit is amultielement deposit formed in multi-stages, of which the obvious characteristics are highly consistent between mineralization stages and mineralization zoning. The main mineralization stage of the deposit can be divided into three stages from early to late. The 1st stage is the cassiterite-arsenopyrite-quartz stage, the 2nd stage is the copper-polymetallic stage, and the 3rd stage is the lead-zinc-carbonate stage. On the other hand, two mineralization centers in the ore district are recognized from the zoning patterns of the ore bodies, mineral assemblages, mineral composition and elements zoning. The 1st mineralization center is located in the middle of ore district spreading along boundary of the east part of the Local Block to the south part of the North Block, and the 2nd center is possibly in the southwest part of the ore district. Meanwhile, these two mineralization centers are respectively adjacent to the northeast extended fracture F_2 and F_1, and it is speculated by geophysicists that two high hidden granitic rock masses are also spread along these two fractures. The horizontal zoning pattern of ore body, mineral and element changes from the center to the rim is Sn→Sn-Cu→Pb-Zn along with the reduction of the ore-forming temperature and loss of pressure. The three main mineralization stages correspond on a one-to-one basis with mineralization zoning. It is interesting that this unit spatio-temporal structure was the result of a gradual expansion of the fracture-crack structure system in the mining district.

3. Characteristics of ore-forming fluid

The characteristics of the ore-forming fluid inclusion and chemical component of sulfide at different mineralization stages show that the mineralization temperature, mineralization pressure, pH value, oxygen fugacity, and composition of gas and liquid constituent have an evolution trend from early stage to late stage. However, these parameters overlap and change. For a single stage, the physic-chemical parameters of the fluid from different depths and positions vary greatly, which implies that the nature of the fluid in the mineralizing process does not change gradually but impulse. For example, the temperature gradually decreases for a single stage from early to late, but usually overlaps on early and late stages; this may imply that the mineralization might be take the form of multiple pulsation.

4. Determination of ore-forming geologic body

The Dajingtin-copper polymetallic deposit formed in the Yanshania period is highly related to magmatism. Dykes in the Dajing ore mining area are well developed, which have a close relationship with ore veins in space and are cut through by ore veins. Through an analysis of the zircon U-Pb age of dacite porphyry ranging from 237Ma to 240Ma, the cassiterite U-Pb age of 144Ma, and altered sericite Ar-Ar age of 138Ma from the the Dajing orebody, it can be seen that the sub-volcanic rocks including felsite and dacite porphyry in the Dajing ore district were magmatic products before pre-metallogenic magmatic activity, but not an ore-forming geologic body, and they merely contributed to space structure for ore bodies. According to studies of geochemical characteristics of ore deposits, main ore-forming elements, sulfur and lead isotope came from the deep seated magma (crustal-mantle mixed source). The carbon, hydrogen and oxygen isotopic compositions also suggest that the ore-forming fluids were mainly derived from magma, mixed with meteoric water during the magma uprising process due to the influence of structure cleavage, and the leached minor strata component. Overall, the ore-forming material mainly came from magma, and the component of other sources was minor or even not necessary. According to the above conjectures, the ore-forming geologic body of the ore deposit has not been exposed yet, and it is supposed to be a small stock of the same stage and same source as the volcanics and the Ma'anzi Kf-granitic rock mass nearby. Thereinto, the composition of the ore-forming geological body of Sn mineralization is similar to the highly evolved and lowly oxidized alkali feldspar granite in Maanzi, while the formation of Cu, Pb and Zn mineralization is probably related to less evolved calc-alkalic intermediate-acid magmas, such as andesite and dacite, which formed in the volcanic eruption cycle.

5. The metallogenic model of double-magma-source complex

The Dajing deposit is the multi-stage composite deposit of Sn, Cu, Pb, Zn and Ag, and is mainly a hydrothermal filling vein. The Sn and Cu-polymetal came from the composite mineralization of the double magma source from different magma source regions. Because the ore-bearing hydrothermal solution derived from different magma occurred in succession at the same or similar ore-depositing fault systems, there were multi-phase composite veins and pulse mineralization zoning owing to faults in the expanding-hydrothermal filling. The deposit displays the metallogenic characteristics of a quaternity ("four-in-one") style which is a combination of four elements such as "magma", "fault", "stage" and "zone". Magma means magmatism, which refers to two possible hidden rock masses and is the mineralization source and center of mineralization. Fault is fault activity, which refers to an ore-transmitting, ore carrying and ore hosting structure system, such as the F_1 and F_2 faults in the ore-transmitting structure. Stage refers to mineralization stages, namely the early cassiterite stage, the middle copper-polymetallic stage and the late Pb-Zn stage. Zone is the mineralizing zoning sequence of Sn(Cu)→Cu(Sn, Pb, Zn, Ag)→Pb-Zn(Ag) from the mineralization center to the outside. The Dajing deposit was the result of the interconnection of the four elements.

6. Ore prospecting and forecasting

Based on the summarized metallogenetic law and metallogenic model, and considering the degree of exploration and production of the mine, possible mining targets are proposed in the mining area and the adjoining area. Firstly, according to the patterns of ore veins distributed and produced in the ore district, five possible prospecting targets are proposed, including the north part of the East Block, south part of the F_2 extension in the South Block, the northwest part of the ore district, the Pb-Zn mineralized area in the north part of North Block and deep into the Local Block. Secondly, it is proposed that porphyry mineralization, independent Sn ore and independent Ag ore are new mineralization types that are valuable and prospect worthy, meanwhile, suggestions have been provided on an assessment and comprehensive utilization of useful elements. Thirdly, based on the theory of natural boundaries of mineralization, it is proposed that there are four possible targets outside the mining area, including the belt of Xishan'gen, north part of Sandaoxi, north part of Xiaochengzi and south part of Xujiayingzi. Thereinto, three predicted target areas were verified through exploration engineering funded by the Crisis Mine project and Dajingzi Co. Ltd, and the results were successful and achieved the expected goal. The total amount of metal was obtained, that is 8484.67 tons of Sn, 66185.72 tons of Cu, 112360.59 tons of Pb+Zn and 385.55 tons of Ag, using the "333" estimation method.